国家级职业教育规划教材
人力资源和社会保障部职业能力建设司推荐
高等职业技术院校电类专业教材

PLC应用技术（西门子）

PLC YINGYONG JISHU(XIMENZI)

主编　张伟林　娄智

中国劳动社会保障出版社

简介

本书主要内容包括位逻辑指令的应用、顺序控制继电器指令的应用、功能指令的应用、用 PLC 改造继电控制系统、PPI 网络控制、步进电动机的 PLC 控制、PLC 与触摸屏的综合应用等。

本书由张伟林、娄智主编，李伟、杨伟奇参与编写，林尔付主审。

图书在版编目(CIP)数据

PLC 应用技术：西门子/张伟林，娄智主编. —北京：中国劳动社会保障出版社，2013
高等职业技术院校电类专业教材
ISBN 978-7-5167-0571-1

Ⅰ.①P…　Ⅱ.①张…②娄…　Ⅲ.①PLC 技术-高等职业教育-教材　Ⅳ.①TM571.6

中国版本图书馆 CIP 数据核字(2013)第 266005 号

中国劳动社会保障出版社出版发行
（北京市惠新东街1号　邮政编码：100029）
出版人：张梦欣

*

北京市艺辉印刷有限公司印刷装订　新华书店经销
787毫米×1092毫米　16开本　13.25印张　311千字
2014年2月第1版　2023年12月第11次印刷
定价：25.00元

营销中心电话：400-606-6496
出版社网址：http://www.class.com.cn
http://jg.class.com.cn

前　言

为了更好地适应全国高等职业技术院校电类专业教学要求，全面提升教学质量，人力资源和社会保障部教材办公室组织有关学校的一线教师和行业、企业专家，充分调研企业生产和学校教学情况，广泛听取各职业技术院校对教材使用情况的反馈意见，对2006年至2007年出版的全国高等职业技术院校电类专业基础平台教材和电气自动化技术专业模块教材进行了修订，并做了适当的补充开发。

本次教材修订（新编）工作的重点主要体现在以下四个方面：

第一，科学合理安排内容，融入先进教学理念。

根据电类专业毕业生所从事职业的实际需要和教学实际情况的变化，合理确定学生应具备的能力与知识结构，适当调整部分教材的内容及其深度、难度，如《数控机床电气检修（第二版）》中增加了教学中广泛使用的广数GSK980T系统的相关知识；根据相关工种及专业领域的最新发展，在教材中充实“四新”内容，如《变频器应用技术（三菱 第二版）》中改用目前广泛应用的较新型的FR－E740型通用变频器。同时，结合教学改革要求，在教材中融入较为成熟的课改理念和教学方法，以完成具体典型工作任务为主线组织教材内容，将理论知识的讲解与具体的任务载体有机结合，激发学生学习兴趣，提高学生实践能力。

第二，进一步完善教材体系，充分满足教学需求。

在进一步完善现有教材教学内容的基础上，适应专业发展趋势，新开发了《电力电子技术》《过程控制技术》《工业组态软件应用技术》《自动化综合实训》教材，以充分满足当前电气自动化技术专业教学的实际需求。同时，相关教材还可满足“生产过程自动化技术”“工业网络技术”“计算机控制技术”等其他电类专业方向的教学需要。

第三，涵盖国家职业技能标准，与职业技能鉴定要求相衔接。

教材编写坚持以国家职业技能标准为依据，涵盖《维修电工》等国家职业技能标准中（中、高级）的知识和技能要求，并在与教材配套的习题册中增加针对相关职业技能鉴定考试的练习题。同时，严格贯彻国家有关技术标准的要求。

第四，进一步开发辅助产品，提供优质教学服务。

根据大多数学校的教学实际需求，部分教材还配套开发了习题册，以便于学生巩固练习使用。本套教材均提供多媒体教学课件，可通过中国人力资源和社会保障出版集团网站（http：//www. class. com. cn）免费下载，进入主页后搜索相应教材并进入图书详细页面即可找到下载链接。

本次教材的修订（新编）工作得到了江苏、安徽、山东、河南、湖南、广东、广西、四川等省人力资源和社会保障厅及一些高等职业技术院校的大力支持，教材的编审人员做了大量的工作，在此我们表示诚挚的谢意。

人力资源和社会保障部教材办公室

2013 年 11 月

目　录

课题一　位逻辑指令的应用

可编程序控制器（简称 PLC）是目前工业生产设备中使用最广泛的控制器件，以 PLC 为核心的电气控制系统具有控制功能强大、修改程序方便、体积小、故障率低等优点。

PLC 的程序指令有三大类，即位逻辑指令、顺序控制继电器指令和功能指令。位逻辑指令主要包括触点串联/并联指令、线圈输出指令、置位/复位指令和定时器/计数器指令等。应用位逻辑指令构成的程序梯形图类似传统的继电器控制电路图，只要具有继电器控制知识就很容易看懂。

任务 1　认识 PLC 硬件与实现 PLC 通信

学习目标

¤ 了解 PLC 的结构，熟悉 PLC 外部端子。

¤ 掌握 PLC 输入、输出接口电路的工作原理与规格。

¤ 能实现计算机编程软件与 PLC 通信连接。

任务引入

熟悉 PLC 的硬件构成是正确连接和操作 PLC 控制线路的基础。在 PLC 面板上有状态指示灯 LED 和输入/输出端口指示灯 LED，根据这些指示灯的亮或灭，可以掌握 PLC 的工作状态并快速判断 PLC 控制线路的故障。在首次对 PLC 进行编程时，需要设置好计算机与 PLC 的通信参数，从而实现编程软件与 PLC 的通信连接。

相关知识

一、S7－200 系列 PLC 类型与外形图

S7－200 是德国西门子公司生产的小型 PLC 系列，为整体式结构，其将 CPU 单元、I/O 单元和电源单元等都集中在一个模块内，统称为 CPU 模块，主要有 CPU221、CPU222、CPU224、CPU224XP 和 CPU226 等型号，其外形如图 1—1—1 所示。

（1）3 个状态指示灯，显示 CPU 当前所处的状态。

1）SF/DIAG：系统错误/诊断。

2）RUN：用户程序运行。

3）STOP：用户程序停止，即允许用户程序写入 PLC 的状态。

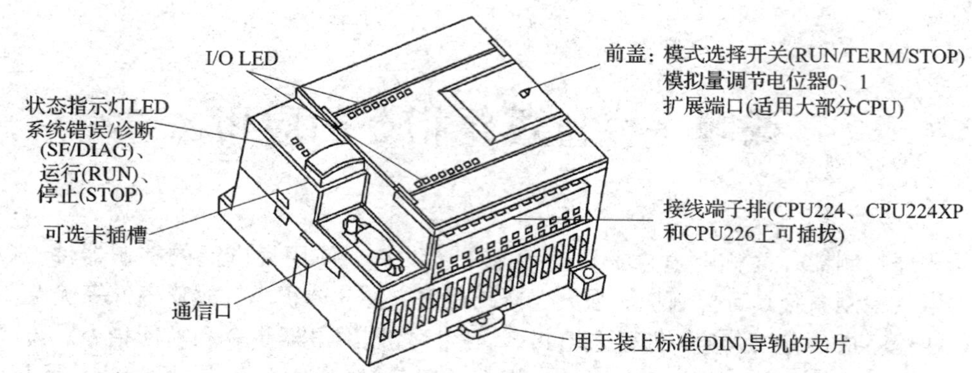

图 1—1—1　S7－200 系列 CPU 模块外形

（2）可选卡插槽：可以插入存储卡、时钟卡和电池卡。

（3）通信口：RS－485 总线接口，通过它可与其他设备通信（CPU226 两个，PORT0 和 PORT1；其他类型 CPU 一个，PORT0）。

（4）前盖：前盖下面有模式选择开关（运行/终端/停止）、模拟量调节电位器和扩展端口。

1）模式选择开关拨到运行（RUN）位置，则用户程序处于运行状态；拨到终端（TERM）位置，则可以通过编程软件控制 PLC 的工作状态；拨到停止（STOP）位置，则用户程序处于停止运行状态。

2）模拟量调节电位器（CPU221、CPU222 各一个，其他类型 CPU 有两个），可以设置的数值范围为 0～255。

3）扩展端口用于连接扩展模块。除 CPU 模块外，S7－200 系列还包括多种型号的扩展模块，主要有数字量输入/输出模块、模拟量输入/输出模块、通信模块和位控模块等。

（5）顶部接线端子排：顶部端子为输出端子和 PLC 电源端子。当输出端子处于 ON 状态时，对应的 LED 灯亮。

（6）底部接线端子排：底部端子为输入端子和输出直流电压 24 V 端子。当输入端子处于 ON 状态时，对应的 LED 灯亮。

CPU 类型代号由 CPU 模块的使用电源类型、输入端电源类型和输出端器件类型三部分构成。例如，CPU224 AC/DC/RLY 表示该 PLC 使用的是交流电源（额定值 220 V），输入端电源类型为直流电源（额定值 24 V），输出端器件类型为继电器；CPU224 DC/DC/DC 表示该 PLC 使用的是直流电源（额定值 24 V），输入端电源类型为直流电源（额定值 24 V），输出端器件类型为晶体管。

二、CPU224 外部端子

外部端子位于 PLC 的顶部和底部，CPU224 AC/DC/RLY 外部端子如图 1—1—2 所示。

1．顶部端子（输出端及用电电源）

（1）L1、N、⏚：分别表示电源相线、中线和接地线。交流电压为 85～265 V。

（2）1L、2L、3L：输出继电器的公共端口。1L 是 Q0.0～Q0.3 的公共端口；2L 是 Q0.4～Q0.6 的公共端口；3L 是 Q0.7～Q1.1 的公共端口。不同公共端口之间是互相独立的，可以使用不同的电压系列（如 AC220 V、DC24 V 等）。

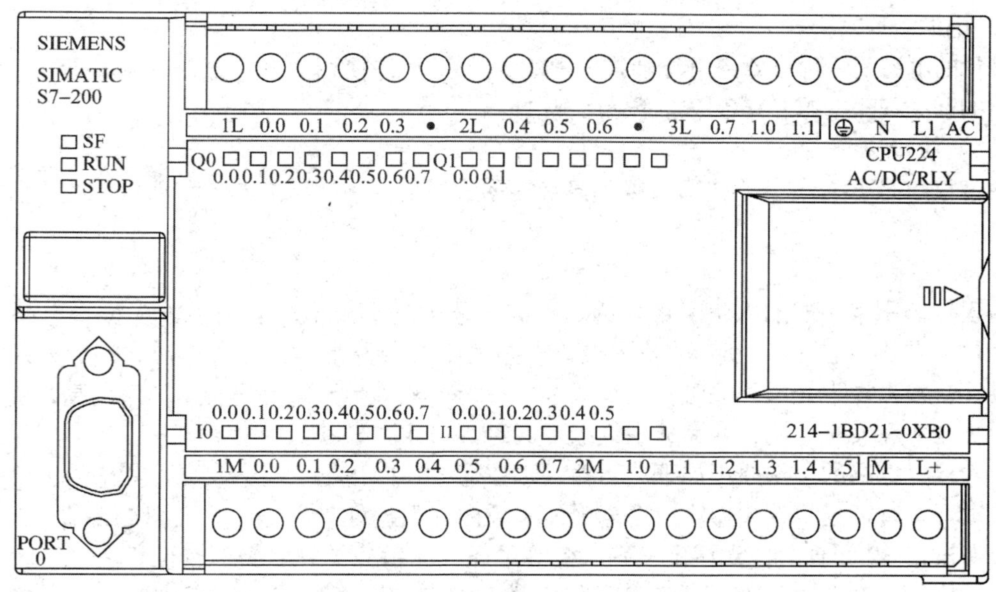

图 1—1—2 CPU224 AC/DC/RLY 外部端子

（3）Q0.0～Q1.1：输出继电器触点端子，共 10 个。当输出继电器数量不足时，可扩充数字量输出扩展模块。输出继电器用“Q”表示，S7－200 系列 PLC 共 128 位，采用八进制（Q0.0～Q0.7，Q1.0～Q1.7，…，Q15.0～Q15.7）。

（4）●：带点的端子上不要外接导线，以免损坏 PLC。

2．底部端子（输入端及输出直流 24 V 电源）

（1）L＋：内部直流 24 V 电源正极，可作为外部传感器或输入继电器电源。

（2）M：内部直流 24 V 电源负极，可接外部传感器负极或输入继电器公共端。

（3）1M、2M：1M 是输入继电器 I0.0～I0.7 的公共端口，2M 是 I1.0～I1.5 的公共端口。

（4）I0.0～I1.5：输入继电器端子，共 14 个。当输入继电器数量不足时，可扩充数字量输入扩展模块。输入继电器用“I”表示，S7－200 系列 PLC 共 128 位，采用八进制（I0.0～I0.7，I1.0～I1.7，…，I15.0～I15.7）。

三、PLC 结构

PLC 由 CPU、存储器、输入/输出接口、通信接口和电源等几部分单元电路构成，如图 1—1—3 所示。

1．CPU

CPU（中央处理器）是 PLC 的运算和控制中心，用于协调系统工作。

2．存储器

PLC 的存储器 ROM（只读存储器）中固化着系统程序，用户不可以修改。存储器 RAM（随机存储器）中存放用户程序和工作数据，在 PLC 断电时为了防止 RAM 中的信息丢失，由锂电池供电（或采用 Flash 存储器，不需要锂电池）。

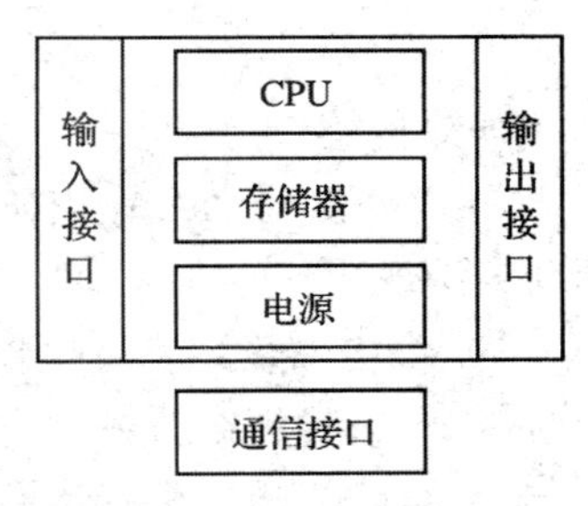

图 1—1—3 PLC 结构

3. 电源

PLC 的电源是一种将外部电源转换为 PLC 内部元器件使用的各种电压（通常是 DC 5 V、24 V）的开关稳压电源。其备用电源采用锂电池。

4. 通信接口

通信接口是 PLC 与外界进行交换信息和写入程序的通道，S7－200 系列 PLC 的通信接口类型是 RS－485。

5. 输入接口

输入接口用来完成输入信号的引入、滤波、放大整形及电平转换，输入接口电路（以 I0.0 为例）如图 1—1—4a 所示。输入接口电路的主要器件是光电耦合器，光耦输入端为发光二极管，输出端为光敏开关管，光耦通过电—光—电转换传递信号。光耦作用是提高 PLC 的抗干扰能力和安全性能，并完成高低电平（24 V/5 V）转换。

输入接口电路的工作原理如下：当输入端按钮 SB 未闭合时，光耦中的发光二极管不导通，光敏开关管截止，放大器输出高电平信号到内部数据处理电路，输入端 LED 指示灯灭；当输入端按钮 SB 闭合时，光耦中发光二极管导通，光敏开关管受光照激发导通，放大器输出低电平信号，输入端 LED 指示灯亮。输入端外接直流电源的额定电压为 24 V，由于光耦输入端并联的两个发光二极管极性相反，所以输入公共端口 1M 既可以接电源负极，也可以接电源正极。

为了方便编程，通常把输入接口电路等效为输入继电器，也称为“软继电器”，如图 1—1—4b 所示。与真实的继电器类似，软继电器也有常开和常闭两种触点。当输入端按钮 SB 闭合时，相当于输入继电器 I0.0 线圈通电，其常开触点闭合，常闭触点断开；当输入端按钮 SB 断开时，相当于输入继电器 I0.0 线圈断电，其常开触点恢复断开，常闭触点恢复闭合。由于输入继电器的线圈仅受外部按钮硬件控制，所以通常在程序中只出现输入继电器的触点，而不出现输入继电器的线圈。

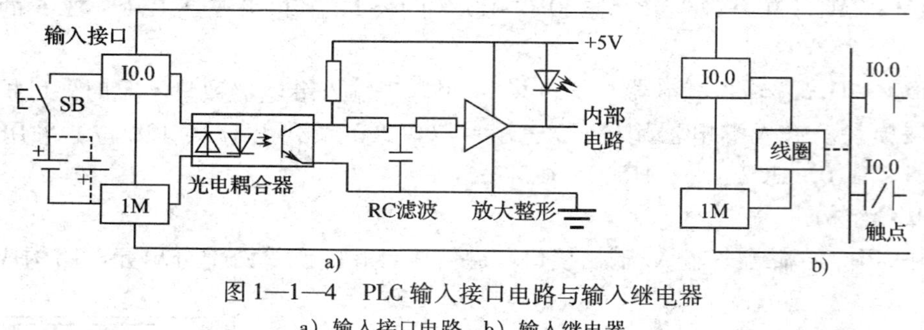

图 1—1—4　PLC 输入接口电路与输入继电器

a）输入接口电路　b）输入继电器

6. 输出接口

S7－200 系列 PLC 输出接口有继电器和晶体管两种形式，在图 1—1—5 中以输出继电器 Q0.0 为例说明。

（1）继电器输出。继电器输出的接线图如图 1—1—5a 所示，继电器输出每一个点只给用户提供一对物理常开触点，电压范围广，可以控制交、直流负载。但是，它动作速度慢（滞后 10 ms 左右），动作次数有一定的限制；电流较大，可以通过 2 A 以下电流，适用于控制接触器线圈、电磁阀或指示灯等。

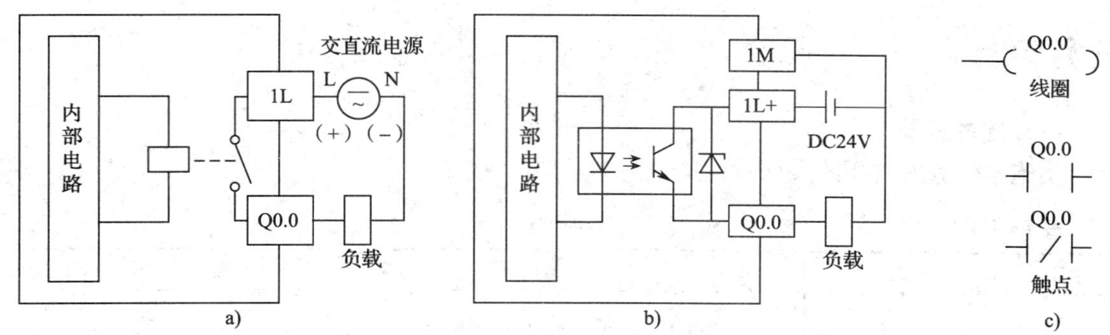

图 1—1—5　PLC 输出接口电路与输出继电器

a）继电器输出的接线图　b）晶体管输出的接线图　c）输出继电器

（2）晶体管输出。晶体管输出的接线图如图 1—1—5b 所示，其 1L + 端接直流电源正极，1 M 接直流电源负极，晶体管输出电流方向为从 Q0. 0 端流出，从 1L + 端流入。晶体管作为直流电子开关可以输出高速脉冲信号，如用作控制步进电动机的信号等。

S7 - 200 系列 PLC 输出接口电路规格表见表 1—1—1。

表 1—1—1　　　　S7 - 200 系列 PLC 输出接口电路规格表

项目		继电器输出（RLY）	晶体管输出（DC）
负载电源最大范围		AC 5 ~ 250 V DC 5 ~ 30 V	DC 20. 4 ~ 28. 8 V
额定负载电源		AC 220 V、DC 24 V	DC 24 V
电路绝缘		机械绝缘	光电耦合绝缘
负载电流（最大）		2 A/1 点 10 A/公共点	0. 75 A/1 点 6 A/公共点
响应时间	断→通	约 10 ms	2 μs（Q0. 0，Q0. 1） 15 μs（其他）
	通→断	约 10 ms	10 μs（Q0. 0，Q0. 1） 130 μs（其他）
脉冲频率（最大）		1 Hz	20 kHz（Q0. 0，Q0. 1）

为了方便编程，通常也把输出接口电路等效为输出继电器，如图 1—1—5c 所示。在程序中，输出继电器除有一个线圈外，也有常开和常闭两种软触点，并且触点的数量是无限的。

提示

软继电器是 PLC 内部存储器的某一个位，该位通电时状态为“1”，断电时为“0”。与硬件继电器不同的是，软继电器的触点数目是无限的。硬件继电器的常开与常闭触点动作有先后顺序，而软继电器常开与常闭触点的动作则是同时进行的，在设计联锁控制程序时要注意这一区别。

任务实施

一、任务准备

实施本任务所需要的实训设备见表 1—1—2。

表 1—1—2　　实训设备

序号	名称	型号规格	数量	单位
1	计算机	操作系统 Windows 2000/Windows XP 已安装 STEP 7 - Micro/WIN V 4.0 软件	1	台
2	PLC	CPU224 AC/DC/RLY	1	台
3	编程电缆	PC/PPI 或 USB/PPI	1	根

二、启动编程软件中文界面

1. 启动编程软件

STEP 7 - Micro/WIN V 4.0 是西门子公司 S7 - 200 系列 PLC 编程软件，能协助用户创建、编辑、下载或上传用户程序，并具有在线监控功能。当首次启动编程软件时，其英文主界面如图 1—1—6 所示。

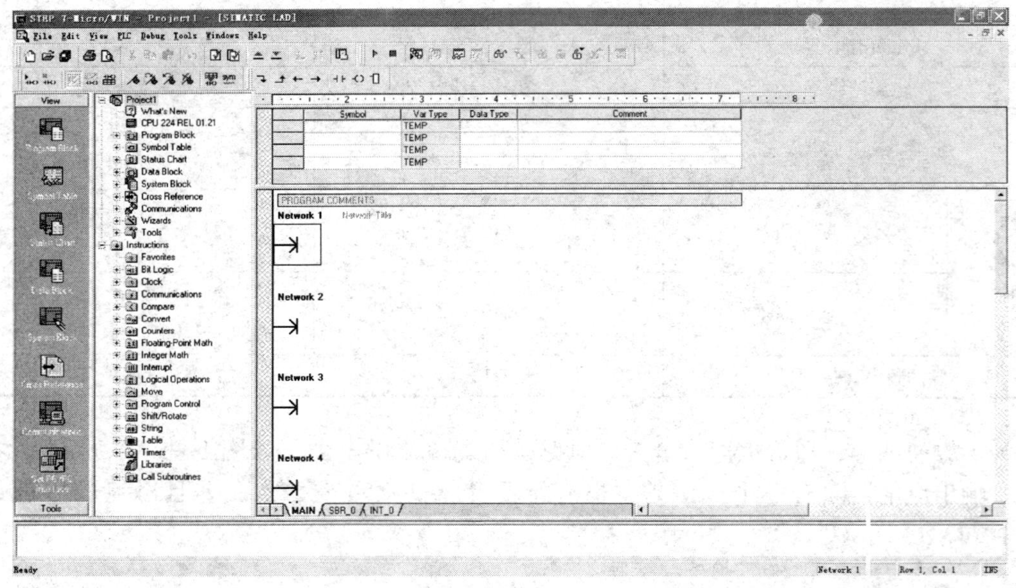

图 1—1—6　编程软件的英文主界面

2. 将英文界面转为中文界面

选择“Tools”（工具）菜单中的“Options”选项，弹出“Options”对话框，如图 1—1—7 所示。

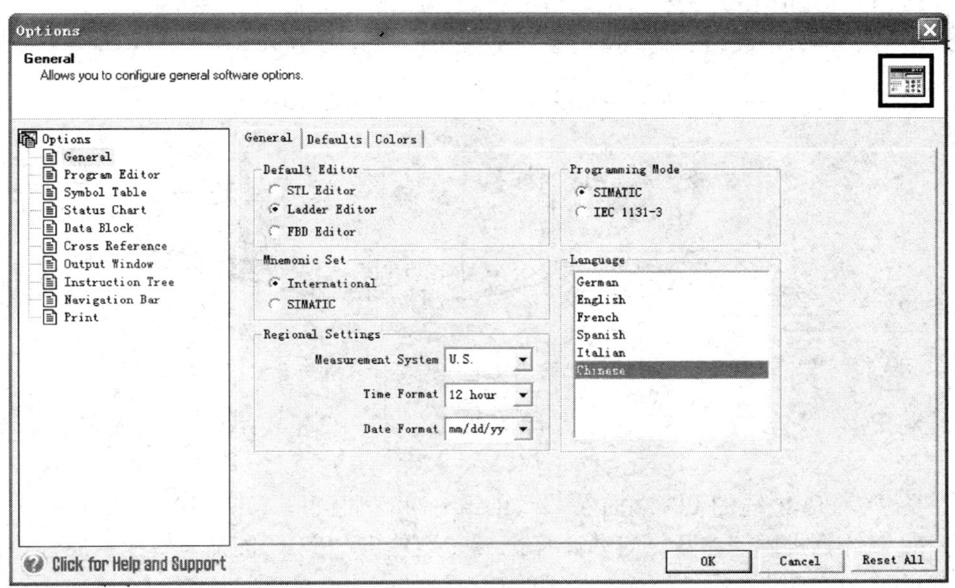

图 1—1—7 编程软件的“Options”（选项）对话框

选择“Options”（选项）对话框中的“General”（常规）项，在“Language”（语言）框中选择“Chinese”（中文）选项，单击“OK”按钮，软件自动关闭。当重新启动软件后，显示为中文主界面，如图 1—1—8 所示。

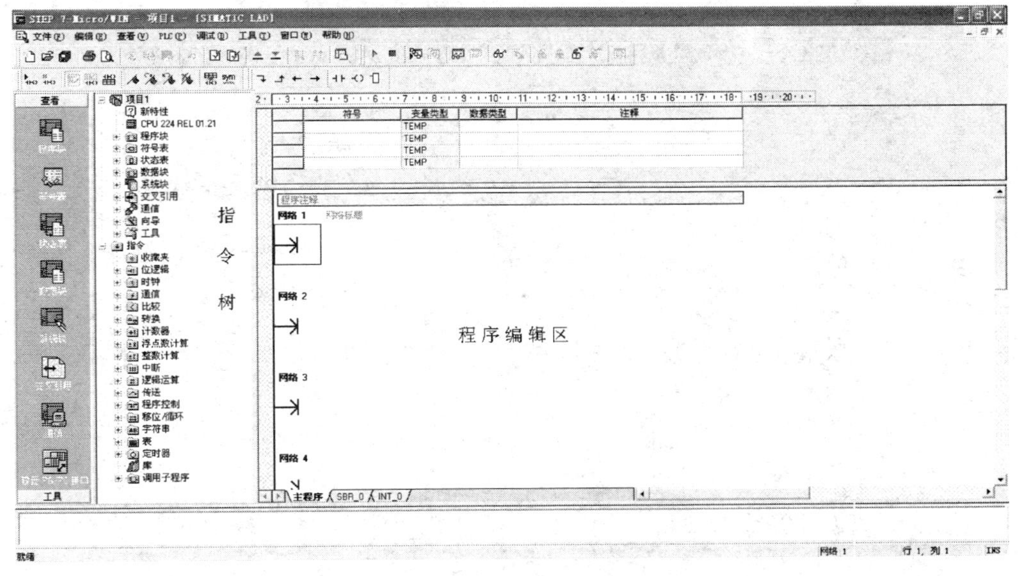

图 1—1—8 编程软件的中文主界面

三、计算机与 PLC 电缆连接及设置通信参数

若计算机具有串行通信口，则可选择 PC/PPI 电缆连接方式。目前，多数计算机已无串行通信口，因此，只能选择 USB/PPI 电缆连接方式。

1. PC/PPI 电缆连接方式与设置通信参数

计算机与 S7－200 系列 PLC 通信电缆连接如图 1—1—9 所示。

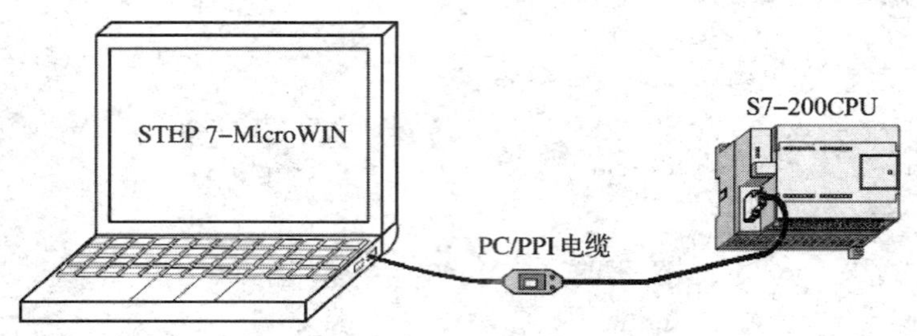

图 1—1—9　PC/PPI 电缆连接计算机与 PLC

（1）将 PC/PPI 电缆的 PC 端插入计算机的 RS－232 通信口（一般是串行通信口 COM1）。

（2）将 PC/PPI 电缆的 PPI 端插入 PLC 的 RS－485 通信口（PORT0）。

（3）设置计算机通信参数。启动计算机→右键单击“我的电脑”图标→属性→硬件→设备管理器→端口→端口属性→端口设置→修改波特率为 9 600 bps（默认值）。

（4）设置编程软件通信参数。启动 STEP 7－Micro/WIN V 4.0 编程软件→单击左侧的“通信”图标→设置 PG/PC 接口→PC/PPI 属性→PPI 传输率 9.6 kbps→选择本地连接 COM1。

（5）单击“通信”图标→双击刷新，出现图 1—1—10 所示的连接界面。默认计算机通信地址为 0，PLC 通信地址为 2，自动识别 PLC 型号为 CPU 224，接口类型为 PC/PPI cable（COM1）。

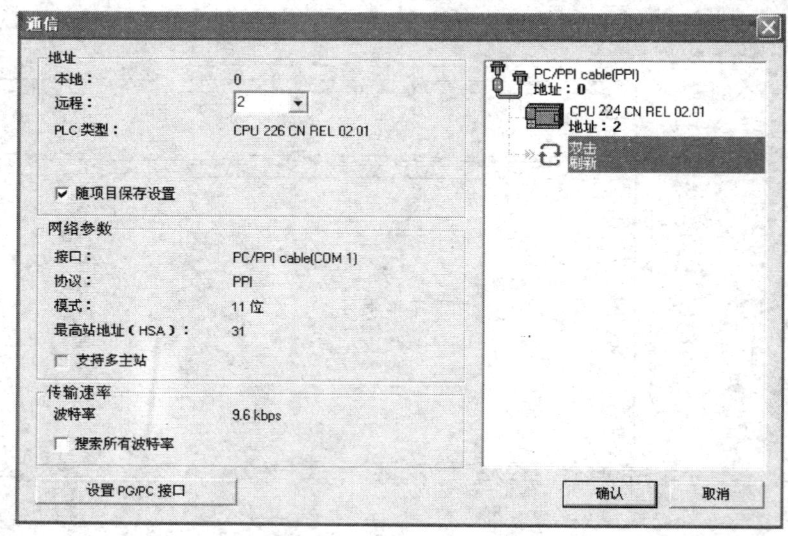

图 1—1—10　PC/PPI 电缆成功连接计算机与 PLC

2. USB/PPI 电缆连接方式与设置通信参数

USB 编程电缆是通过将计算机的 USB 接口模拟成传统的串行通信口（通常为 COM3），从而使现有的编程软件通过 USB/PPI 编程电缆与 PLC 进行通信。

（1）将 USB/PPI 电缆的 USB 端插入计算机的 USB 接口。Windows 将检测到设备并运行添加新硬件向导，插入 USB/PPI 编程电缆自带的驱动程序光盘并单击“下一步”按钮继续。

如果 Windows 没有提示找到新硬件，那么在设备管理器的硬件列表中，展开“通用串行总线控制器”选项，选择带问号的 USB 设备，右击并运行更新驱动程序。

（2）驱动程序安装完成后，单击“我的电脑”图标→属性→硬件→设备管理器→端口。在端口（COM 和 LPT）展开条目中出现“USB to UART Bridge Controller（COM3）”，这个 COM3 就是 USB 编程电缆使用的通信口地址，如图 1—1—11 所示。以后每次使用只要插入 USB/PPI 编程电缆就会出现 COM3，在编程软件通信设置中选中 COM3 即可。

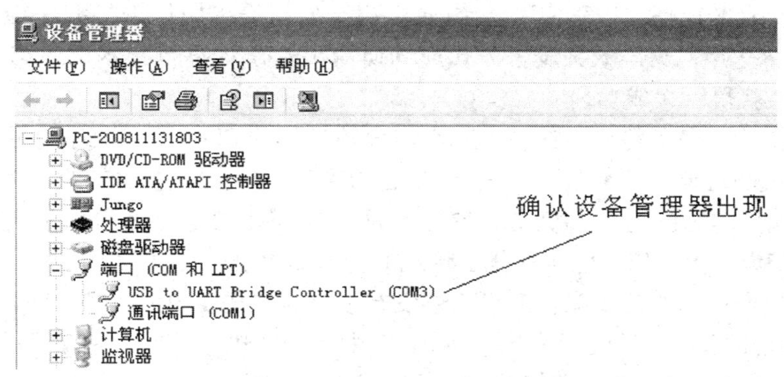

图 1—1—11　USB 转换为串口 COM3

（3）将 USB/PPI 电缆的 PPI 端连接到 PLC 的 RS－485 通信口上。

（4）设置编程软件通信参数。启动 STEP 7－Micro/WIN V 4.0 编程软件→单击左侧的“通信”图标→设置 PG/PC 接口→PC/PPI 属性→PPI 传输率 9.6 kbps→选择本地连接 COM3。

（5）单击“通信”图标→双击刷新。默认计算机地址为 0，PLC 地址为 2，自动识别 PLC 型号为 CPU 224，接口类型为 PC/PPI cable（COM3）。

四、改变 CPU 工作方式

S7－200 CPU 有停止（STOP）和运行（RUN）两种工作方式。在停止方式时，CPU 不执行程序，用户可向 CPU 下载程序；在运行方式时，CPU 执行用户程序。

（1）将 PLC 前盖下模式选择开关置于 STOP/RUN 位置来改变工作方式。

（2）将 PLC 模式选择开关置于终端（TERM）位置，通过图 1—1—12 所示的编程软件界面按钮改变 PLC 的工作方式。

图 1—1—12　程序运行或停止状态控制

如果通过操作编程软件可实现 PLC 工作方式的切换，则表明计算机编程软件与 PLC 已正常通信连接，本次任务圆满完成。

知识链接

一、PLC 的来源与发展

PLC 是应工业需求而产生的。20 世纪 60 年代以前，汽车生产线均采用传统的继电器控制系统，当汽车需要更新型号时，则要重新设计控制系统和连接线路，消耗大量的人力、物力和时间，生产成本较高。1968 年，美国通用汽车公司提出用计算机程序控制取代继电器控制的要求。1969 年，美国数字设备公司应约研制出基于计算机技术的 PLC 控制装置，并在汽车生产线上获得巨大成功。

当 PLC 问世后，各国纷纷引进技术和生产各种类型的 PLC。20 世纪 80 年代至 90 年代，是 PLC 发展最快的时期，年增长率一直保持在 30% ~40%。在这段时期内，PLC 在数字量控制能力、模拟量运算能力、人机交会能力和网络通信能力等方面得到了大幅度提高。目前，在工业生产设备上，PLC 已经取代了传统的继电器控制。

我国 PLC 生产厂约有几十家，但目前还没有形成颇具规模的生产能力和名牌产品，多数厂家以仿制和散件组装方式进行生产。国内使用较多的 PLC 产品品牌有西门子公司 S7 - 400/300/200 系列和日本三菱、欧姆龙、富士、松下等。西门子产品质量较高，编程逻辑严谨，有指令向导帮助编写复杂程序，而日本产品在价位方面颇具优势。

二、PLC 的分类

一般按控制 I/O 点数的能力将 PLC 分为以下级别。

（1）小型：256 点及以下。

（2）中型：257 ~1 024 点。

（3）大型：1 025 ~4 096 点。

（4）巨型：4 097 ~8 192 点。

未来，PLC 将向以下几个方面发展。

（1）程序运行超高速，存储器超大容量。

（2）超大型、超小型两个方向。

（3）智能化联网通信。

（4）编程语言多样化、高级化。

思考与练习

1. S7 -200 系列 PLC 包括哪几种 CPU 模块？
2. PLC 的模式选择开关有哪几种？它们分别对应何种工作方式？
3. CPU 类型代号 AC/DC/RLY 和 DC/DC/DC 分别表示什么类型？
4. 为什么 PLC 的输入接口电路要采用光电耦合方式？
5. 对异步电动机或以秒为脉冲周期的持续闪光灯应分别选用何种类型的 PLC 控制？

任务 2　电动机点动控制

学习目标

¤ 掌握 PLC 点动控制线路的连接方法与操作技能。
¤ 掌握 PLC 用户程序的编写、下载、逻辑测试与监控。
¤ 应用触点取指令与线圈输出指令编写点动控制程序。

任务引入

点动控制适用于电动机短时间的运转操作。电动机的点动控制要求如下：按下点动按钮 SB，电动机运转；松开点动按钮 SB，电动机停止。接触器点动控制线路如图 1—2—1 所示。

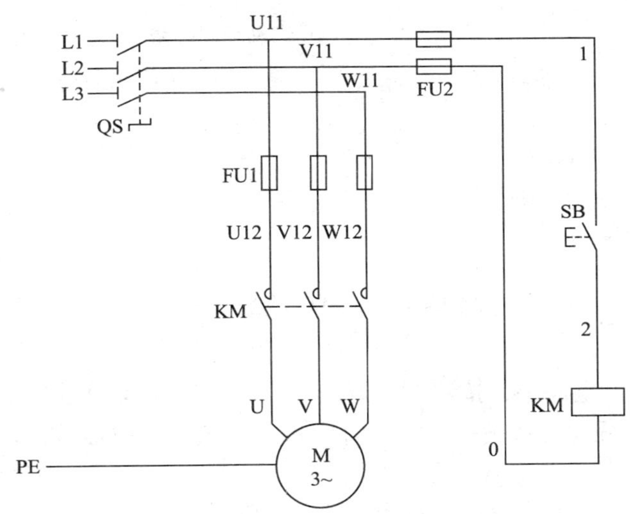

图 1—2—1　接触器点动控制线路

本任务将传统的接触器点动控制改为 PLC 点动控制，控制要求不变。PLC 点动控制线路如图 1—2—2 所示，PLC 点动控制程序如图 1—2—3 所示。

对比接触器点动控制线路与 PLC 点动控制线路及其控制程序可以看出：

（1）两者主电路完全相同。

（2）两者控制电路连接方式不同。

在接触器点动控制电路中，按钮 SB 与接触器线圈 KM 串联连接，从而形成串联控制逻辑。在 PLC 点动控制电路中，按钮 SB 作为输入信号连接 PLC 的输入端 I0.5，接触器线圈 KM 作为负载连接 PLC 的输出端 Q0.2，即电路连接只确定输入/输出信号的地址，并不确定其控制逻辑。

（3）两者控制逻辑相同。

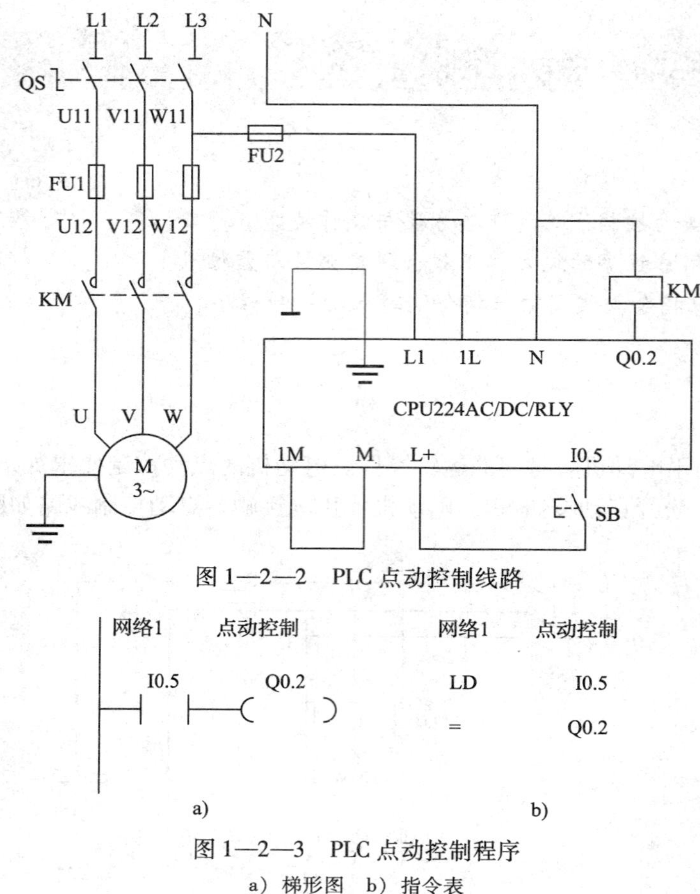

图 1—2—2　PLC 点动控制线路

图 1—2—3　PLC 点动控制程序

a）梯形图　b）指令表

在接触器点动控制电路中，按钮 SB 与接触器线圈 KM 是串联控制逻辑。

在 PLC 点动控制程序梯形图中，输入信号 I0. 5 与输出继电器 Q0. 2 也是串联控制逻辑。

（4）两者接触器线圈额定电压可能不同。

在接触器点动控制电路中，接触器线圈额定电压可为 380 V 或以下等级。

在 PLC 点动控制电路中，受输出端额定电压的限制，接触器线圈电压只能为 220 V 或以下等级。

相关知识

一、触点取指令与线圈输出指令

触点取指令与线圈输出指令的逻辑功能等指令属性见表 1—2—1。

表 1—2—1　　**LD、LDN、=指令**

指令名称	助记符	逻辑功能	操作数
取	LD	取常开触点状态	I、Q、M、SM、T、C、V、S、L
取反	LDN	取常闭触点状态	I、Q、M、SM、T、C、V、S、L
输出	=	线圈输出	Q、M、SM、V、S、L

触点取指令与线圈输出指令的使用说明如下：

（1）“LD”是从左母线取常开触点指令，以常开触点开始的分支电路块也使用这一指令。

（2）“LDN”是从左母线取常闭触点指令，以常闭触点开始的分支电路块也使用这一指令。

（3）“=”是线圈输出指令，“=”指令可以连续使用多次，相当于电路中多个线圈的并联形式。

二、PLC 程序

PLC 程序可以用图 1—2—4 所示的梯形图或指令表编写。

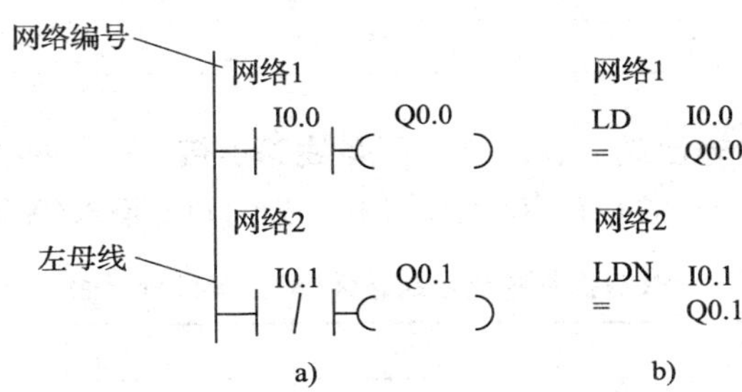

图 1—2—4　程序梯形图和指令表

a）梯形图　b）指令表

1．梯形图

梯形图与继电器系统的电路图很类似，具有直观易懂的优点。梯形图主要由触点、线圈等软元件组成，触点代表逻辑“输入条件”，线圈代表逻辑“输出结果”。触点和线圈等组成的独立电路被称为网络，网络由程序自动按顺序编号。

梯形图仿真电路中的电流流动，通过一系列的逻辑输入条件，决定是否有逻辑输出。一个程序梯形图包括左侧提供“电流”的母线，闭合的触点允许电流通过它们流到下一个元件，而断开的触点阻止电流的流动。例如，在图 1—2—4 所示的梯形图中，当输入继电器触点 I0.0（常开触点）闭合时，输出继电器线圈 Q0.0 通电，否则 Q0.0 断电；当触点 I0.1（常闭触点）闭合时，线圈 Q0.1 通电，否则 Q0.1 断电。

2．指令表

指令表由多条指令语句构成，一条指令语句由指令助记符和工作参数两部分组成。

当用户编程时，既可以使用梯形图语言，也可以使用指令表语言，梯形图和指令表可由编程软件自动转换。

任务实施

一、任务准备

实施本任务所需要的实训设备见表 1—2—2。

表1—2—2　　实训设备

序号	名称	型号规格	数量	单位
1	计算机	安装 STEP 7 - Micro/WIN V 4.0 软件	1	台
2	PLC	CPU224 AC/DC/RLY	1	台
3	编程电缆	PC/PPI 或 USB/PPI	1	根
4	电源开关	HZ10 - 10/3	1	只
5	熔断器	RT 系列	1	组
6	接触器	CJX1/N 系列（线圈电压 220 V）	1	个
7	按钮	LA10 - 3H	1	个
8	电动机	根据实习设备自定，小功率	1	台
9	控制板	根据实习设备自定	1	块

二、分配 PLC 输入/输出端口、画接线图与线路连接

（1）根据图1—2—2所示的PLC点动控制线路，分配PLC输入/输出端口，具体见表1—2—3。

表1—2—3　　PLC点动控制线路输入/输出端口分配表

输入端口			输出端口		
输入继电器	输入器件	作用	输出继电器	输出器件	控制对象
I0.5	SB（常开按钮）	点动	Q0.2	KM	电动机 M

（2）PLC点动控制电路接线图如图1—2—5所示。PLC为CPU224 AC/DC/RLY，使用220 V AC电源。输入端口电源使用本机输出24 V DC电源，M、1M连接在一起，按钮SB接直流电源正极L+和输入继电器I0.5端子，交流接触器线圈KM与220 V AC电源串联接入输出公共端子1L和输出继电器Q0.2端子。

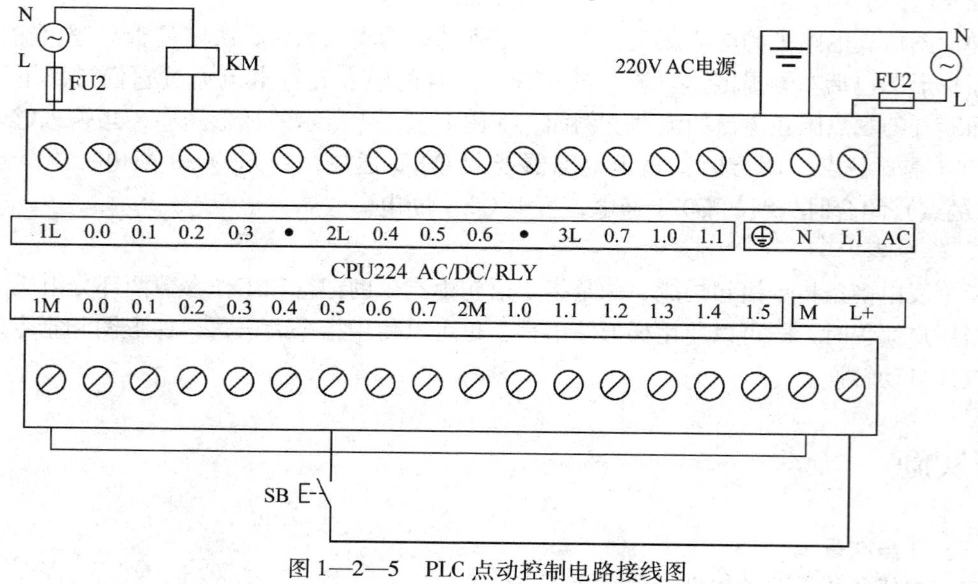

图1—2—5　PLC点动控制电路接线图

（3）按图 1—2—2 和图 1—2—5 连接 PLC 点动控制线路，但接触器线圈 KM 暂不连接 PLC 输出端 Q0. 2，待程序逻辑测试通过后再进行连接。

三、编写、下载、逻辑测试和监控点动控制程序

1. 建立和保存项目

当运行编程软件 STEP 7 – Micro/WIN V4. 0 后，在中文主界面中选择菜单栏中“文件”→“新建”选项，创建一个新项目。新建的项目包含程序块、符号表、状态表、数据块、系统块、交叉引用和通信等相关的块。其中，程序块中默认有一个主程序 OB1、一个子程序 SBR0 和一个中断程序 INT0。

选择菜单栏中“文件”→“保存”选项，指定文件名和保存路径后，单击“保存”按钮，文件以项目形式保存。

2. 输入指令

选中主程序 OB1，在梯形图编辑器中可以使用指令树图标或工具栏图标两种输入程序指令的方法。

（1）使用指令树图标输入指令。将光标移动到程序网络 1 位置，单击指令树中“位逻辑”图标，如图 1—2—6 所示。

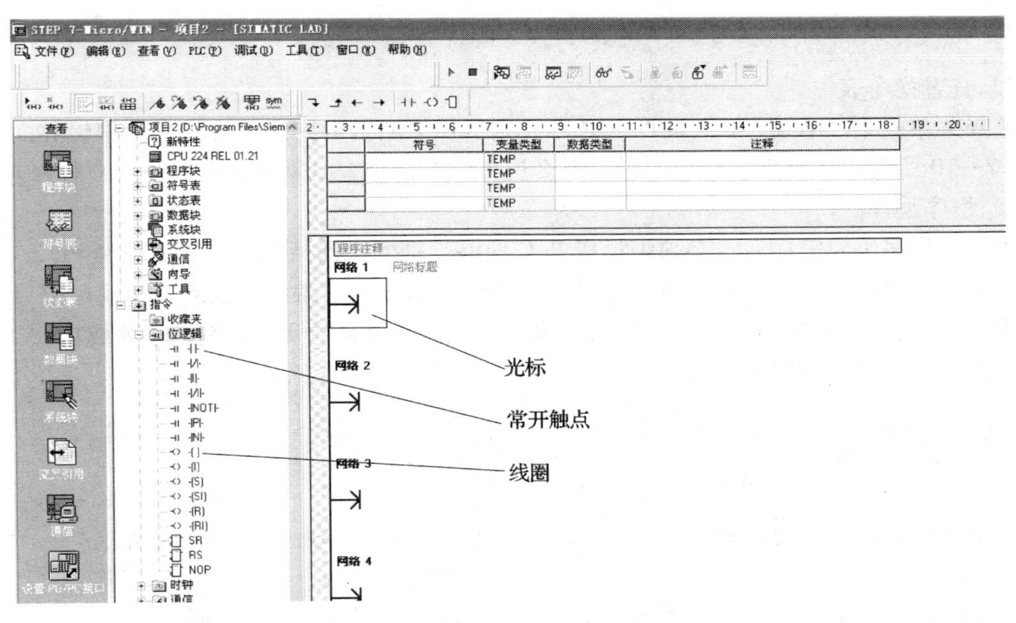

图 1—2—6　打开指令树中“位逻辑”图标

双击（或拖拽）“常开触点”图标，在网络 1 中出现常开触点符号，在“??. ?”框中输入“I0. 5”，按“Enter”键，光标自动跳到下一列，如图 1—2—7 所示。在程序网络标题行中，加入中文注释“点动控制”。

双击（或拖拽）“线圈”图标，在“??. ?”框中输入“Q0. 2”，按“Enter”键，用户程序输入完毕，如图 1—2—8 所示。

图 1—2—7　输入触点指令　　　图 1—2—8　输入线圈指令

（2）使用工具栏图标输入指令。单击工具栏图标输入指令，工具栏图标如图 1—2—9 所示。

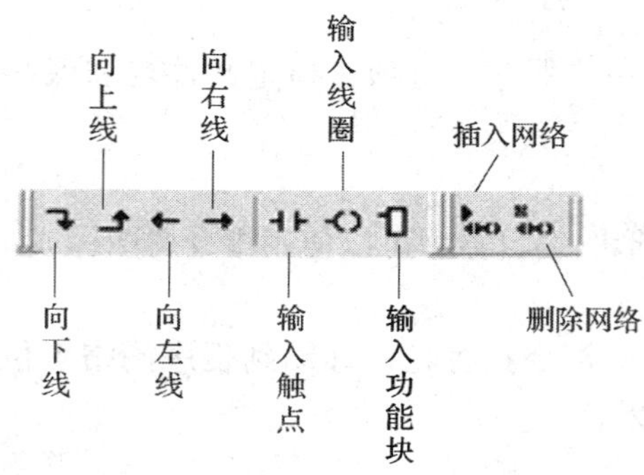

图 1—2—9　工具栏图标

3．查看指令表

选择菜单栏中“查看”→“STL”选项，则从梯形图编辑界面转为指令表编辑界面，如图 1—2—10 所示。如果熟悉指令的话，那么也可以在指令表编辑界面中编写用户程序。

4．程序编译

当用户程序编辑完成后，必须编译成 PLC 能够识别的机器指令，才能下载到 PLC。选择菜单栏中的“PLC”→“编译”选项，开始编译机器指令。当编译结束后，在输出窗口中显示结果信息，如图 1—2—11 所示。当纠正编译中出现的所有错误后，编译才算成功。

图 1—2—10　指令表编辑界面　　　图 1—2—11　在输出窗口显示编译结果

5．程序下载

在计算机与 PLC 建立了通信连接并且编译无误后，可以将程序下载到 PLC 中。当下载时，PLC 状态开关应拨到“STOP”位置或单击工具栏菜单 ■ 按钮。如果状态开关在其他位置，则程序会询问是否转到“STOP”状态。

选择菜单栏中“文件”→“下载”选项，或单击工具栏菜单 ≚ 按钮，出现图 1—2—12 所示的“下载”对话框，并选择是否下载程序块、数据块和系统块等（通常若程序中不包含数据块或更新系统，则只选择下载程序块）。单击“下载”按钮，开始下载程序。

下载是将编写好的用户程序装入 PLC，而上传则相反，它是将 PLC 中存储的程序上传到计算机编程软件。

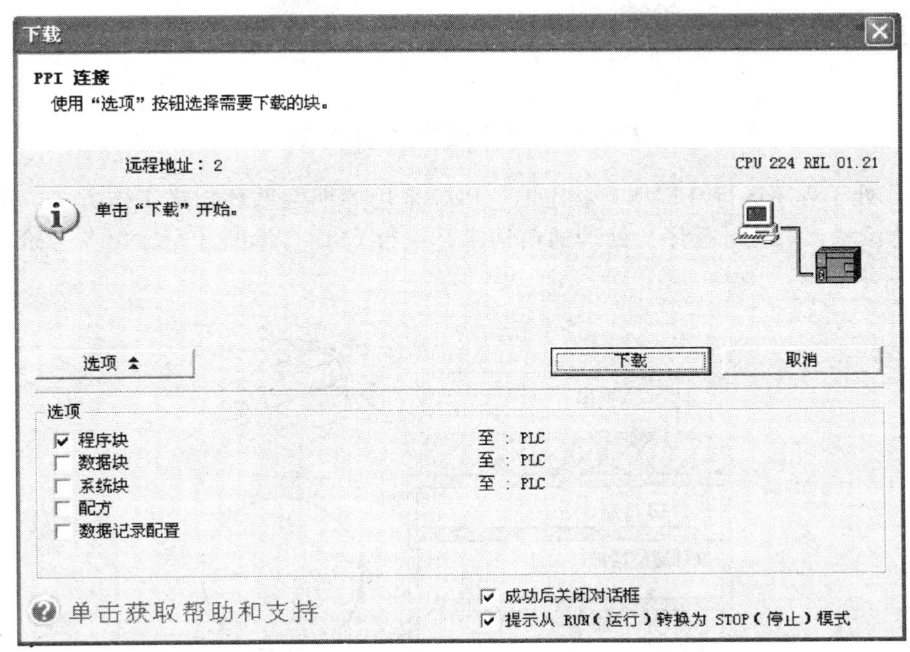

图 1—2—12 “下载”对话框

6. 程序逻辑测试与监控

在实际生产中，当用户程序下载到 PLC 后，必须对程序进行全面的逻辑测试，检查程序是否符合控制要求，以确保安全生产。若程序存在缺陷，则应立即修改。只有当程序完善后，才能将接触器线圈或其他负载连接到 PLC 的输出端。

将 PLC 状态开关拨到“RUN”位置或单击工具栏菜单 ▶ 按钮，程序进入运行状态。此时，按下连接 I0.5 的按钮 SB，I0.5 和 Q0.2 指示灯亮；松开按钮 SB，I0.5 和 Q0.2 指示灯灭，程序逻辑符合点动控制要求。

选择程序菜单栏中“调试”→“开始程序状态监控”选项，未通电的触点和线圈以灰白色显示，通电的触点和线圈以蓝色块显示，并且呈现“ON”字符，如图 1—2—13 所示。

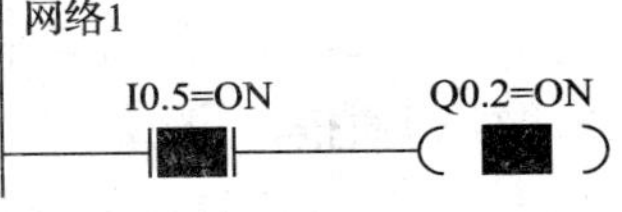

图 1—2—13 程序状态监控图

至此，完成了点动控制程序的编辑、下载、逻辑测试与监控。如果需要保存程序，则可选择程序菜单栏中“文件”→“保存”选项，再选择保存路径和文件名即可。

四、接线、调试并运行

将接触器线圈 KM 连接到 PLC 的输出端 Q0.2。

（1）电动机启动。按下按钮 SB，PLC 输出端 Q0.2 通电，使接触器线圈 KM 通电，KM 主触点闭合，电动机通电运转。

（2）电动机停止。松开按钮 SB，PLC 输出端 Q0.2 断电，使接触器线圈 KM 失电，KM 主触点分断，电动机断电停止。

知识链接

PLC 的循环扫描工作方式

当 PLC 处于程序运行（RUN）状态时，PLC 采用周期性循环扫描工作方式，每一个扫描周期分为读输入、执行程序、处理通信请求、执行 CPU 自诊断和写输出 5 个阶段，如图 1—2—14 所示。

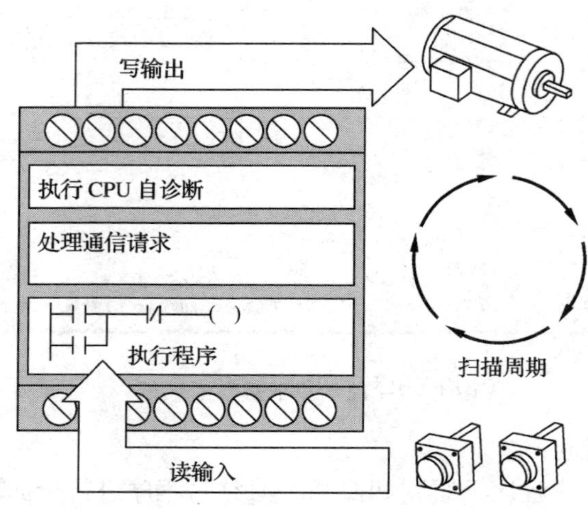

图 1—2—14　PLC 循环扫描工作方式

1．读输入

在读输入阶段，PLC 的 CPU 将每个输入端口的状态复制到输入数据映像寄存器中。

2．执行程序

在执行程序阶段，CPU 逐条按顺序扫描用户程序，同时进行逻辑运算和处理，最终运算结果存入输出数据映像寄存器中。

3．处理通信请求

CPU 执行 PLC 与其他外部设备之间的通信任务。

4．执行 CPU 自诊断

CPU 检查 PLC 各部分是否工作正常。

5．写输出

在写输出阶段，CPU 将输出数据映像寄存器中存储的数据复制到输出继电器中。

在非读输入阶段，即使输入状态发生变化，程序也不读入新的输入数据，这种方式增强了 PLC 的抗干扰能力和程序执行的可靠性。

PLC 扫描周期与 PLC 的类型、程序指令语句的长短和 CPU 执行指令的速度有关，通常用户程序一个扫描周期约几十毫秒。当扫描周期大于 500 ms 时，监视定时器会停止执行用户程序。由于 PLC 的扫描周期很短，所以从操作上感觉不出 PLC 的延迟。对于高速信号，PLC 则有专门的处理方式。

PLC 循环扫描工作方式与继电器并联工作方式有本质的不同。在继电器并联工作方式下，当控制线路通电时，所有负载可以同时通电，即与负载在控制线路中的位置无关。PLC 属于逐条读取指令、逐条逻辑运算与执行指令的顺序扫描工作方式，先被扫描的软继电器先参与运算，其结果将影响后被扫描的软继电器，即与软继电器在程序中的位置有关。在编程时，掌握和利用这个特点，可以较好地处理软继电器之间的联锁关系。

思考与练习

一、填空题

1. 当 PLC 输入端口接通时，相应的输入继电器为__________状态，程序梯形图中对应的常开触点__________，常闭触点__________。

2. 若程序梯形图中输出继电器线圈通电，则对应的物理继电器的线圈__________，其常开触点__________；在程序梯形图中对应的常开触点__________，常闭触点__________。

3. 在 PLC 控制系统中，接触器线圈的额定电压为__________V 或以下等级。

二、设计题

将按钮 SB 连接 PLC 的输入端口 I0.0，指示灯 HL 连接输出端口 Q0.0。其控制要求如下：当按下按钮 SB 时，HL 灯亮；当松开按钮 SB 时，HL 灯灭。

1. 列出输入/输出端口分配表。
2. 绘出 PLC 控制电路图。
3. 设计程序梯形图和指令表。

任务 3　电动机自锁控制

学习目标

¤ 掌握 PLC 自锁控制线路的连接方法与操作技能。

¤ 应用触点串联/并联指令和置位/复位指令编写自锁控制程序。

任务引入

自锁控制适用于电动机较长时间连续运转的场合。接触器自锁控制线路如图 1—3—1 所示。其控制要求如下：当按下启动按钮 SB2 时，接触器线圈通电自锁，电动机运转；当按下停止按钮 SB1 或电动机发生过载故障时，接触器线圈断电解除自锁，电动机停止。

本任务将传统的接触器自锁控制改为 PLC 自锁控制，控制要求不变。PLC 自锁控制线路如图 1—3—2 所示，其输入/输出端口分配表见表 1—3—1，其控制程序如图 1—3—3 所示。

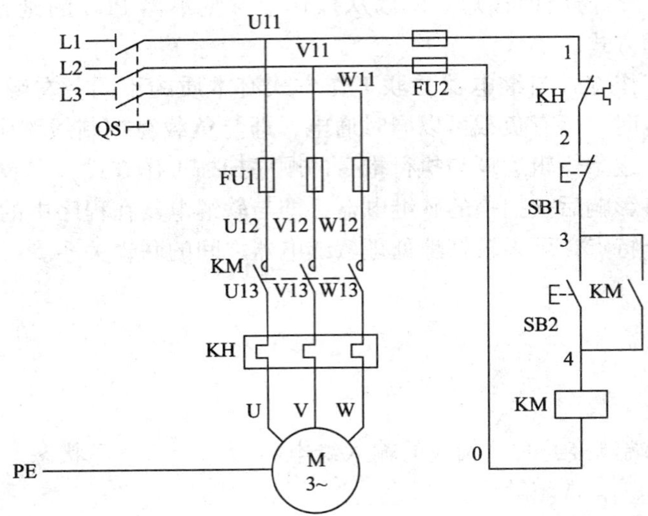

图 1—3—1　接触器自锁控制线路

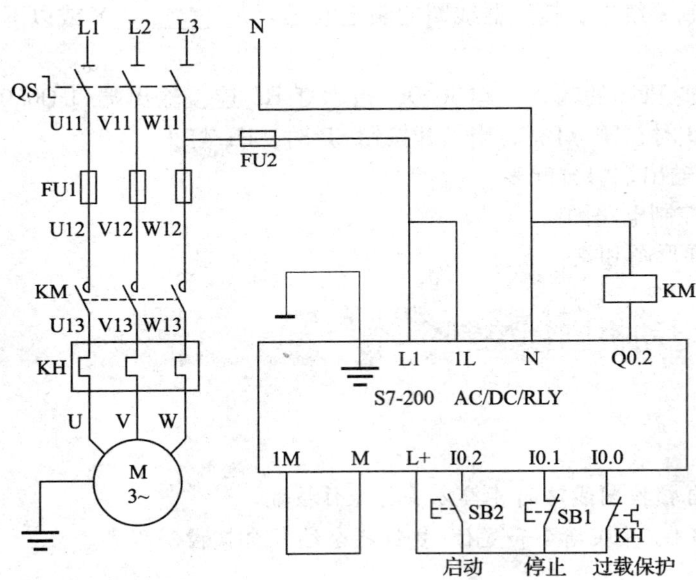

图 1—3—2　PLC 自锁控制线路

表 1—3—1　PLC 自锁控制线路输入/输出端口分配表

输入端口			输出端口		
输入继电器	输入器件	作用	输出继电器	输出器件	控制对象
I0. 0	KH（常闭触点）	过载保护	Q0. 2	KM	电动机 M
I0. 1	SB1（常闭触点）	停止按钮			
I0. 2	SB2（常开触点）	启动按钮			

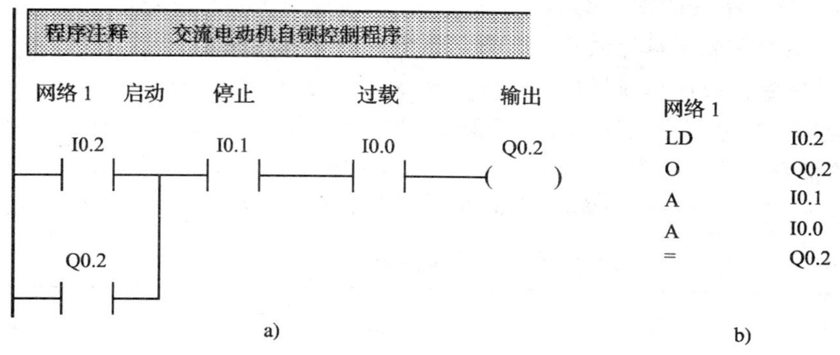

图 1—3—3 PLC 自锁控制程序

a）梯形图 b）指令表

对比接触器自锁控制线路与 PLC 自锁控制线路及控制程序可以看出：

（1）两者主电路完全相同。

（2）两者控制电路连接方式不同。

在接触器自锁控制电路中，启动按钮、停止按钮和过载保护触点串联控制接触器线圈，接触器辅助常开触点作为自锁触点与启动按钮并联，从而形成自锁控制逻辑。

在 PLC 自锁控制电路中，启动按钮、停止按钮和过载保护触点均作为输入信号连接 PLC 的输入端，接触器线圈作为负载连接 PLC 的输出端，即 PLC 的硬件连接仅确定输入/输出信号地址，而不确定控制逻辑。

（3）两者控制逻辑相同。

PLC 自锁控制程序梯形图与接触器自锁控制电路逻辑关系相同，即启动信号 I0.2 先与自锁触点 Q0.2 并联，然后与停止信号 I0.1、过载保护信号 I0.0 串联控制输出继电器 Q0.2 线圈。

在 PLC 自锁控制电路中，停止按钮和过载保护均使用其常闭触点。在工业控制中，凡具有“停止”和“保护”等关系到安全保障功能的信号一般都应使用常闭触点，以防止其在发生断路故障时失去控制功能或保护功能。

相关知识

一、触点串联、并联指令

触点串联、并联指令的助记符和逻辑功能等指令属性见表 1—3—2。

表 1—3—2　　A、AN、O、ON 指令

指令名称	助记符	逻辑功能	操作数
与	A	用于单个常开触点串联	I、Q、M、SM、T、C、V、S、L
与反	AN	用于单个常闭触点串联	
或	O	用于单个常开触点并联	
或反	ON	用于单个常闭触点并联	

触点串联、并联指令的使用说明如下：

（1）“A”指令完成逻辑与运算，“AN”指令完成逻辑与反运算。

（2）“O”指令完成逻辑或运算，“ON”指令完成逻辑或反运算。

（3）触点串、并联指令仅适用于单个触点的逻辑运算，但可以连续使用。

二、置位指令、复位指令

置位指令 S、复位指令 R 的梯形图符号和逻辑功能等指令属性见表 1—3—3。

表 1—3—3　S、R 指令

指令名称	梯形图	指令表	逻辑功能	操作数
置位	bit （S） N	S　bit，N	从 bit 开始的 N 个元件 置 1 并保持	Q、M、SM、T、 C、V、S、L
复位	bit （R） N	R　bit，N	从 bit 开始的 N 个元件 清 0 并保持	

置位指令与复位指令的使用说明如下：

（1）bit 表示位元件，N 表示常数，N 的范围为 1～255，表示置位、复位指令可以同时控制多个同类型连续地址位元件的状态。

（2）置位指令也被称为“置 1”指令。置位指令具有保持功能，被 S 指令置位的软元件只能用 R 指令才能复位。

（3）复位指令也被称为“清 0”指令。复位指令也具有保持功能，复位指令还可以对定时器和计数器的当前值寄存器数据清 0。

【例题 1—3—1】 PLC 自锁控制线路如图 1—3—2 所示，用置位/复位指令编写自锁控制程序。

【解】 例题 1—3—1 的自锁控制程序如图 1—3—4 所示。按下启动按钮，I0.2 触点闭合，输出继电器 Q0.2 置位通电，而松开启动按钮，Q0.2 保持置位状态；按下停止按钮，I0.1 常闭触点闭合，Q0.2 复位断电；当过载保护动作时，I0.0 常闭触点闭合，Q0.2 复位断电。

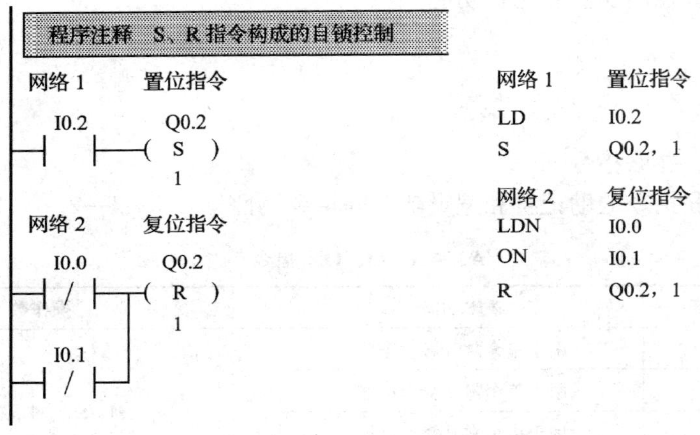

图 1—3—4　例题 1—3—1 的自锁控制程序

任务实施

一、任务准备

实施本任务所需要的实训设备见表1—3—4。

表1—3—4　　实训设备

序号	名称	型号规格	数量	单位
1	计算机	安装 STEP 7 - Micro/WIN V 4.0 软件	1	台
2	PLC	S7 - 200　AC/DC/RLY	1	台
3	编程电缆	PC/PPI 或 USB/PPI	1	根
4	电源开关	HZ10 - 10/3	1	只
5	熔断器	RT 系列	1	组
6	接触器	CJX1/N 系列（线圈电压 220 V）	1	个
7	热继电器	JRS 系列，根据电动机自定	1	个
8	按钮	LA10 - 3H	1	个
9	电动机	根据实习设备自定，小功率	1	台
10	控制板	根据实习设备自定	1	块

二、电路连接与排除故障

（1）按照图1—3—2所示控制线路在控制板上连接PLC自锁控制线路，暂不连接接触器线圈，待连接无误后接通PLC电源。

（2）PLC输入指示灯I0.0应亮，表示热继电器常闭触点正常，否则应检查接线或是否错接了热继电器的常开触点。

（3）PLC输入指示灯I0.1应亮，表示停止按钮正常，否则应检查接线或停止按钮是否损坏。

三、程序逻辑测试

（1）接通电源，将图1—3—3或图1—3—4所示的程序分别下载到PLC。

（2）将PLC状态开关拨到“RUN”位置或单击工具栏菜单▶按钮，程序进入运行状态。选择程序菜单栏中“调试”→“开始程序状态监控”选项，进行程序监控。

（3）按下启动按钮SB2，I0.2和Q0.2指示灯亮；松开启动按钮SB2，Q0.2指示灯保持亮；按下停止按钮SB1或断开热继电器KH常闭触点，Q0.2指示灯灭，程序逻辑符合自锁控制要求。

四、接线、调试并运行

将接触器线圈KM连接到PLC的输出端Q0.2。

（1）电动机启动。按下启动按钮SB2，PLC输出继电器Q0.2通电自锁，使接触器线圈KM通电，KM主触点闭合，电动机通电运转。

（2）电动机停止。按下停止按钮SB1，PLC输出继电器Q0.2断电解除自锁，使接触器线圈KM失电，KM主触点分断，电动机断电停止。

（3）过载保护。当发生过载故障时，热继电器常闭触点分断，PLC输出继电器Q0.2断电解除自锁，使接触器线圈KM失电，KM主触点分断，电动机断电停止。

知识链接

一、连线逻辑与程序逻辑

图 1—3—5 所示为继电器控制系统和 PLC 控制系统框图，从中可以看出它们的控制方式不同。继电器控制属于连线逻辑控制方式，要修改控制功能，必须重新设计和连接电路。由于其接线端众多，因此继电器控制系统不仅工作效率低，而且系统故障率高。PLC 控制则属于程序逻辑控制方式，要修改控制功能，不必改动硬件接线，只需重新编写和下载新的用户程序即可，所以 PLC 控制系统控制功能强、修改程序方便、接线简单、故障率低。

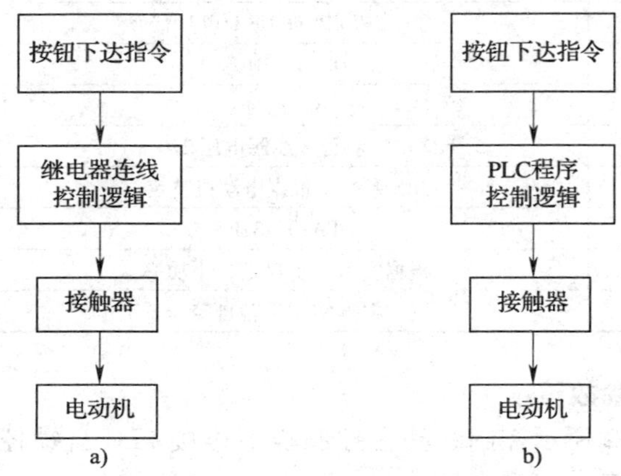

图 1—3—5　继电器控制系统与 PLC 控制系统框图
a）继电器控制系统　b）PLC 控制系统

二、PLC 程序控制原理

图 1—3—6 所示为 PLC 控制实物图，说明了 PLC 程序控制的工作原理。启动/停止按钮分别连接 PLC 的输入端 I0. 0 和 I0. 1，交流接触器的线圈连接 PLC 的输出端 Q0. 0，PLC 程序对启动/停止按钮的状态进行逻辑运算，运算的结果决定输出端 Q0. 0 是否接通或断开交流接触器线圈的电源，从而实现对电动机的控制。

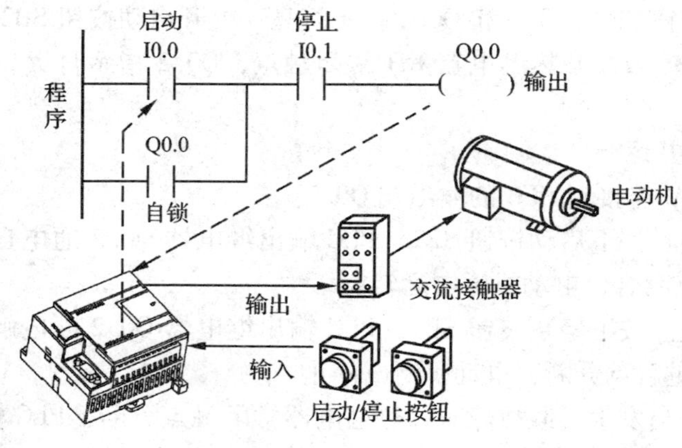

图 1—3—6　PLC 控制实物图

三、PLC 多地控制

多地控制是指在多个地方控制同一台电动机运转。图 1—3—7 所示为两地控制同一台电动机的输入端接线图和 PLC 控制程序。两地启动按钮 SB1、SB2 并联连接输入端 I0. 2，两地停止按钮 SB3、SB4 串联连接 I0. 1，热继电器 KH 的常闭触点连接 I0. 0；接触器线圈连接输出端 Q0. 0。多地控制程序则与单地控制程序完全相同，同理，不难实现多于两地的控制。

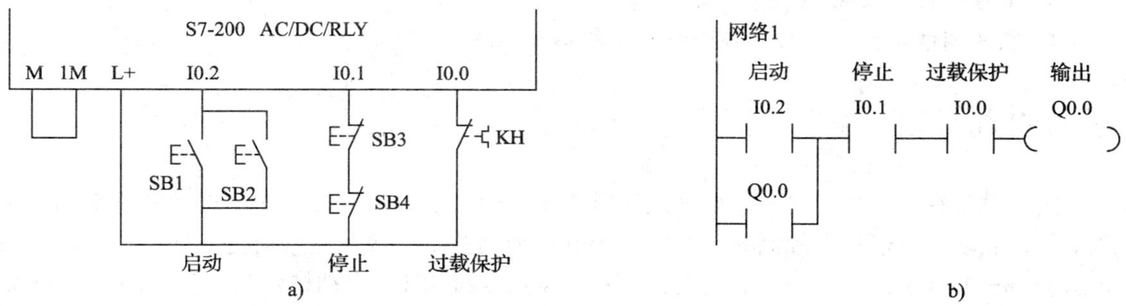

图 1—3—7 两地控制同一台电动机的输入端接线图和 PLC 控制程序
a）输入回路 b）控制程序

思考与练习

1. 说明 A 指令与 AN 指令的区别。
2. 说明 O 指令与 ON 指令的区别。
3. 置位/复位指令具有自锁功能吗？
4. 为什么在 PLC 控制系统中停止按钮和热继电器应使用其常闭物理触点？
5. 绘出图 1—3—8 所示程序指令表的梯形图，并标出梯形图中的启动触点、自锁触点和停止触点。
6. 写出图 1—3—9 所示程序梯形图的指令表，并分别指出输入信号 I0. 0、I0. 1 和 I0. 2 的控制功能。

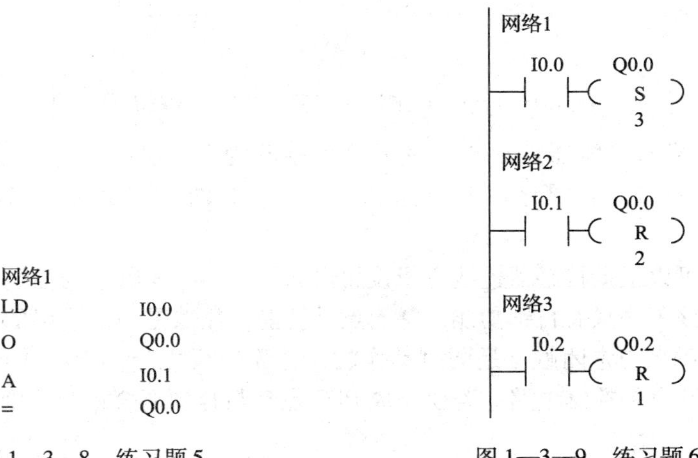

网络1

```
LD    I0.0
O     Q0.0
A     I0.1
=     Q0.0
```

图 1—3—8 练习题 5

图 1—3—9 练习题 6

任务 4　电动机点动与自锁混合控制

学习目标

¤ 掌握位存储器 M 的使用方法。

¤ 能装调电动机点动与自锁混合控制线路和程序。

任务引入

生产设备在正常生产时多采取连续运转方式，但有的设备需要事先用点动操作来调整生产工艺，点动与自锁混合控制线路就能实现这种控制要求。接触器点动与自锁混合控制线路如图 1—4—1 所示，它使用 3 个按钮，分别是停止按钮 SB1、启动按钮 SB2 和点动按钮 SB3。其中，点动按钮是复合按钮，当按下点动按钮时，其常闭触点先分断自锁电路，使自锁功能不起作用；当松开点动按钮时，其常开触点先断开控制电路。

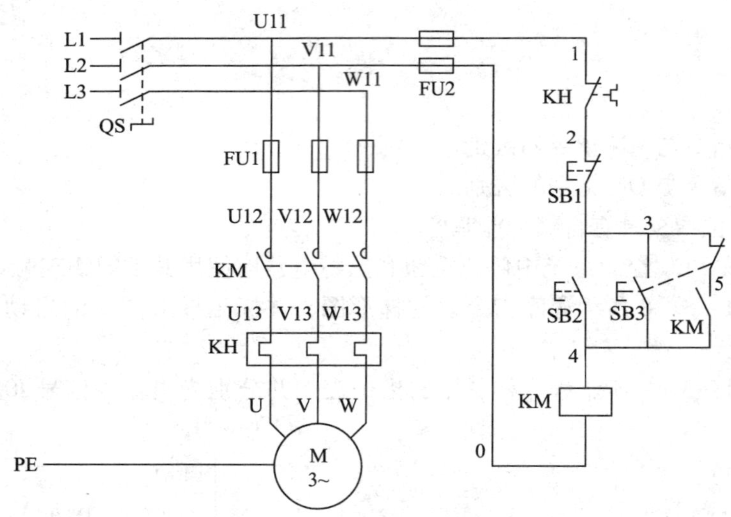

图 1—4—1　接触器点动与自锁混合控制线路

本任务将传统的接触器点动与自锁混合控制改为 PLC 点动与自锁混合控制，控制要求不变。PLC 点动与自锁混合控制线路如图 1—4—2 所示，其输入/输出端口分配表见表 1—4—1。

那么，是否可以根据接触器连线逻辑设想出如图 1—4—3 所示的控制程序呢？通过程序逻辑测试可知，该程序只有自锁功能，并无点动功能，显然是一个错误的程序。因为在程序中，I0. 3 的常开触点与常闭触点是同时动作的，并无先后之分，所以在点动操作时 I0. 3 的常闭触点不能断开自锁控制电路。若要完成 PLC 点动与自锁混合控制，则需要引入位存储器来编写程序。

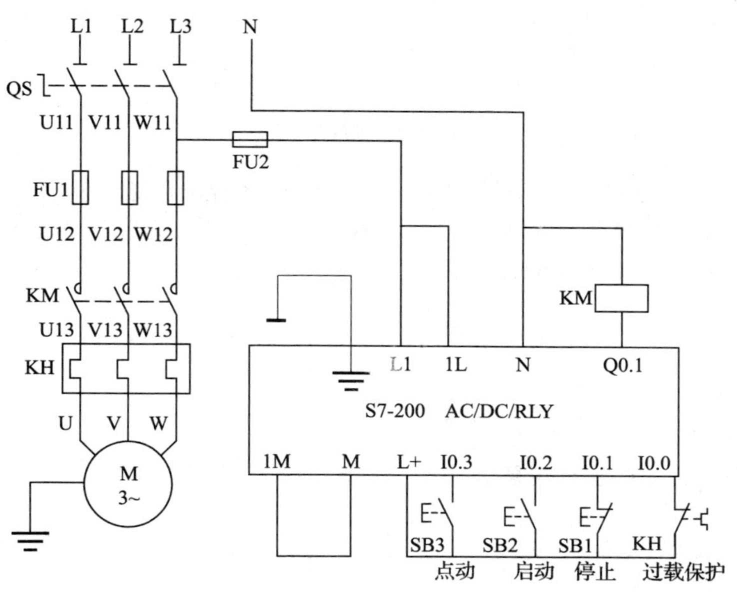

图 1—4—2 PLC 点动与自锁混合控制线路

表 1—4—1 PLC 点动与自锁混合控制线路输入/输出端口分配表

输入端口			输出端口		
输入继电器	输入器件	作用	输出继电器	输出器件	控制对象
I0. 0	KH（常闭触点）	过载保护	Q0. 1	KM	电动机 M
I0. 1	SB1（常闭触点）	停止按钮			
I0. 2	SB2（常开触点）	启动按钮			
I0. 3	SB3（常开触点）	点动按钮			

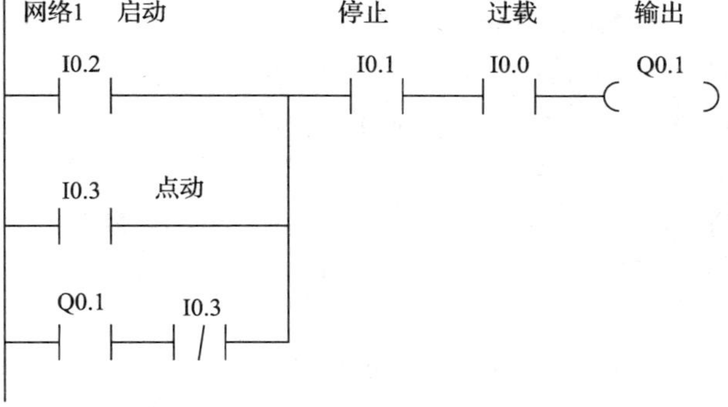

网络1 启动 停止 过载 输出

I0.2 I0.1 I0.0 Q0.1

I0.3 点动

Q0.1 I0.3

图 1—4—3 错误的 PLC 点动与自锁混合控制程序

相关知识

位存储器 M

在 PLC 执行程序过程中，可以用内部软元件位存储器来存储中间操作状态和控制信息，其作用相当于继电器系统的中间继电器。位存储器用“M”表示，共 256 位，采用八进制（M0.0～M0.7，…，M31.0～M31.7）。

任务实施

一、任务准备

实施本任务所需要的实训设备见表 1—4—2。

表 1—4—2　　实训设备

序号	名称	型号规格	数量	单位
1	计算机	安装 STEP 7 - Micro/WIN V 4.0 软件	1	台
2	PLC	S7 - 200　AC/DC/RLY	1	台
3	编程电缆	PC/PPI 或 USB/PPI	1	根
4	电源开关	HZ10 - 10/3	1	只
5	熔断器	RT 系列	1	组
6	接触器	CJX1/N 系列（线圈电压 220 V）	1	个
7	热继电器	JRS 系列，根据电动机自定	1	个
8	按钮	LA10 - 3H	1	个
9	电动机	根据实习设备自定，小功率	1	台
10	控制板	根据实习设备自定	1	块

二、电路连接与排除故障

（1）按照图 1—4—2 所示控制线路在控制板上连接 PLC 点动与自锁混合控制线路，暂不连接接触器线圈，待连接无误后接通 PLC 电源。

（2）PLC 输入指示灯 I0.0 应亮，表示热继电器常闭触点与连线正常。

（3）PLC 输入指示灯 I0.1 应亮，表示停止按钮与连线正常。

三、编写控制程序

根据点动与自锁混合控制要求，结合 PLC 输入/输出端口分配表，使用位存储器 M 编写的 PLC 点动与自锁混合控制程序如图 1—4—4 所示。

四、程序逻辑测试

接通电源，将图 1—4—4 所示的程序下载到 PLC 并进行程序监控。

（1）自锁控制。按下启动按钮 SB2，M0.0 线圈通电自锁，程序网络 3 中 M0.0 常开触点闭合，输出继电器 Q0.1 线圈通电；按下停止按钮 SB1，M0.0 线圈断电解除自锁，输出继电器 Q0.1 线圈断电。

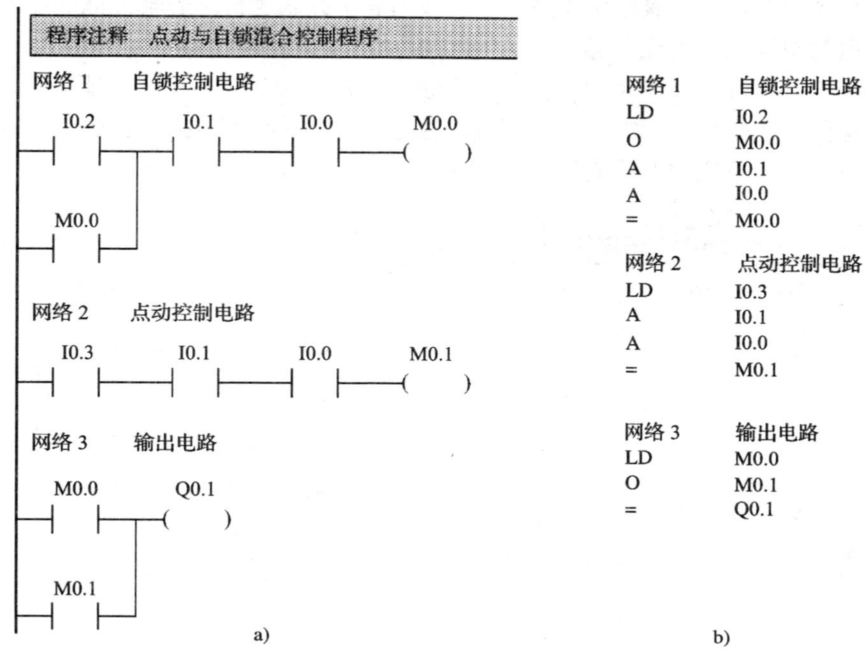

图 1—4—4 PLC 点动与自锁混合控制程序
a）梯形图 b）指令表

（2）点动控制。按下点动按钮 SB3，M0.1 线圈通电，程序网络 3 中 M0.1 常开触点闭合，输出继电器 Q0.1 线圈通电；松开点动按钮 SB3，M0.1 线圈断电，输出继电器 Q0.1 线圈断电。

（3）过载保护。断开 I0.0 接线端，M0.0 和 M0.1 断电。

五、接线、调试并运行

将接触器线圈 KM 连接到 PLC 的输出端 Q0.1。

（1）电动机启动。按下启动按钮 SB2，PLC 输出继电器 Q0.1 通电，使接触器线圈 KM 通电，KM 主触点闭合，电动机通电运转。

（2）电动机停止。按下停止按钮 SB1，PLC 输出继电器 Q0.1 断电，使接触器线圈 KM 失电，KM 主触点分断，电动机断电停止。

（3）电动机点动。按下点动按钮 SB3，PLC 输出继电器 Q0.1 通电，使接触器线圈 KM 通电，电动机通电运转；松开点动按钮 SB3，PLC 输出继电器 Q0.1 断电，使接触器线圈 KM 失电，电动机断电停止。

（4）过载保护。当发生过载故障时，热继电器常闭触点 KH 分断，电动机断电停止。

知识链接

PLC 的编程语言——功能块图

PLC 的编程语言除梯形图和指令表外，还有功能块图语言，功能块图类似于数字电路逻辑图。功能块图语言用与门表示串联逻辑，用或门表示并联逻辑。逻辑方框的左侧为逻辑输入变量，右侧为逻辑输出变量，信号从左向右流动。输入、输出端的小圆圈表示“非”运算。图 1—4—5a、b 所示分别为 PLC 点动与自锁混合控制程序梯形图和功能块图，且控制逻辑相同。梯形图、指令表和功能块图程序可以通过编程软件自动转换，要想查看或编写功能块图程序，可选择菜单栏中“查看”→“FBD”选项。

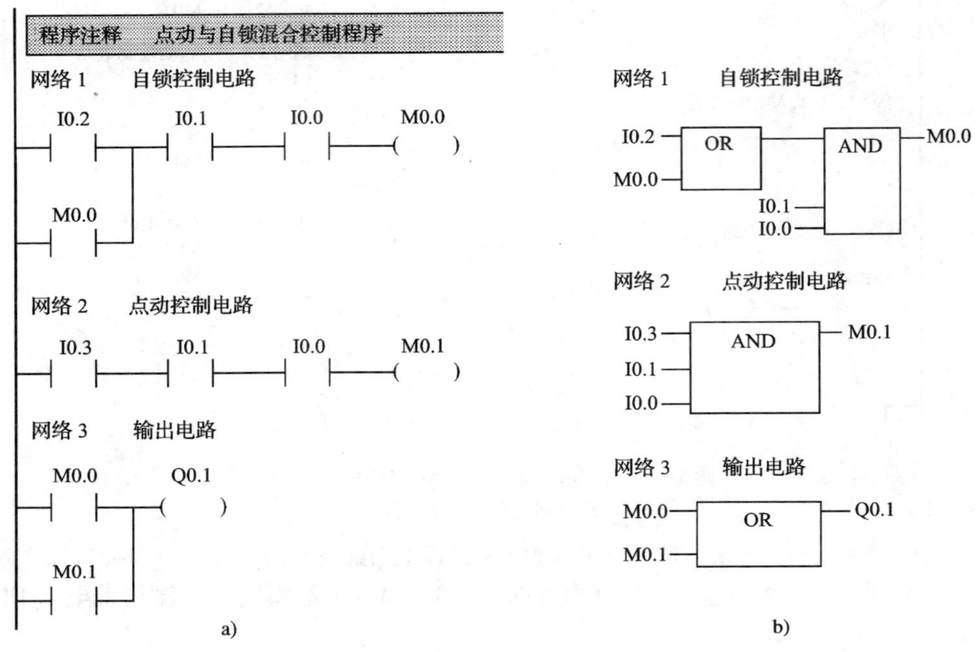

图 1—4—5　PLC 点动与自锁混合控制程序
a）梯形图　b）功能块图

思考与练习

1. 说明位存储器 M 与输出继电器 Q 的异同。

*2. 试分析图 1—4—5b 所示程序功能块图的逻辑关系。

任务 5　电动机正反转控制

学习目标

¤ 掌握脉冲指令 EU/ED 的使用方法。

¤ 掌握联锁触点的使用方法。

¤ 能装调 PLC 正反转控制线路和程序。

任务引入

在生产设备中，常通过电动机正反转运转来改变运动部件的移动方向。接触器正反转控制线路如图 1—5—1 所示。其控制要求如下：按下正转按钮 SB2，电动机正转；按下反转按钮 SB3，电动机反转；按下停止按钮 SB1，电动机停止。由于正转和反转接触器不能同时工作，否则将造成电源短路事故，所以必须采取接触器联锁措施，即正转接触器的常闭触点与反转接触器线圈串联，反转接触器的常闭触点与正转接触器线圈串联。

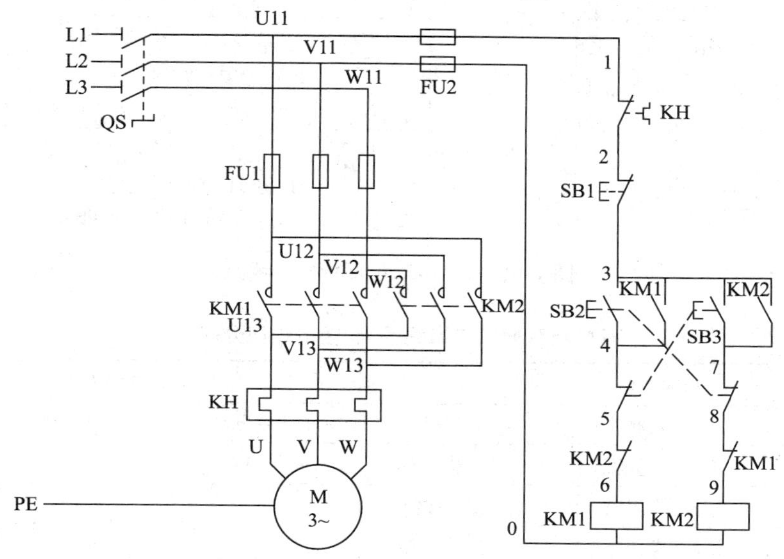

图 1—5—1 接触器正反转控制线路

本任务将传统的接触器正反转控制改为 PLC 正反转控制，控制要求不变。PLC 正反转控制线路如图 1—5—2 所示，其输入/输出端口分配表见表 1—5—1，其控制程序如图 1—5—3 所示。

对比接触器正反转控制线路与 PLC 正反转控制线路及其控制程序可以看出：

（1）两者主电路完全相同。

（2）两者控制电路连接方式不同。

在接触器正反转控制电路中，按钮与过载保护触点、接触器自锁触点、联锁触点和线圈的连接形成了正反转控制逻辑。

在 PLC 正反转控制电路中，按钮、过载保护触点和接触器线圈连接仅确定输入/输出信号地址，而不确定控制逻辑。需要指出的是，仅依靠 PLC 控制程序中软继电器触点联锁是不可靠的，在 PLC 输出端必须要有接触器常闭物理触点的硬件联锁。通常，如果在继电器控制电路中有接触器之间的联锁电路，则在 PLC 的输出端也应采用相同的联锁电路。

（3）两者控制逻辑基本相同。

PLC 正反转控制程序梯形图与接触器正反转控制电路逻辑关系基本相同。但是由于 PLC 程序中软继电器常开/常闭触点是同时动作的，所以为了防止电动机换向过快对设备冲击力过大，对启动信号增加了脉冲下降沿指令，延缓了换向时间。

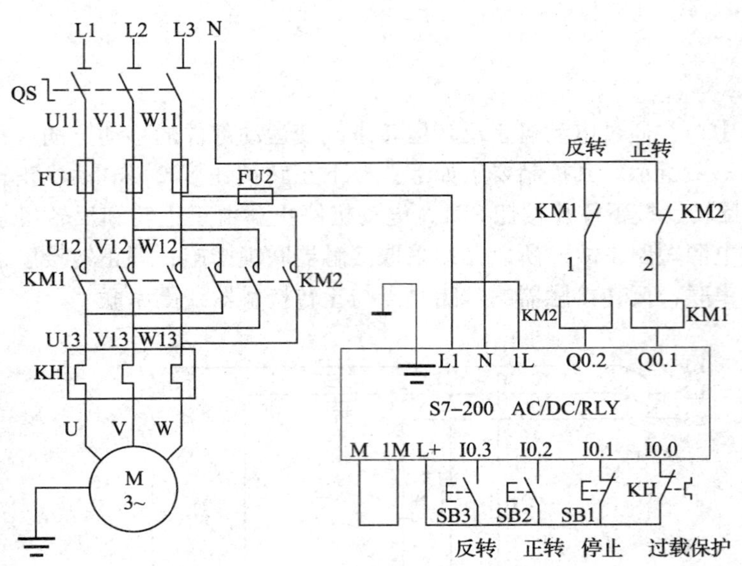

图 1—5—2　PLC 正反转控制线路

表 1—5—1　　PLC 正反转控制电线输入/输出端口分配表

输入端口			输出端口		
输入继电器	输入器件	作用	输出继电器	输出器件	控制对象
I0. 0	KH（常闭触点）	过载保护	Q0. 1	KM1	M 正转
I0. 1	SB1（常闭触点）	停止按钮	Q0. 2	KM2	M 反转
I0. 2	SB2（常开触点）	正转按钮			
I0. 3	SB3（常开触点）	反转按钮			

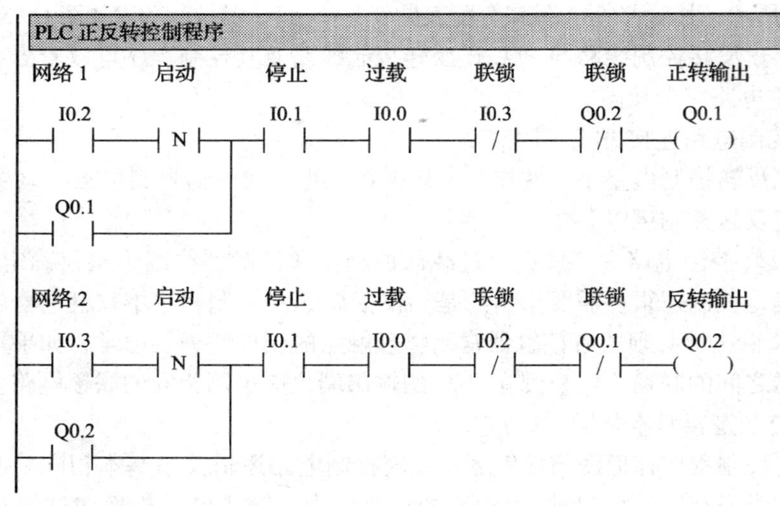

图 1—5—3　PLC 正反转控制程序

相关知识

脉冲上升沿、下降沿指令 EU、ED

脉冲上升沿指令 EU、脉冲下降沿指令 ED 的梯形图符号及逻辑功能等指令属性见表 1—5—2。

表 1—5—2 **EU、ED 指令**

指令名称	梯形图符号	指令表	逻辑功能
脉冲上升沿指令	─┤P├─	EU	在上升沿产生一个周期脉冲
脉冲下降沿指令	─┤N├─	ED	在下降沿产生一个周期脉冲

脉冲指令的使用说明如下：

(1)"EU"指令对其之前逻辑运算结果的上升沿产生一个扫描周期的脉冲。

(2)"ED"指令对其之前逻辑运算结果的下降沿产生一个扫描周期的脉冲。

【例题 1—5—1】 某台设备有两台电动机 M1 和 M2，其接触器线圈分别连接输出端 Q0.1 和 Q0.2。启动按钮连接输入端 I0.0，停止按钮使用常闭触点，连接输入端 I0.1。为了减小两台电动机同时启动时电流过大对供电电路的影响，让 M2 稍微延迟片刻启动。其控制要求如下：按下启动按钮，M1 立即启动，在延缓片刻松开启动按钮时，M2 才启动；按下停止按钮，M1、M2 同时停止。

【解】 根据控制要求，启动第一台电动机用启动按钮的接通信号，启动第二台电动机用启动按钮的断开信号，程序梯形图和指令表如图 1—5—4 所示。

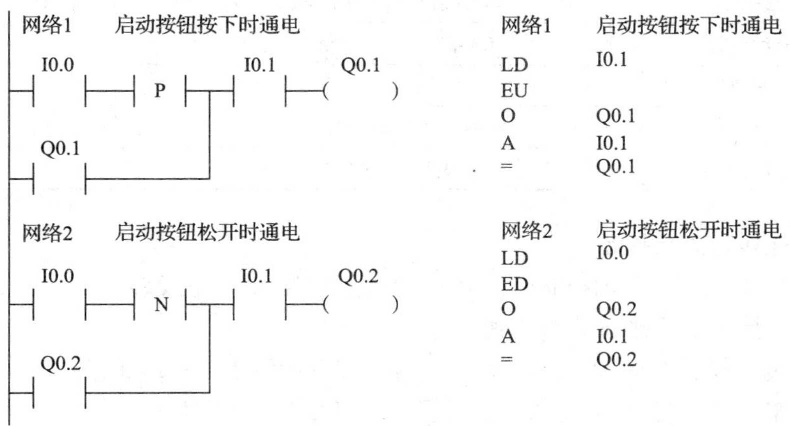

图 1—5—4 例题 1—5—1 程序梯形图和指令表

程序工作原理如下：按下启动按钮的瞬间，I0.0 的常开触点闭合，EU 指令在其上升沿时控制 Q0.1 通电自锁，M1 启动；松开启动按钮的瞬间，I0.0 的常开触点分断，ED 指令在其下降沿控制 Q0.2 通电自锁，M2 启动；按下停止按钮，Q0.1 和 Q0.2 均断电解除自锁，M1 和 M2 断电停止。例题 1—5—1 的时序图如图 1—5—5 所示。

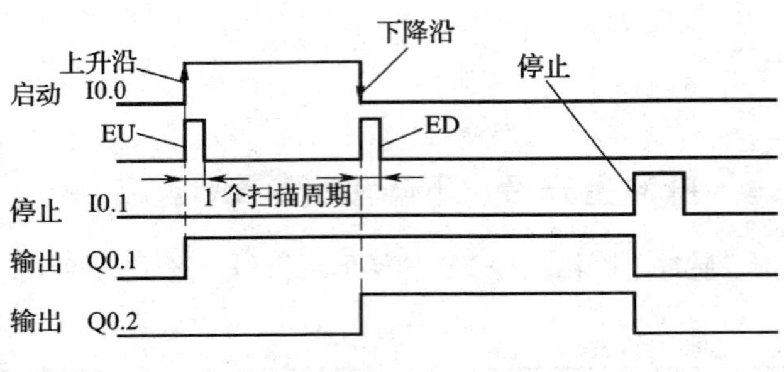

图 1—5—5　例题 1—5—1 的时序图

任务实施

一、任务准备

实施本任务所需要的实训设备见表 1—5—3。

表 1—5—3　　**实训设备**

序号	名称	型号规格	数量	单位
1	计算机	安装 STEP 7 - Micro/WIN V 4.0 软件	1	台
2	PLC	S7 - 200　AC/DC/RLY	1	台
3	编程电缆	PC/PPI 或 USB/PPI	1	根
4	电源开关	HZ10 - 10/3	1	只
5	熔断器	RT 系列	1	组
6	接触器	CJX1/N 系列（线圈电压 220 V）	2	个
7	热继电器	JRS 系列，根据电动机自定	1	个
8	按钮	LA10 - 3H	1	个
9	电动机	根据实习设备自定，小功率	1	台
10	控制板	· 根据实习设备自定	1	块

二、电路连接与排除故障

（1）按照图 1—5—2 所示控制线路在控制板上连接 PLC 正反转控制线路，暂不连接接触器线圈，待连接无误后接通 PLC 电源。

（2）PLC 输入指示灯 I0. 0 应亮，表示热继电器常闭触点与连线正常。

（3）PLC 输入指示灯 I0. 1 应亮，表示停止按钮与连线正常。

三、程序逻辑测试

接通电源，将图 1—5—3 所示的程序下载到 PLC 并进行程序监控。

（1）正转控制。按下正转按钮 SB2，输出继电器 Q0. 2 线圈断电；松开正转按钮 SB2，输出继电器 Q0. 1 线圈通电自锁，Q0. 1 指示灯亮。

（2）反转控制。按下反转按钮 SB3，输出继电器 Q0. 1 线圈断电；松开反转按钮 SB3，输出继电器 Q0. 2 线圈通电自锁，Q0. 2 指示灯亮。

（3）停止控制。按下停止按钮 SB1，输出继电器 Q0.1、Q0.2 均断电。

（4）过载保护。断开 I0.0 接线端，Q0.1 和 Q0.2 断电解除自锁。

四、接线、调试并运行

将接触器线圈 KM1、KM2 分别连接到 PLC 输出端 Q0.1、Q0.2。

（1）电动机正转。按下正转按钮 SB2，反转停止；松开正转按钮 SB2，接触器线圈 KM1 通电，KM1 主触点闭合，电动机通电正转。

（2）电动机反转。按下反转按钮 SB3，正转停止；松开反转按钮 SB3，接触器线圈 KM2 通电，KM2 主触点闭合，电动机通电反转。

（3）电动机停止。按下停止按钮 SB1，电动机断电停止。

（4）过载保护。当发生过载故障时，电动机断电停止。

思考与练习

1. 为什么说 PLC 正反转控制电路仅依靠软件联锁不可靠，在 PLC 输出端必须要有硬件联锁？

2. 试写出与图 1—5—3 所示的程序梯形图相应的指令表。

任务 6　3 台电动机顺序启动控制

学习目标

¤ 掌握定时器指令和特殊存储器 SM0.5 的使用方法。

¤ 掌握与块/或块指令的使用方法。

¤ 了解“左重右轻”“上重下轻”的编程规则。

¤ 能装调多台电动机顺序启动 PLC 控制线路和程序。

任务引入

通常生产设备由多台电动机驱动，每台电动机的启动顺序和间隔由生产工艺所决定。例如，某生产设备有 3 台电动机，生产工艺要求如下：按下启动按钮 SB2，第一台电动机 M1 启动；当 M1 运行 4 s 后，第二台电动机 M2 启动；当 M2 运行 5 s 后，第三台电动机 M3 启动。按下停止按钮 SB1，3 台电动机同时停止。在启动过程中，指示灯 HL 常亮，表示“正在启动中”；启动过程结束后，指示灯 HL 熄灭；当某台电动机出现过载故障时，全部电动机停止，指示灯 HL 闪烁，表示“出现过载故障”。本任务就是使用 PLC 来控制上述 3 台电动机的顺序启动过程。3 台电动机顺序启动控制线路如图 1—6—1 所示，其输入/输出端口分配表见表 1—6—1。

在本任务中涉及启动时间控制和指示灯闪烁控制，需要掌握定时器指令和特殊存储器的使用方法。

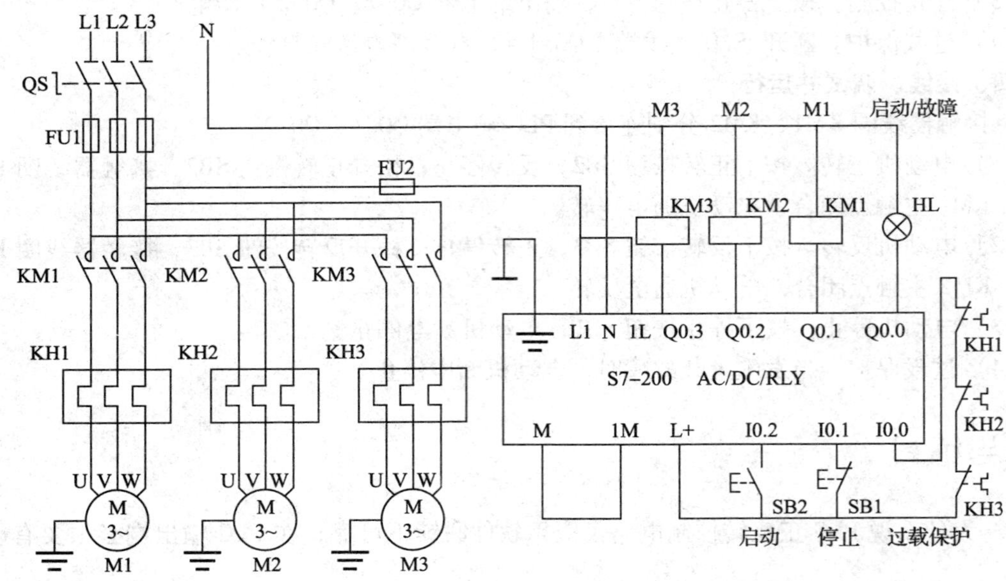

图 1—6—1　3 台电动机顺序启动控制线路

表 1—6—1　　3 台电动机顺序启动控制线路输入/输出端口分配表

输入端口			输出端口		
输入继电器	输入元件	作用	输出继电器	输出元件	控制对象
I0. 0	KH1～KH3 触点串联	过载保护	Q0. 0	指示灯	HL
I0. 1	SB1（常闭触点）	停止按钮	Q0. 1	KM1	M1
I0. 2	SB2（常开触点）	启动按钮	Q0. 2	KM2	M2
			Q0. 3	KM3	M3

相关知识

一、定时器指令 TON、TOF、TONR

S7－200 系列的定时器类型有 3 种：接通延时定时器（TON）、断开延时定时器（TOF）和保持接通延时定时器（TONR），其指令格式见表 1—6—2。

表 1—6—2　　定时器指令格式

指令格式	接通延时定时器	断开延时定时器	保持接通延时定时器
梯形图	IN　TON PT　???ms	IN　TOF PT　???ms	IN　TONR PT　???ms
指令表	TON　T××，PT	TOF　T××，PT	TONR　T××，PT

S7－200 系列有 256 个定时器，地址编号为 T0～T255，对应不同的定时器指令，其分类见表 1—6—3。

表 1—6—3　　定时器分类

类型	分辨率（ms）	定时范围（s）	定时器地址编号
TONR	1	0.001～32.767	T0、T64
	10	0.01～327.67	T1～T4、T65～T68
	100	0.1～3 276.7	T5～T31、T69～T95
TON TOF	1	0.001～32.767	T32、T96
	10	0.01～327.67	T33～T36、T97～T100
	100	0.1～3 276.7	T37～T63、T101～T255

定时器使用说明如下：

（1）在定时器梯形图符号中，IN 表示定时器使能输入端，PT 表示设定值。设定值的数据类型为 16 位有符号整数，除了常数外，还可以用变量存储器 VW 等作为设定值。

（2）每个定时器都有一个设定值寄存器和一个当前值寄存器（均为 16 位，数值范围是 1～32 767），此外还有一个位元件。当当前值数据等于或大于设定值数据时，位元件动作。

（3）定时器的分辨率（脉冲周期）有 3 种：1 ms、10 ms、100 ms。定时器延时原理实际上是对脉冲周期进行计数，定时器的延时时间等于设定值与脉冲周期的乘积。

（4）虽然 TON 和 TOF 定时器地址编号范围相同，但一个定时器编号不能同时用作 TON 和 TOF。例如，不能既有 TON T37 又有 TOF T37。

TON 定时器指令的应用如图 1—6—2 所示。当 I0.0 常开触点接通时，T37 开始延时；当当前值寄存器中的数据与设定值 100 相等（即定时时间 100 ms×100＝10 s）时，T37 常开触点闭合，Q0.1 通电。当 I0.0 常开触点分断时，T37 当前值寄存器和位元件自动复位清 0，Q0.1 断电。

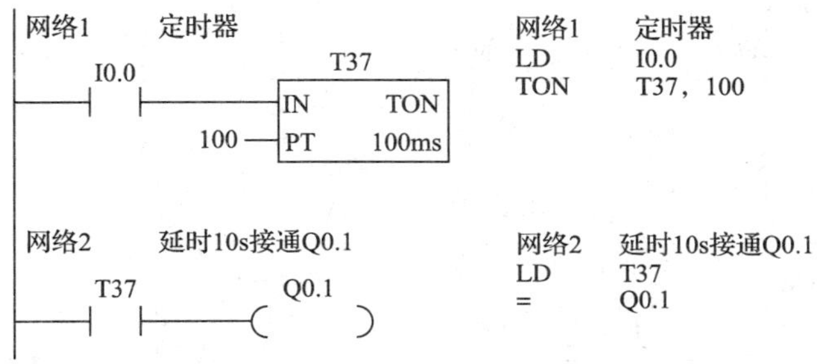

图 1—6—2　TON 定时器指令的应用

二、特殊存储器 SM

特殊存储器是 PLC 内部具有特殊控制功能的元件，用来在 PLC 和用户程序之间交换信息。不同型号 CPU 所具有的特殊存储器的位数不同，以 CPU224 为例，共 4 400 位，采用八进制（SM0.0～SM0.7，…，SM549.0～SM549.7；其中 SM0.0～SM29.7 为只读存储器，即只能使用，而不能改变功能）。

（1）SM0.0：在程序运行时，该位始终为 1。

（2）SM0.1：在程序第一个扫描周期时为 1，其用途之一是使程序初始化。

（3）SM0.4：周期为 1 min 的脉冲方波信号，如图 1—6—3a 所示。

（4）SM0.5：周期为 1 s 的脉冲方波信号，如图 1—6—3a 所示。

在图 1—6—3b 所示的程序梯形图中，用 SM0.4 控制输出端 Q0.0，用 SM0.5 控制输出端 Q0.1，可使 Q0.0 和 Q0.1 按脉冲周期间断通电。

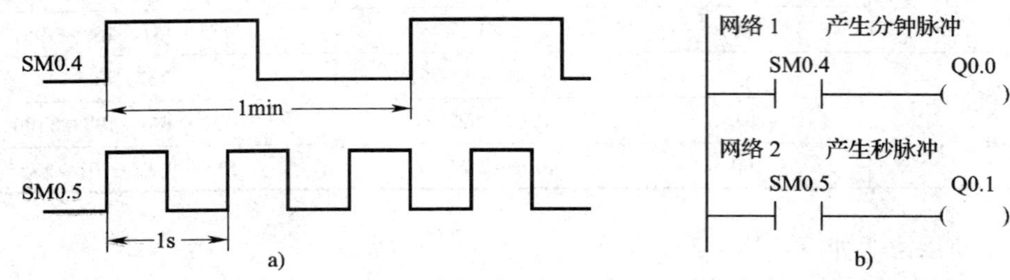

图 1—6—3　特殊存储器 SM0.4、SM0.5 波形及应用

a）波形　b）应用

三、串联电路块指令 ALD

两个或两个以上触点并（串）联连接的电路称为并（串）联电路块。在程序梯形图中，除了单个触点的串联与并联形式外，还有电路块的串联、并联和混联形式。串联电路块的逻辑运算要使用“与块”指令 ALD，并联电路块的逻辑运算要使用“或块”指令 OLD。

如图 1—6—4 所示，两个程序梯形图的逻辑控制关系相同。但是，图 1—6—4a 逻辑输入关系简单，触点 I0.0 先与 Q0.0 并联，后与 I0.1 串联，仅使用了触点串、并联指令；而图 1—6—4b 逻辑输入关系较复杂，触点 I0.1 与 I0.0 和 Q0.0 形成的并联电路块串联，需要使用串联电路块指令 ALD。

由图 1—6—4b 所示的指令表可以看出，并联电路块的起点使用 LD 指令（常闭触点使

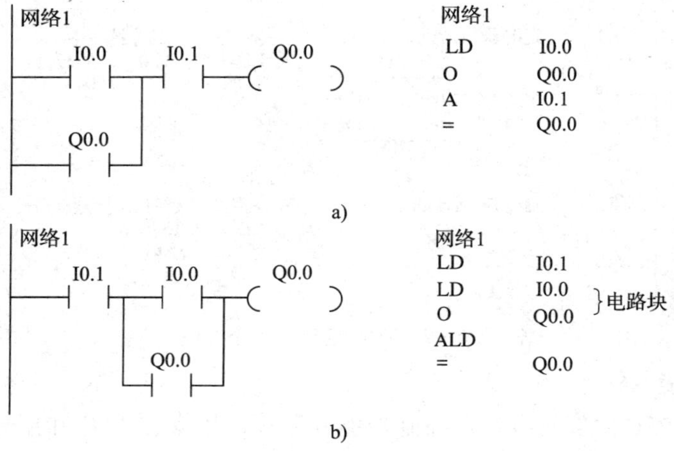

图 1—6—4　ALD 指令使用举例

a）不使用 ALD 指令　b）使用 ALD 指令

用 LDN），待并联结束后使用 ALD 指令，表示该并联电路块与前面的电路是逻辑串联关系。通常在程序逻辑关系一定时，指令语句越少越好，所以图 1—6—4a 所示程序优于图 1—6—4b，即 PLC 程序应尽量符合“左重右轻”的编程规则，使程序结构精简，运行速度快。

四、并联电路块指令 OLD

如图 1—6—5 所示，两个程序梯形图的逻辑控制关系相同。但是，图 1—6—5a 逻辑输入关系简单，触点 I0. 0 先与 I0. 1 串联，后与 I0. 2 并联，仅使用了触点串、并联指令；而图 1—6—5b 逻辑输入关系较复杂，触点 I0. 2 与 I0. 0 和 I0. 1 形成的串联电路块并联，需要使用并联电路块指令 OLD。

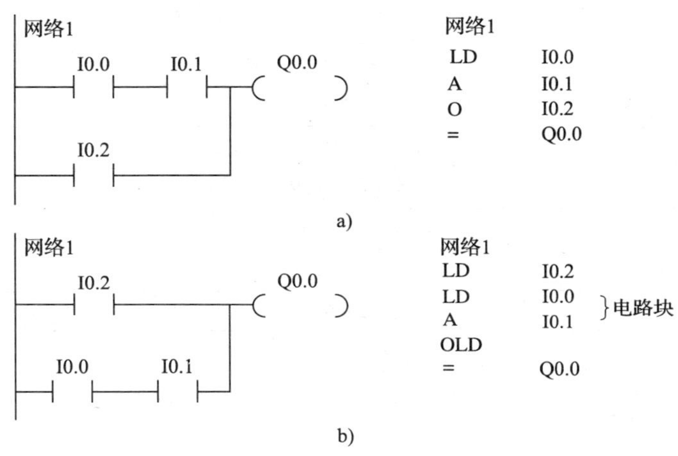

图 1—6—5 OLD 指令使用举例

a）不使用 OLD 指令 b）使用 OLD 指令

由图 1—6—5b 所示的指令表可以看出，串联电路块的起点用 LD 指令（常闭触点用 LDN），串联结束后使用 OLD 指令，表示该串联电路块与前面的电路是逻辑并联关系。显然，图 1—6—5a 所示程序优于图 1—6—5b，即 PLC 程序应尽量符合“上重下轻”的编程规则。

五、混联电路块的编程指令

在图 1—6—6a 所示的程序梯形图中既有并联电路块，也有串联电路块，其逻辑运算关系为先进行并联电路块运算，后进行串联电路块运算。其对应的指令表如图 1—6—6b 所示。

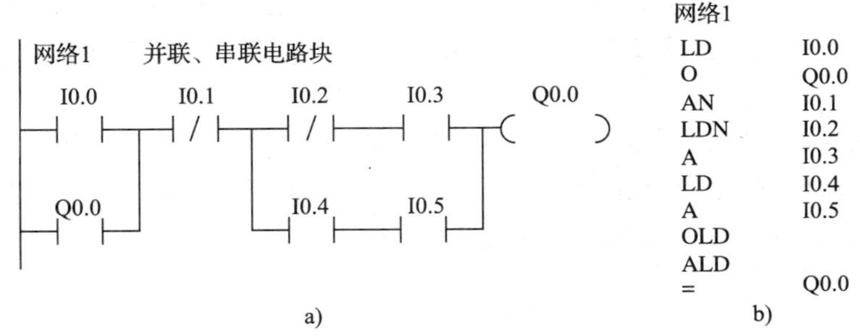

图 1—6—6 混联电路块的编程

a）梯形图 b）指令表

任务实施

一、任务准备

实施本任务所需要的实训设备见表 1—6—4。

表 1—6—4　　实训设备

序号	名称	型号规格	数量	单位
1	计算机	安装 STEP 7 - Micro/WIN V 4.0 软件	1	台
2	PLC	S7 - 200　AC/DC/RLY	1	台
3	编程电缆	PC/PPI 或 USB/PPI	1	根
4	电源开关	HZ10 - 10/3	1	只
5	熔断器	RT 系列	1	组
6	接触器	CJX1/N 系列（线圈电压 220 V）	3	个
7	热继电器	JRS 系列，根据电动机自定	3	个
8	按钮	LA10 - 3H	1	个
9	电动机	根据实习设备自定，小功率	3	台
10	控制板	根据实习设备自定	1	块

二、电路连接与排除故障

（1）按照图 1—6—1 所示控制线路在控制板上连接 3 台电动机顺序启动控制线路，暂不连接接触器线圈，待连接无误后接通 PLC 电源。

（2）PLC 输入指示灯 I0.0 应亮，表示 3 个热继电器串联触点与连线正常。

（3）PLC 输入指示灯 I0.1 应亮，表示停止按钮与连线正常。

三、编写控制程序

3 台电动机顺序启动控制程序如图 1—6—7 所示。

四、程序逻辑测试

接通电源，将图 1—6—7 所示的程序下载到 PLC 并进行程序监控。这里，利用指示灯常亮和闪烁表示两种不同的工作状态。

（1）顺序启动。按下启动按钮 SB2，Q0.1 通电自锁，T40 延时，Q0.0 指示灯亮；待 T40 延时 4 s 后 Q0.2 通电，T41 延时；待 T41 延时 5 s 后 Q0.3 通电。当 Q0.3 通电时，Q0.0 指示灯熄灭。

（2）停止控制。按下停止按钮 SB1，Q0.0 ~ Q0.3 及 T40、T41 全部断电。

（3）过载保护。断开 I0.0 接线端，Q0.1、Q0.2、Q0.3 及 T40、T41 全部断电，Q0.0 指示灯在秒脉冲信号 SM0.5 作用下间断通电闪烁报警。

五、接线、调试并运行

将接触器线圈 KM1、KM2、KM3 分别连接到 PLC 输出端 Q0.1、Q0.2、Q0.3。

（1）顺序启动。按下启动按钮 SB2，第一台电动机启动，同时指示灯 HL 亮；待延时 4 s 后第二台电动机启动；再延时 5 s 后第三台电动机启动。当第三台电动机启动时，指示灯 HL 灭。

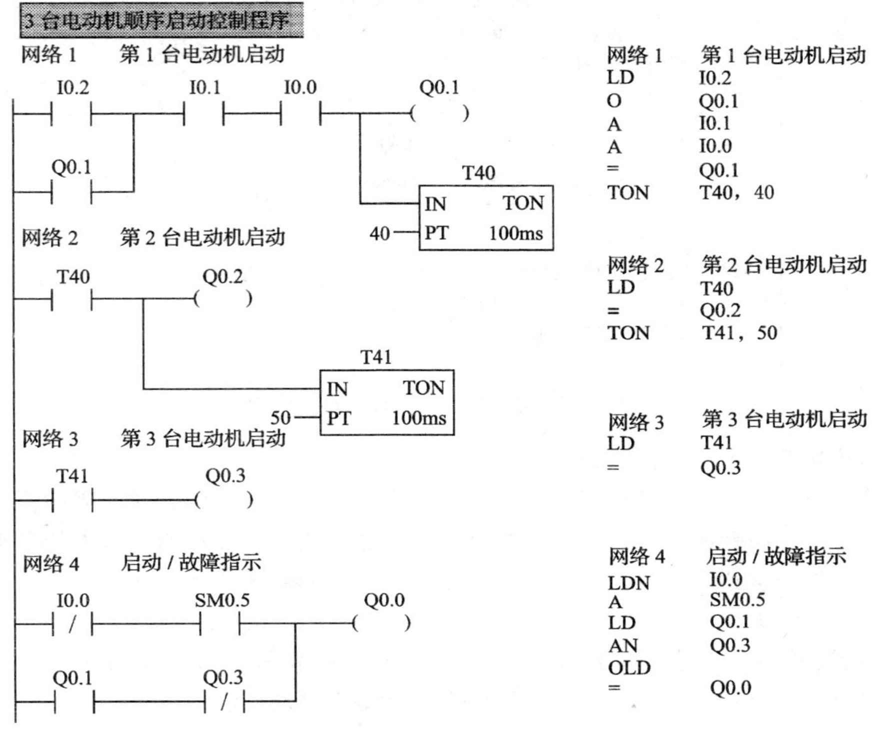

图 1—6—7 3 台电动机顺序启动控制程序

（2）停止控制。按下停止按钮 SB1，3 台电动机均断电停止。

（3）过载保护。当发生过载故障时，3 台电动机均断电停止，指示灯 HL 闪烁报警。

知识链接

一、TOF 定时器指令的应用

当断开延时定时器 TOF 使能输入端（IN）接通时，定时器位元件置位，并把当前值设为“0”。当使能输入端（IN）断开时，TOF 定时器开始延时。当当前值等于设定值（PT）时，定时器位元件复位，并且停止计时。如果使能输入端（IN）断开的持续时间小于延时时间，则定时器位元件保持置位状态。

TOF 定时器指令的应用如图 1—6—8 所示。某设备生产工艺要求如下：当主电动机停止工作后，冷却风机要继续工作 60 s，以便对主电动机降温。I0. 0/I0. 1 分别是启动/停止按钮，Q0. 1 控制主电动机，Q0. 2 控制冷却风机。

其程序原理如下：按下启动按钮 I0. 0，Q0. 1 通电自锁，同时 T37 位元件置位，Q0. 2 通电，主电动机和冷却风机同时启动；按下停止按钮 I0. 1，Q0. 1 断开解除自锁，主电动机停止工作；同时，T37 开始延时，当 T37 延时 60 s 时，T37 复位清 0，Q0. 2 断电，冷却风机停止工作。

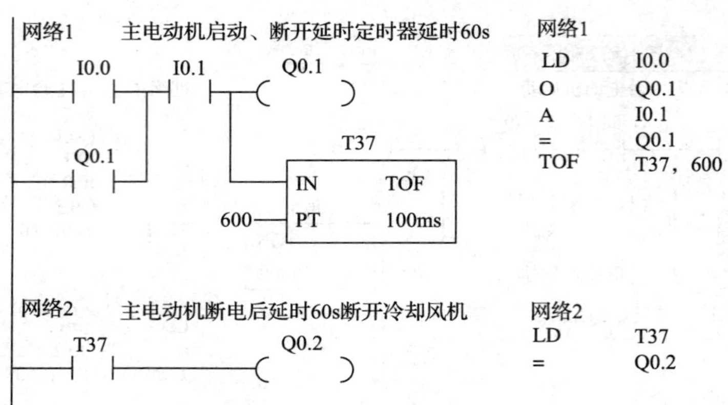

图 1—6—8　TOF 定时器指令的应用

二、TONR 定时器指令的应用

当保持接通延时定时器 TONR 在延时中途使能输入端（IN）断开时，当前值寄存器中的数据仍然保持；当使能输入端（IN）重新接通时，当前值寄存器在原有数据的基础上继续计数，直到累计数据达到设定值，定时器位元件动作。保持接通延时定时器的当前值寄存器数据只能用复位指令清 0。

TONR 定时器指令的应用如图 1—6—9 所示。当 I0. 0 常开触点接通时，T5 开始延时。当延时时间 100 ms × 100 = 10 s 时，定时器 T5 常开触点接通，Q0. 1 通电。

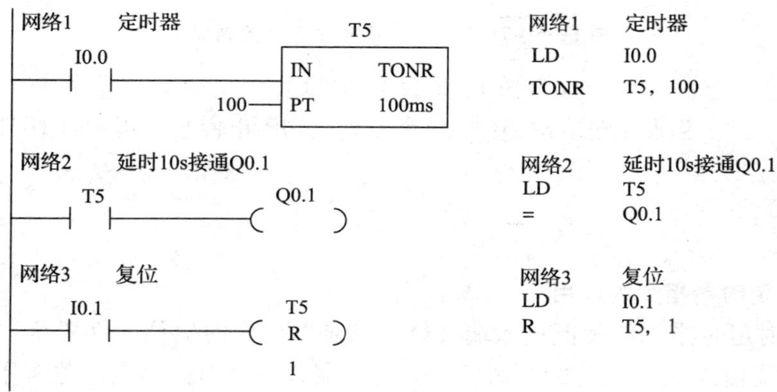

图 1—6—9　TONR 定时器指令的应用

在延时中途，若 I0. 0 触点断开，则 T5 的当前值寄存器保持数据不变。当 I0. 0 重新接通时，T5 在保存数据的基础上继续计数；当 I0. 1 常开触点接通时，复位指令 R 使 T5 当前值寄存器和位元件复位清 0。

思考与练习

1. 什么是电路块？当进行电路块逻辑运算时，应用什么指令？

2. 程序梯形图如图 1—6—10 所示，试写出对应的指令表。

3. 程序指令表如图 1—6—11 所示，试绘出对应的梯形图。

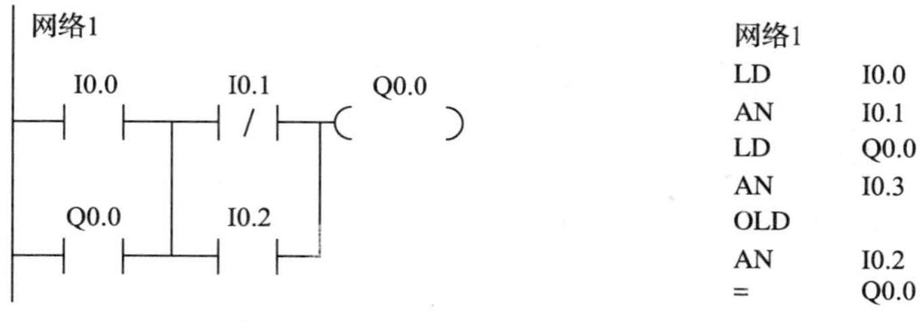

网络1

LD	I0.0
AN	I0.1
LD	Q0.0
AN	I0.3
OLD	
AN	I0.2
=	Q0.0

图 1—6—10　练习题 2　　　图 1—6—11　练习题 3

4. 某设备有两台电动机 M1、M2，控制要求如下：按下启动按钮，M1 启动；20 s 后 M2 启动；M2 启动 1 min 后 M1 和 M2 自动停止；若按下停止按钮，则两台电动机立即停止。

（1）绘出 PLC 控制电路图。

（2）写出输入/输出端口分配表。

（3）编写控制程序。

*5. 某设备有一台大功率主电动机 M1 和一台为 M1 风冷降温的电动机 M2，控制要求如下：按下启动按钮，两台电动机同时启动；按下停止按钮，主电动机 M1 立即停止，冷却电动机 M2 延时 5 min 后自动停止。

（1）绘出 PLC 控制电路图。

（2）写出输入/输出端口分配表。

（3）编写控制程序。

任务 7　电动机单按钮启动/停止控制

学习目标

¤ 掌握计数器指令的使用方法。

¤ 能装调电动机单按钮启动/停止控制线路和程序。

任务引入

一般情况下，PLC 控制线路用一个启动按钮和一个停止按钮来控制电动机运行和停止，但在输入信号很多、输入继电器点数不够使用时，也可用单按钮来实现运行和停止两种控制功能。本任务就是要用 PLC 控制实现电动机单按钮启动/停止控制。电动机单按钮启动/停止控制线路如图 1—7—1 所示，其输入/输出端口分配表见表 1—7—1。当单按钮作启动/停止控制时，不能使用红、绿颜色，只能使用黑、白或灰色。单按钮控制程序要使用计数器指令。

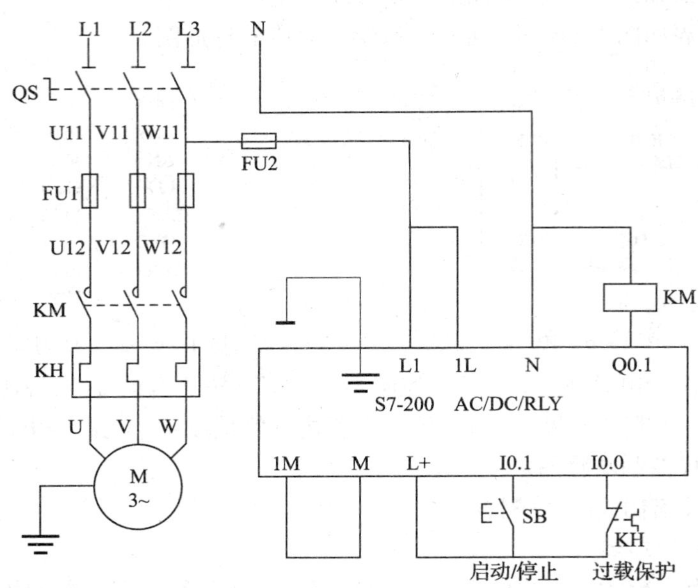

图 1—7—1　电动机单按钮启动/停止控制线路

表 1—7—1　　　　电动机单按钮启动/停止控制线路输入/输出端口分配表

输入端口			输出端口		
输入继电器	输入元件	作用	输出继电器	输出元件	控制对象
I0.0	KH（常闭触点）	过载保护	Q0.1	KM	电动机 M
I0.1	SB（常开触点）	启动/停止			

相关知识

一、计数器指令

在生产中，需要计数的场合很多。例如，对生产流水线上加工的工件进行定量计数等。计数器指令见表 1—7—2，有增计数器 CTU、减计数器 CTD 和增减计数器 CTUD 共 3 种类型，计数器的当前值和设定值寄存器都是 16 位有符号数。在表 1—7—2 中，C×××为计数器地址，范围为 C0～C255，不同类型的计数器不能共用同一计数器地址。计数器的作用是对输入脉冲信号进行计数，计数功能发生在脉冲的上升沿时刻。当达到设定条件时，计数器置位或复位状态开始转换。

表 1—7—2 中的指令符号说明如下：CU 为增计数信号输入端，CD 为减计数信号输入端，R 为复位输入端，LD 为装载设定值，PV 为设定值。

表 1—7—2　　　　计数器指令

指令格式	增计数器 CTU	减计数器 CTD	增减计数器 CTUD
梯形图	C××× CU CTU R PV	C××× CD CTD LD PV	C××× CU CTUD CD R PV
指令表	CTU　C×××，PV	CTD　C×××，PV	CTUD　C×××，PV

二、计数器指令应用举例

1．增计数器指令 CTU 应用举例

增计数器指令 CTU 从当前值等于 0 开始，在每一个（CU）输入状态的上升沿时递增计数。在当前值≥设定值（PV）时，计数器置位。当复位端（R）接通时，计数器复位清 0。当达到最大值（32 767）后，计数器停止计数。

【例题 1—7—1】 设 I0. 0 为计数脉冲输入端，I0. 1 为复位端，当计数值为 5 时，输出端 Q0. 1 通电，试编写控制程序并绘出时序图。

【解】 程序梯形图和指令表如图 1—7—2 所示，时序图如图 1—7—3 所示。

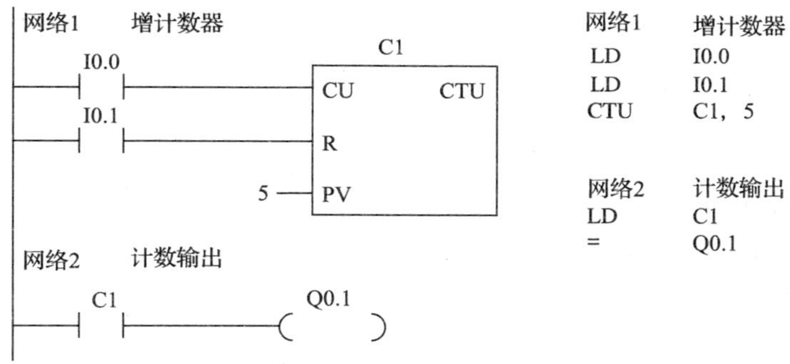

图 1—7—2　例题 1—7—1 的程序梯形图和指令表

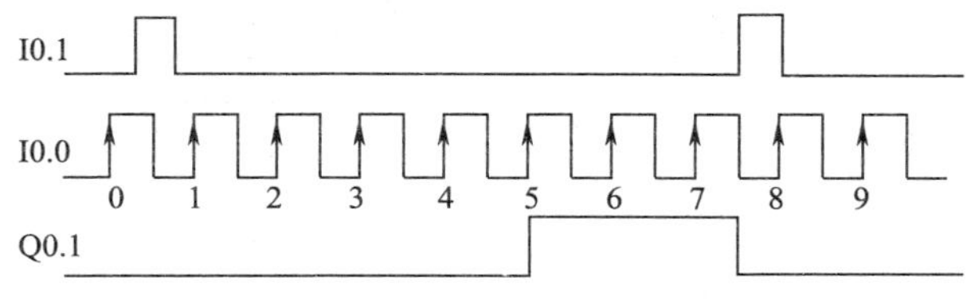

图 1—7—3　例题 1—7—1 的时序图

【例题 1—7—2】 编写一个长时间延时控制程序，设控制端 I0. 0 闭合 5 h 后，输出端 Q0. 1 通电，复位端为 I0. 1。

【解】 由于一个定时器最多只能延时 3 276. 7 s，因此，可由特殊存储器 SM0. 5（秒脉冲信号）和一个计数器构成控制程序，延时时间为 1 s×18 000 =5 h，程序如图 1—7—4 所示。

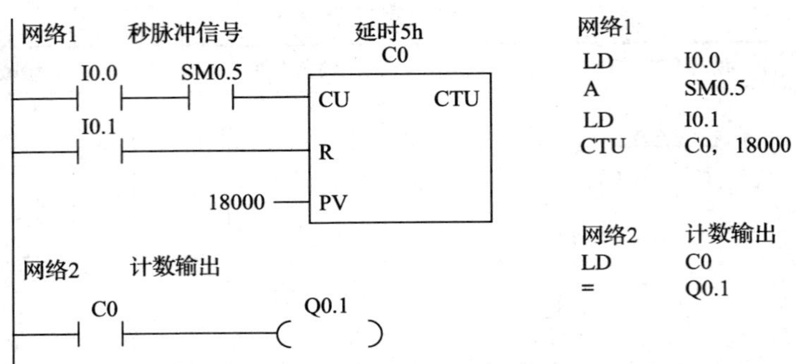

图 1—7—4 例题 1—7—2 的程序

2. 减计数器指令 CTD 应用举例

减计数器指令 CTD 从设定值开始，在每一个（CD）输入状态的上升沿时递减计数。当当前值等于 0 时，计数器被置位。当装载输入端（LD）接通时，计数器自动复位，当前值复位为设定值（PV）。

在图 1—7—5 所示的减计数器指令应用举例中，当程序开始运行（利用 SM0.1 初始化）或 I0.1 常开触点闭合时，设定值被装载，C3 自动复位。当 I0.0 常开触点闭合时，C3 开始减计数。当 I0.0 常开触点第三次闭合时，C3 被置位，Q0.1 通电，时序图如图 1—7—6 所示。

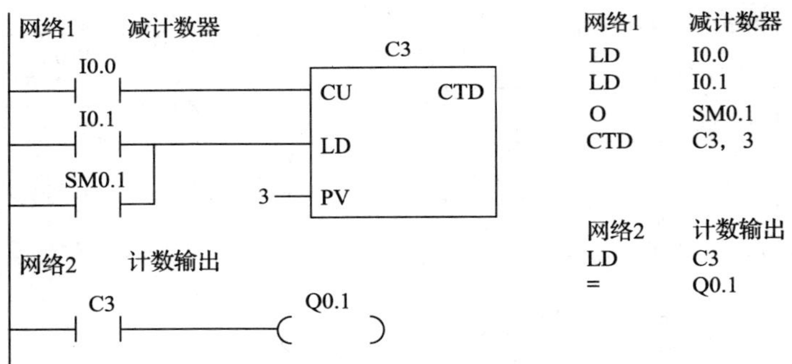

图 1—7—5 减计数器指令应用举例

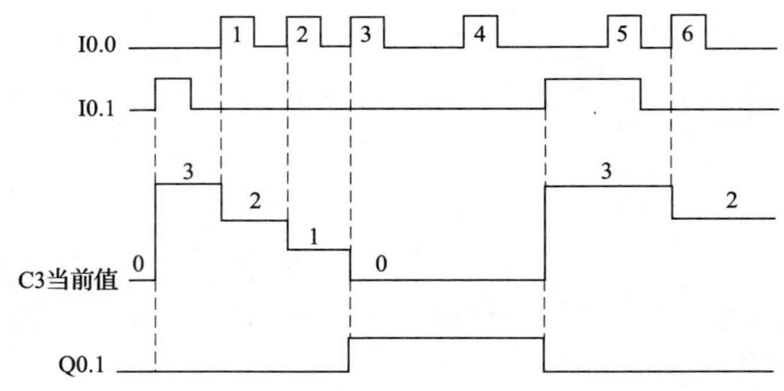

图 1—7—6 减计数器指令应用举例的时序图

3．增减计数器指令 CTUD 应用举例

增减计数器有增计数和减计数两种工作方式，其计数方式由输入端决定。

当达到最大值（+32 767）时，在增计数输入端的下一个上升沿将导致当前计数值变为最小值（-32 768）。当达到最小值（-32 768）时，在减计数输入端的下一个上升沿将导致当前计数值变为最大值（+32 767）。

在当前值≥设定值（PV）时，计数器置位。当复位端（R）接通时，计数器复位。

图 1—7—7 所示为增减计数器指令应用举例。其中，I0. 0 连接增计数端，I0. 1 连接减计数端，I0. 2 连接复位端。当当前值≥4 时，C10 置位，Q0. 1 通电；当当前值 <4 或 I0. 2 接通时，C10 复位，Q0. 1 断电。图 1—7—8 所示为其时序图。

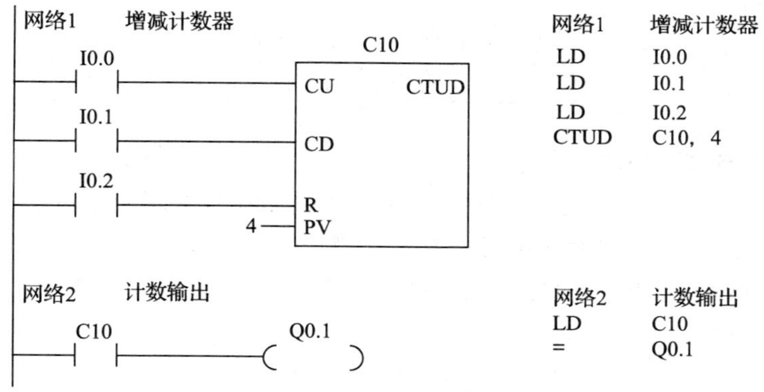

图 1—7—7 增减计数器指令应用举例

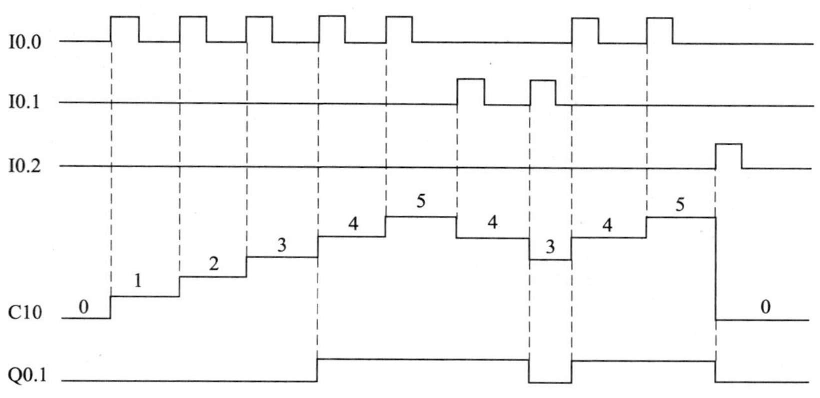

图 1—7—8 增减计数器指令应用举例的时序图

任务实施

一、任务准备

实施本任务所需要的实训设备见表 1—7—3。

表 1—7—3　　实训设备

序号	名称	型号规格	数量	单位
1	计算机	安装 STEP 7 - Micro/WIN V 4.0 软件	1	台
2	PLC	S7 - 200　AC/DC/RLY	1	台
3	编程电缆	PC/PPI 或 USB/PPI	1	根
4	电源开关	HZ10 - 10/3	1	只
5	熔断器	RT 系列	1	组
6	接触器	CJX1/N 系列（线圈电压 220 V）	1	个
7	热继电器	JRS 系列，根据电动机自定	1	个
8	按钮	LA10 - 3H	1	个
9	电动机	根据实习设备自定，小功率	1	台
10	控制板	根据实习设备自定	1	块

二、电路连接与排除故障

（1）按照图 1—7—1 所示控制线路在控制板上连接电动机单按钮启动/停止控制线路，暂不连接接触器线圈，待连接无误后接通 PLC 电源。

（2）PLC 输入指示灯 I0.0 应亮，表示热继电器常闭触点与连线正常。

三、编写控制程序

电动机单按钮启动/停止控制程序如图 1—7—9 所示。

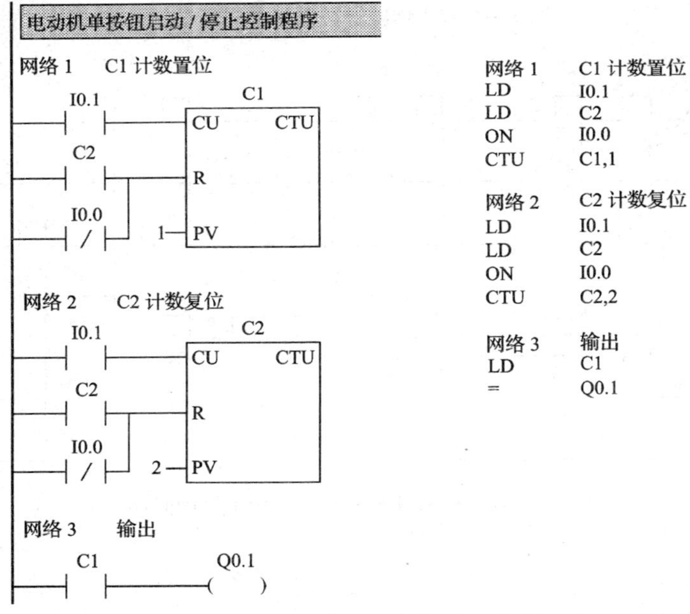

图 1—7—9　电动机单按钮启动/停止控制程序

启动/停止共用同一个按钮，连接输入端 I0.1，输出端为 Q0.1。当第一次按下按钮时，计数器 C1、C2 当前值为 1，C1 置位，Q0.1 通电；当第二次按下按钮时，C1、C2 均被复位，Q0.1 断电。输入/输出时序图如图 1—7—10 所示。

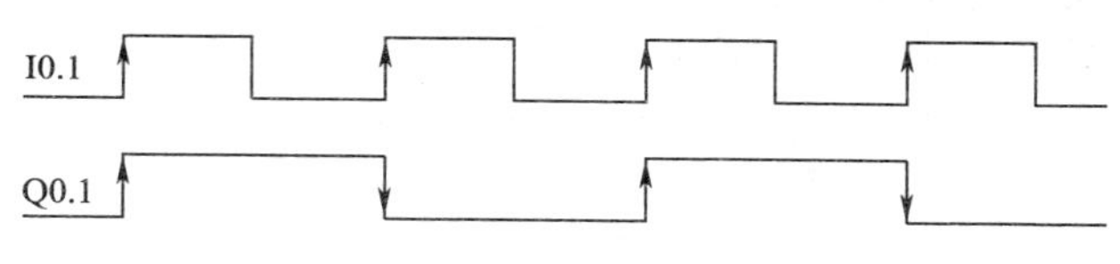

图 1—7—10　输入/输出时序图

四、程序逻辑测试

接通电源，将图 1—7—9 所示的程序下载到 PLC 并进行程序监控。

（1）启动。第一次按下按钮 SB，C1 置位，Q0. 1 通电。

（2）停止。第二次按下按钮 SB，C1 和 C2 复位，Q0. 1 断电。

（3）过载保护。断开 I0. 0 接线端，C1、C2 均复位，Q0. 1 断电。

五、接线、调试并运行

将接触器线圈 KM 连接到 PLC 输出端 Q0. 1。

（1）启动。第一次按下按钮 SB，电动机启动。

（2）停止。第二次按下按钮 SB，电动机停止。

（3）过载保护。当发生过载故障时，电动机停止。

思考与练习

1. 填空题

（1）计数器 C 的地址编号为__________。

（2）计数器 C 的类型有__________、__________、__________。

（3）若增计数器的计数输入端信号为上升沿，则计数器的当前值__________。当当前值≥设定值（PV）时，其常开触点__________，常闭触点__________。计数器复位后当前值为__________，其常开触点__________，常闭触点__________。

（4）若减计数器的计数输入端信号为上升沿，则计数器的当前值__________。计数器装载后当前值为__________，其常开触点__________，常闭触点__________。

2. 设计一个单按钮（I0.6）控制输出端（Q0.4）的程序梯形图，其时序图如图 1—7—11 所示。

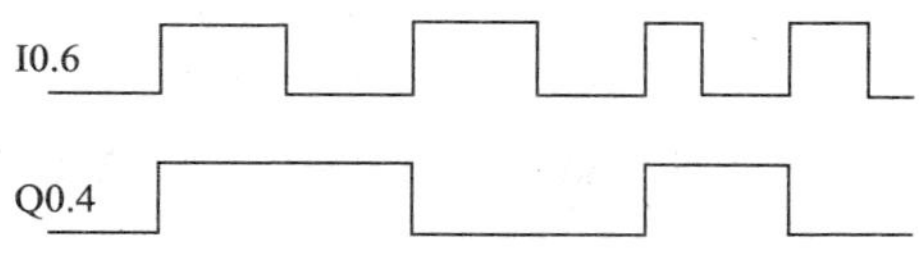

图 1—7—11　练习题 2 的时序图

任务 8　电动机星—三角降压启动控制

学习目标

¤ 掌握堆栈指令的使用方法。

¤ 能装调电动机星—三角降压启动控制线路和程序。

任务引入

中、大功率电动机启动时定子绕组接成丫形（绕组电压为 220 V），运转时定子绕组接成△形（绕组电压为 380 V），这种启动方式称为丫－△形降压启动。电动机采用丫－△形降压启动可使启动时电源线电流减少为△形接法的 1/3，有效地避免过大电流对供电电路的影响。本任务就是要用 PLC 实现电动机丫－△形降压启动控制，其控制线路如图 1—8—1 所示，输入/输出端口分配表见表 1—8—1。具体控制要求如下：当按下启动按钮 SB2 时，电源接触器 KM1 和丫形接触器 KM2 同时接通，电动机丫形连接降压启动；待启动延时一定时间后 KM2 先自动分断，△形接触器 KM3 后自动接通，电动机△形连接全压运转。当按下停止按钮 SB1 或电动机过载时，KM1、KM2 和 KM3 同时分断，电动机断电停止。

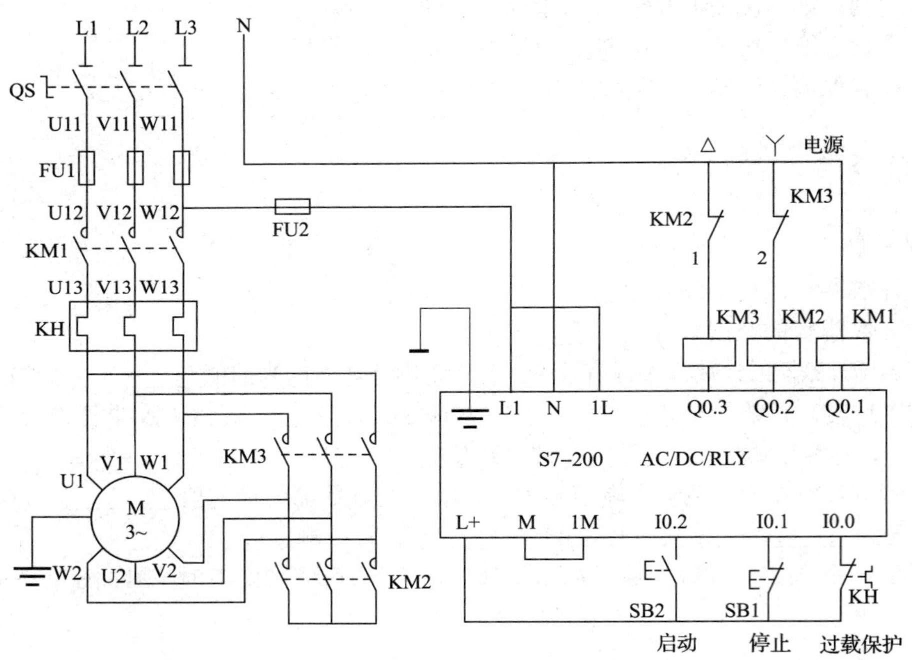

图 1—8—1 电动机丫－△形降压启动控制线路

表 1—8—1 电动机丫－△形降压启动控制线路输入/输出端口分配表

输入端口			输出端口		
输入继电器	输入元件	作用	输出继电器	输出元件	控制对象
I0. 0	KH（常闭触点）	过载保护	Q0. 1	KM1	电源接触器
I0. 1	SB1（常闭触点）	停止	Q0. 2	KM2	丫形接触器
I0. 2	SB2（常开触点）	启动	Q0. 3	KM3	△形接触器

相关知识

一、堆栈指令

在程序中，使用堆栈指令是为了处理两条以上的多分支电路。在电动机Y－△形降压启动控制程序中，Q0.1 的常开触点要控制输出端 Q0.2、Q0.3 和定时器 T40 这 3 条支路，需要使用堆栈指令。

堆栈是 PLC 按照数据“先进后出”的原则保存位逻辑运算结果的存储器。在 S7－200 系列 PLC 中，有 iv0～iv8 共 9 个堆栈单元，每个单元可以存储 1 位二进制数据，所以最多可以连续保存 9 个二进制数据。其中，iv0 既是栈顶单元，也是位逻辑运算器，LD、LDN、A、AN、O、ON 等指令均在该单元进行位逻辑运算。堆栈指令的助记符、逻辑功能见表 1—8—2。

表 1—8—2　　LPS、LRD、LPP 指令

助记符	指令名称	逻辑功能
LPS	进栈	各级数据依次下移到下一级单元；栈顶单元数据不变；第 9 级单元数据丢失
LRD	读栈	第 2 级单元的数据送入栈顶单元；其他各级数据位置不发生上移或下移
LPP	出栈	第 2 级单元的数据送入栈顶单元；其他各级数据依次上移到上一级，x 表示数值是 0 或 1 不确定

进栈、读栈、出栈指令的说明如下：

（1）处理第一条支路用 LPS 指令，处理中间支路用 LRD 指令，处理最后一条支路用 LPP 指令，其中 LPS、LPP 指令必须成对使用。

（2）进栈指令连续使用不能超过 8 次，否则数据溢出丢失。

（3）当使用堆栈指令时，如果其后是单个触点，则必须用 A 或 AN 指令；如果其后是电路块，则在电路块的始点用 LD 或 LDN 指令，然后用与块指令 ALD。

堆栈指令执行过程中数据的传输示意图如图 1—8—2 所示。

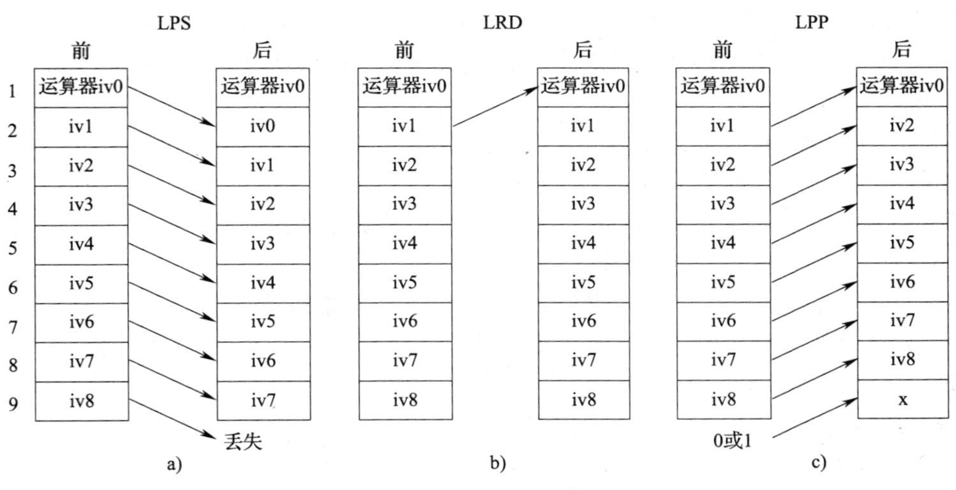

图 1—8—2　堆栈指令执行过程中数据的传输示意图

a）进栈过程　b）读栈过程　c）出栈过程

二、堆栈指令应用举例

【例题 1—8—1】 分析图 1—8—3 所示的程序。

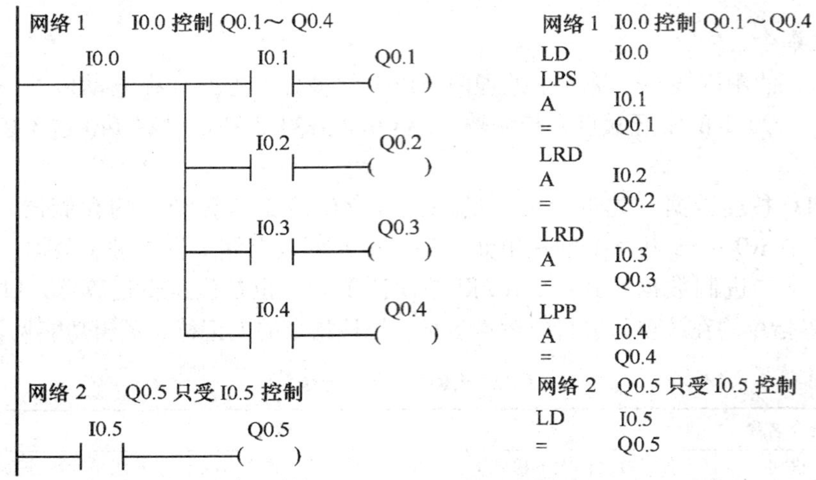

图 1—8—3　例题 1—8—1 的程序

【解】 在图 1—8—3 所示的程序中，因为 I0.0 常开触点控制 Q0.1 ~ Q0.4 这 4 条支路，所以 I0.0 的逻辑状态要分别使用 4 次。

（1）“LD　I0.0”指令语句将 I0.0 载入栈顶单元（位逻辑运算器）。

（2）“LPS”进栈指令语句将 I0.0 下移压入堆栈第 2 级单元，即保存 I0.0 状态。

（3）“A　I0.1”“=　Q0.1”指令语句将栈顶单元与 I0.1 作“与”逻辑运算后输出控制 Q0.1。

（4）第一个“LRD”指令语句将堆栈第 2 级单元 I0.0 读入栈顶单元，当与 I0.2 作“与”逻辑运算后输出控制 Q0.2。堆栈第 2 级单元 I0.0 逻辑状态保持不变。

（5）第二个“LRD”指令语句将堆栈第 2 级单元 I0.0 读入栈顶单元，当与 I0.3 作“与”逻辑运算后输出控制 Q0.3。堆栈第 2 级单元 I0.0 逻辑状态保持不变。

（6）“LPP”出栈指令语句将堆栈第 2 级单元 I0.0 上移栈顶单元，当与 I0.4 作“与”逻辑运算后输出控制 Q0.4。

程序指针离开堆栈返回左母线，执行程序网络 2 中的指令语句。

【例题 1—8—2】 分析图 1—8—4 所示的程序。

【解】 在如图 1—8—4 所示的程序中，因为 I0.0 常开触点控制 3 条支路，I0.1 常开触点控制 2 条支路，所以使用了两级堆栈。

“LD　I0.0”指令语句后用进栈指令 LPS 将 I0.0 下移堆栈第 2 级单元。

（1）在 I0.0 常开触点控制的第 1 条支路中。

栈顶单元数据（I0.0）与 I0.1“与”运算后再次用进栈指令 LPS 将位逻辑运算结果下移堆栈第 2 级单元；同时，原第 2 级单元数据（I0.0）下移第 3 级单元。

栈顶单元数据（I0.0“与”I0.1）与 I0.2 串联后控制 Q0.0。

执行 LPP 出栈指令，第 2 级单元数据（I0.0“与”I0.1）被读入栈顶单元，与 I0.3 串联后控制 Q0.1；同时，原第 3 级单元数据（I0.0）上移到第 2 级单元。

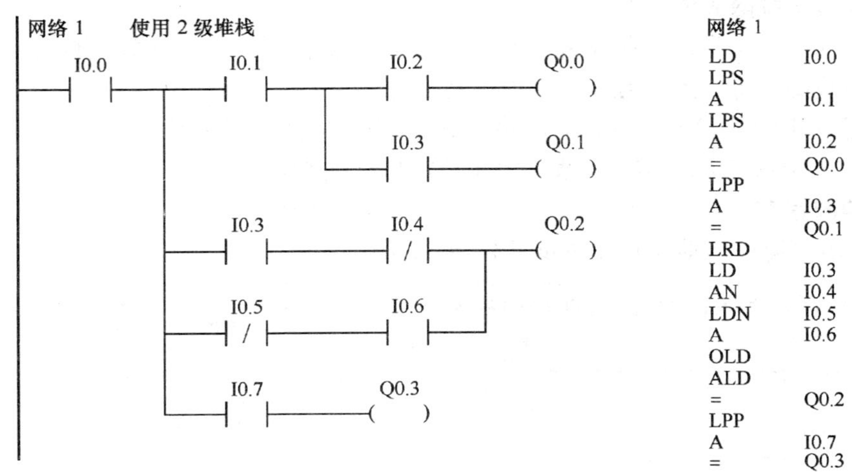

图 1—8—4 例题 1—8—2 的程序

（2）在 I0. 0 常开触点控制的第 2 条支路中。

执行 LRD 读栈指令，第 2 级单元数据（I0. 0）读入栈顶单元，因为 I0. 0 与 I0. 3 ~ I0. 6 组成的电路块串联，所以在执行“与块”指令 ALD 后控制 Q0. 2。

（3）在 I0. 0 常开触点控制的第 3 条支路中。

执行 LPP 出栈指令，第 2 级单元数据（I0. 0）上移到栈顶单元，与 I0. 7 作“与”逻辑运算后控制 Q0. 3。

任务实施

一、任务准备

实施本任务所需要的实训设备见表 1—8—3。

表 1—8—3　　实训设备

序号	名称	型号规格	数量	单位
1	计算机	安装 STEP 7 – Micro/WIN V 4. 0 软件	1	台
2	PLC	S7 – 200　AC/DC/RLY	1	台
3	编程电缆	PC/PPI 或 USB/PPI	1	根
4	电源开关	HZ10 – 10/3	1	只
5	熔断器	RT 系列	1	组
6	接触器	CJX1/N 系列（线圈电压 220 V）	3	个
7	热继电器	JRS 系列，根据电动机自定	1	个
8	按钮	LA10 – 3H	1	个
9	电动机	根据实习设备自定，小功率	1	台
10	控制板	根据实习设备自定	1	块

二、电路连接与排除故障

（1）按照图 1—8—1 所示控制线路在控制板上连接电动机Y－△形降压启动控制线路，暂不连接接触器线圈，待连接无误后接通 PLC 电源。

（2）PLC 输入指示灯 I0.0 应亮，表示热继电器常闭触点与连线正常。

（3）PLC 输入指示灯 I0.1 应亮，表示停止按钮与连线正常。

三、编写控制程序

电动机Y－△形降压启动控制程序如图 1—8—5 所示。

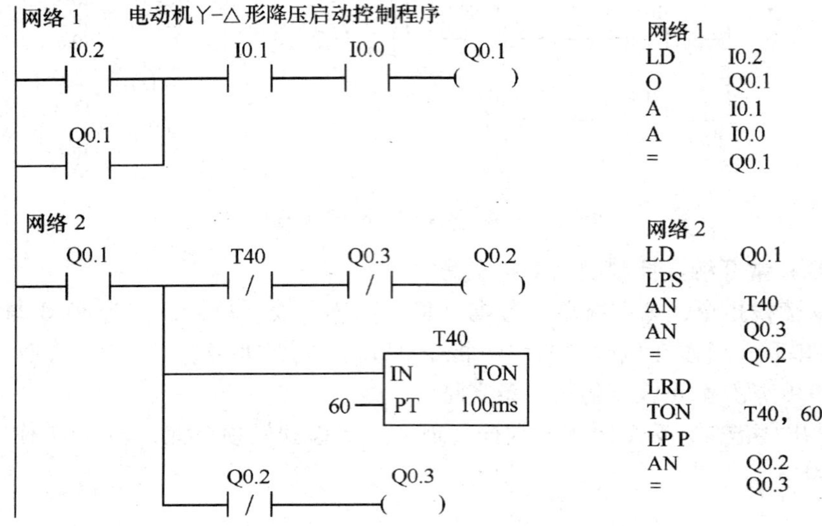

图 1—8—5　电动机Y－△形降压启动控制程序

其程序工作原理如下：

（1）Y形启动。当按下启动按钮时，Q0.1 通电自锁，Q0.2 和 T40 通电，电动机Y形启动。由于程序是自上而下扫描的，所以 Q0.2 的常闭触点分断，联锁 Q0.3 不能通电。

（2）△形运转。当到达定时器 T40 延时时间时，T40 常闭触点分断，Q0.2 断电；然后，Q0.2 解除对 Q0.3 的联锁，Q0.3 通电，电动机△形运转。

（3）停止。当按下停止按钮时，Q0.1 断电解除自锁，电动机停止。

（4）过载保护。当过载保护时，I0.0 常开触点分断，Q0.1 断电解除自锁，电动机停止。

四、程序逻辑测试

接通电源，将图 1—8—5 所示的程序下载到 PLC 并进行程序监控。

（1）启动。按下启动按钮 I0.2，Q0.1、Q0.2、T40 同时通电。当 T40 延时 6 s 后，Q0.2 断电，Q0.3 通电。

（2）停止。按下停止按钮 I0.1，Q0.1、Q0.2、Q0.3 和 T40 同时断电。

（3）过载保护。断开热继电器常闭触点的连线，模拟过载故障，Q0.1 断电解除自锁，电动机停止。

五、接线、调试并运行

将接触器线圈 KM1、KM2、KM3 分别连接到 PLC 输出端 Q0.1、Q0.2、Q0.3。

（1）Y形启动。按下启动按钮 SB2，电源接触器和Y形接触器同时通电，电动机Y形启动。

（2）△形运转。当延时 6 s 后，Y形接触器断电，△形接触器通电，电动机△形运转。

（3）停止。按下停止按钮 SB1，电动机断电停止。

（4）过载保护。当发生过载故障时，电动机断电停止。

思考与练习

1．填空题

（1）栈顶单元是堆栈存储器的第__________级单元，其作用一是__________，二是__________。

（2）当执行 LPS 指令后，栈顶单元数据下移到第__________级单元。

（3）当执行 LRD 指令后，第__________级单元数据上移到栈顶单元。

（4）当执行 LPP 指令后，第__________级单元数据上移到栈顶单元。

（5）当执行 LPS 指令后，第 3 级单元数据移动到第__________级单元。

（6）当执行 LRD 指令后，第 3 级单元数据移动到第__________级单元。

（7）当执行 LPP 指令后，第 3 级单元数据移动到第__________级单元。

2．试写出图 1—8—6 所示的程序梯形图的指令表。

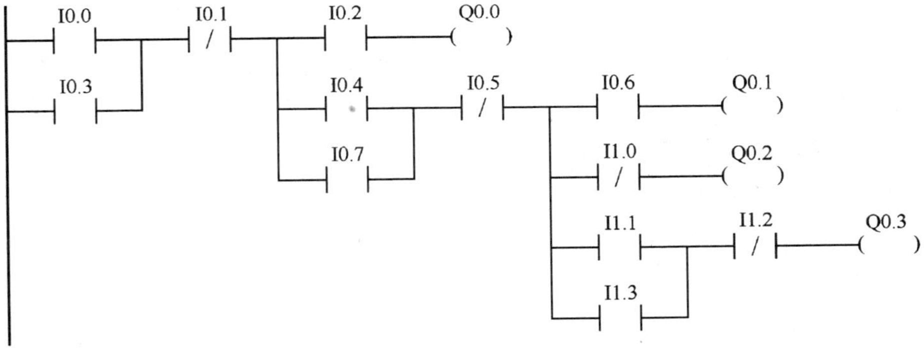

图 1—8—6　练习题 2

课题二　顺序控制继电器指令的应用

生产设备的各种机械动作，都是按照生产工艺的要求有顺序地进行的。利用PLC的顺序控制继电器指令可以将一个复杂的生产过程分解为若干个简单的工序，对每一个工序分别编程，使程序编程和调试更为快速和简单。

任务1　应用单流程模式实现电动机星—三角启动控制

学习目标

- ¤ 熟悉顺序控制继电器。
- ¤ 掌握顺序控制继电器指令的使用方法。
- ¤ 掌握单流程编程模式。

任务引入

单流程模式就是按顺序依次执行每一个工序，即每个工序后面仅有一个转移方向，它的结构是最简单的。本任务通过电动机Y－△形降压启动控制的例子，介绍如何用顺序控制继电器指令编写单流程控制程序。

电动机Y－△形降压启动控制线路如图2—1—1所示，其输入/输出端口分配表见表2—1—1。

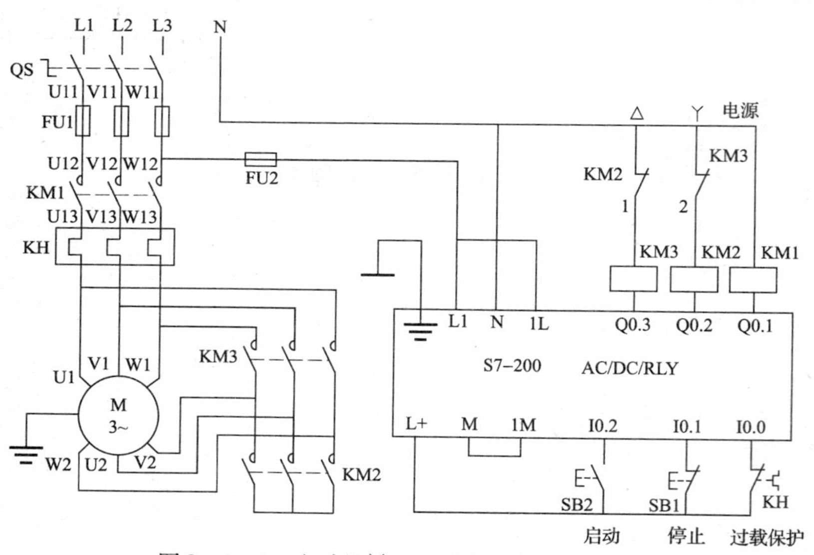

图2—1—1　电动机Y－△形降压启动控制线路

其具体的控制要求如下：当按下启动按钮 SB2 时，电源接触器 KM1 和 Y 形接触器 KM2 同时接通，电动机 Y 形连接降压启动；在启动延时一定时间后 KM2 先自动分断，△形接触器 KM3 后自动接通，电动机△形连接全压运转。当按下停止按钮 SB1 或电动机过载时，KM1、KM2 和 KM3 同时分断，电动机断电停止。

表 2—1—1　　电动机 Y－△形降压启动控制线路输入/输出端口分配表

输入端口			输出端口		
输入继电器	输入元件	作用	输出继电器	输出元件	控制对象
I0. 0	KH（常闭触点）	过载保护	Q0. 1	KM1	电源接触器
I0. 1	SB1（常闭触点）	停止	Q0. 2	KM2	Y 形接触器
I0. 2	SB2（常开触点）	启动	Q0. 3	KM3	△形接触器

相关知识

一、顺序控制继电器

顺序控制继电器是 S7－200 系列 PLC 的一个存储区，用“S”表示，共 256 位，采用八进制（S0. 0～S0. 7，…，S31. 0～S31. 7）。

二、顺序控制继电器指令

顺序控制继电器指令 LSCR、SCRT、SCRE 的指令格式和功能见表 2—1—2。

表 2—1—2　　顺序控制继电器指令 LSCR、SCRT、SCRE 的指令格式和功能

梯形图	指令表	功　能	操作对象
bit SCR	LSCR　S_bit	标记一个顺序控制继电器（SCR）段的开始，当置位时，该 SCR 段工作	S_bit
bit —(SCRT)	SCRT　S_bit	执行 SCR 段的转移，使下一个 SCR 段置位；本 SCR 段复位，停止工作	S_bit
—(SCRE)	SCRE	标示一个 SCR 段的结束	无

三、工序图

工序图是描述生产过程按一定步骤有序动作的图形，它是一种通用的技术语言。电动机 Y－△形降压启动的工序图如图 2—1—2 所示。从该工序图中可以看出，整个工作过程分成若干个工序，工序之间的转移需要满足特定的条件（按钮指令或延时时间）。

四、顺序控制功能图

图 2—1—2 所示的工序图可以方便地转换成顺序控制功能图，如图 2—1—3 所示。例如，“准备”对应着顺序控制继电器 S0. 0（也称为初始状态），“工序 1”对应状态 S0. 1，“工序 2”对应状态 S0. 2……

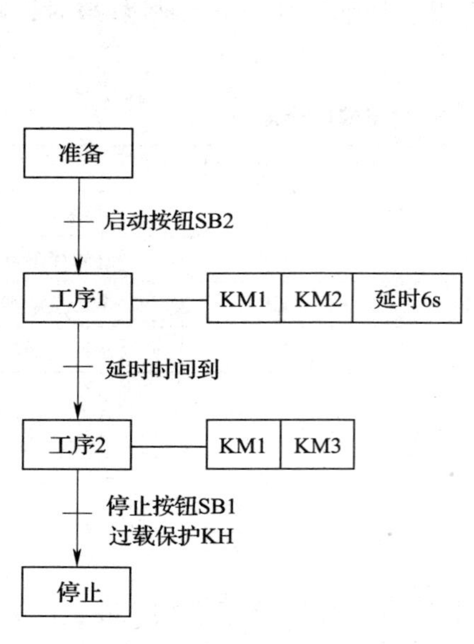

图 2—1—2 电动机Y-△形降压启动的工序图

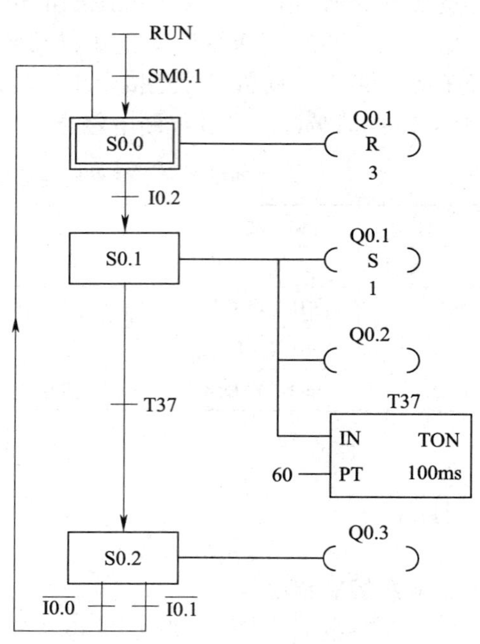

图 2—1—3 顺序控制功能图

在应用顺序控制指令编程前，最好先按照生产工艺动作绘出顺序控制功能图，然后根据顺序控制功能图编写顺序控制程序。顺序控制功能图主要由顺序控制继电器、控制对象、有向连线和转移条件等组成。

（1）转移方向。有向连线表示状态的转移方向，将代表各状态的方框按先后顺序排列，并用有向连线将它们连接起来。

（2）转移条件。状态之间的转移条件用与有向连线垂直的短画线来表示，转移条件标注在短画线的旁边。例如，在图 2—1—3 中，当常开触点 I0.2 闭合时，由状态 S0.0 转移到状态 S0.1。

（3）活动状态与非活动状态。当顺序控制继电器激活或置位时，处于活动状态，其控制对象的动作被执行；当顺序控制继电器复位时，处于非活动状态，其控制对象中非保持型输出被停止，而保持型输出不变。例如，在图 2—1—3 中，当 S0.1 为活动状态时，Q0.1 置位通电，Q0.2 输出通电；当 S0.1 为非活动状态时，Q0.1 仍保持置位通电状态，Q0.2 则断电。通常，在程序开始运行（RUN）时，要利用初始化脉冲 SM0.1 激活初始状态。

任务实施

一、任务准备

实施本任务所需要的实训设备见表 2—1—3。

表 2—1—3　　实训设备

序号	名称	型号规格	数量	单位
1	计算机	安装 STEP 7 - Micro/WIN V 4.0 软件	1	台
2	PLC	S7 - 200　AC/DC/RLY	1	台
3	编程电缆	PC/PPI 或 USB/PPI	1	根
4	电源开关	HZ10 - 10/3	1	只
5	熔断器	RT 系列	1	组
6	接触器	CJX1/N 系列（线圈电压 220 V）	3	个
7	热继电器	JRS 系列，根据电动机自定	1	个
8	按钮	LA10 - 3H	1	个
9	电动机	根据实习设备自定，小功率	1	台
10	控制板	根据实习设备自定	1	块

二、电路连接与排除故障

（1）按照图 2—1—1 所示控制线路在控制板上连接电动机Y - △形降压启动控制线路，暂不连接接触器线圈，待连接无误后接通 PLC 电源。

（2）PLC 输入指示灯 I0.0 应亮，表示热继电器常闭触点与连线正常。

（3）PLC 输入指示灯 I0.1 应亮，表示停止按钮与连线正常。

三、顺序控制程序

电动机Y - △形降压启动顺序控制程序如图 2—1—4 所示。

其程序工作原理如下：

（1）开机时，激活状态 S0.0。当 PLC 初次运行时，利用初始化脉冲 SM0.1 激活状态 S0.0。

（2）在程序网络 4 中，当按下启动按钮 I0.2 时，转移到状态 S0.1。此时，S0.1 置位，S0.0 复位。在状态 S0.1 时，Q0.1 置位，Q0.2 通电，电动机Y形启动，T37 延时。

（3）在程序网络 8 中，当 T37 延时 6 s 后，转移到状态 S0.2。此时，S0.2 置位，S0.1 复位。在状态 S0.2 时，Q0.1 因置位保持通电，Q0.2 因为是非保持型输出而断电，Q0.3 通电，电动机△形运行。

（4）在程序网络 12 中，当按下停止按钮或过载保护动作时，转移到状态 S0.0。此时，S0.0 置位，S0.2 复位，Q0.1、Q0.2、Q0.3 均复位。

四、程序逻辑测试

接通电源，将图 2—1—4 所示的程序下载到 PLC 并进行程序监控。

（1）启动。按下启动按钮 I0.2，Q0.1、Q0.2、T37 同时通电。当 T37 延时 6 s 后，Q0.2 断电，Q0.3 通电。

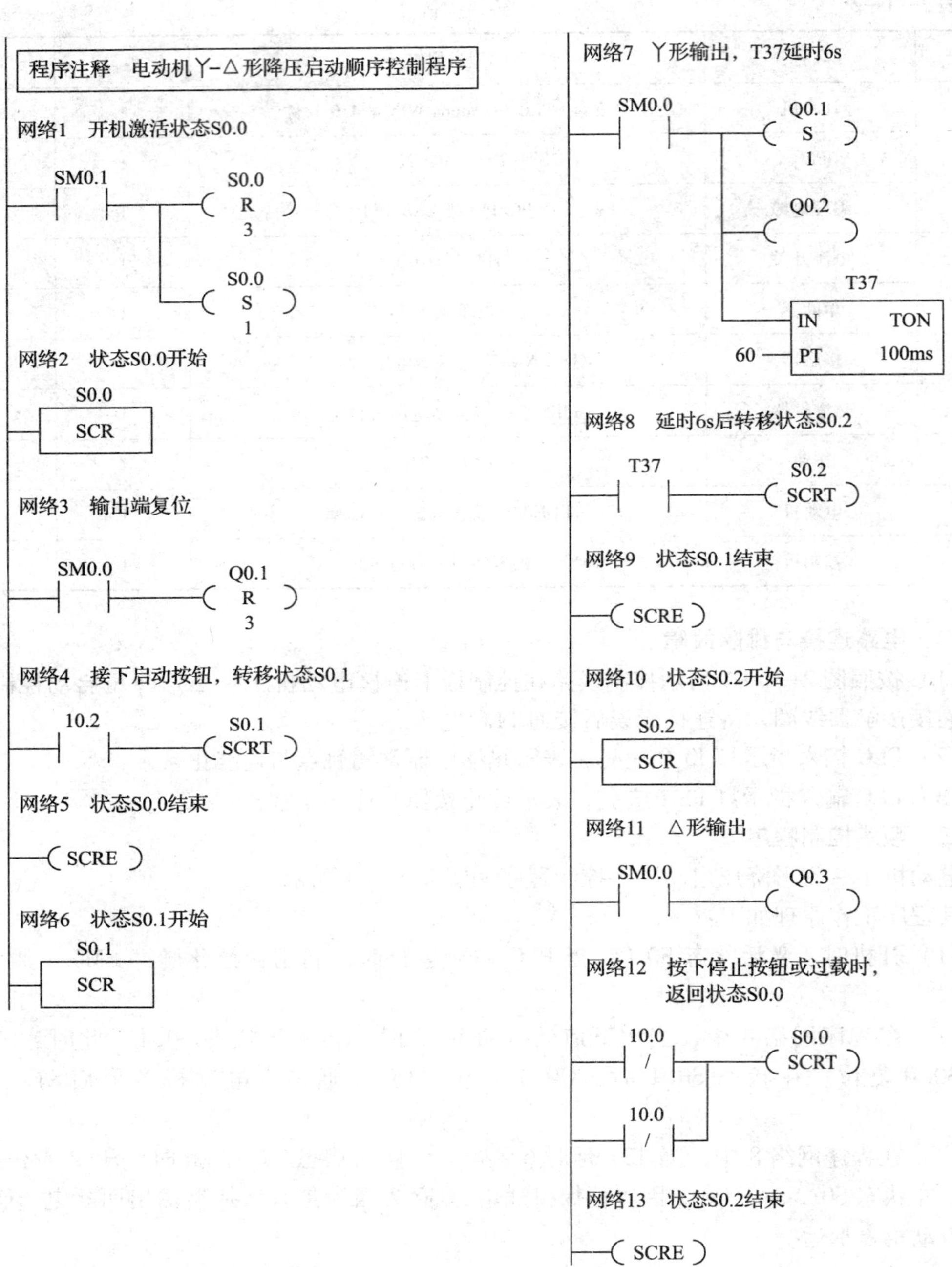

图 2—1—4 电动机Y-△形降压启动顺序控制程序

（2）停止。按下停止按钮 I0.1，Q0.1、Q0.2、Q0.3 同时断电。

（3）过载保护。断开 I0.0 接线端，模拟过载故障，Q0.1、Q0.2、Q0.3 同时断电。

五、接线、调试并运行

将接触器线圈 KM1、KM2、KM3 分别连接到 PLC 输出端 Q0.1、Q0.2、Q0.3。

（1）Y形启动。按下启动按钮 SB2，电源接触器和Y形接触器同时通电，电动机Y形启动。

（2）△形运转。当延时 6 s 后，Y形接触器断电，△形接触器通电，电动机△形运转。

（3）停止。按下停止按钮 SB1，电动机断电停止。

（4）过载保护。当发生过载故障时，电动机断电停止。

思考与练习

1. 顺序控制功能图由哪几个部分组成?

2. 什么是单流程模式的顺序控制?

3. 当前状态向新状态转移后，当前状态继电器是置位还是复位? 新状态继电器是置位还是复位?

4. 试写出图 2—1—4 所示程序的指令表语句。

5. 有两个电磁阀 Y1、Y2，控制要求如下，试设计顺序控制功能图和控制程序。

（1）按下启动按钮，Y1 通电；5 s 后，Y2 通电。

（2）按下停止按钮，Y2 断电；4 s 后，Y1 断电。

任务 2 应用选择流程模式实现 3 台电动机启动/停止控制

学习目标

¤ 掌握选择流程模式的编程方法。

¤ 能装调 3 台电动机顺序启动、逆序停止控制线路和程序。

任务引入

在具有多个分支的结构中，根据不同的转移条件来选择其中的某一个分支，称为选择流程控制。本任务以 3 台电动机顺序启动、逆序停止控制为例，介绍选择流程模式的顺序控制功能图和控制程序。其具体生产工艺要求如下：按下启动按钮，M1 启动；当运行 4 s 后，M2 启动；再运行 5 s 后，M3 启动。按下停止按钮，M3 停止；10 s 后，M2 停止；再过 20 s 后，M1 停止。当任何一台电动机发生过载故障时，3 台电动机立即停止。

3 台电动机顺序启动、逆序停止控制线路如图 2—2—1 所示，其输入/输出端口分配表见表 2—2—1。

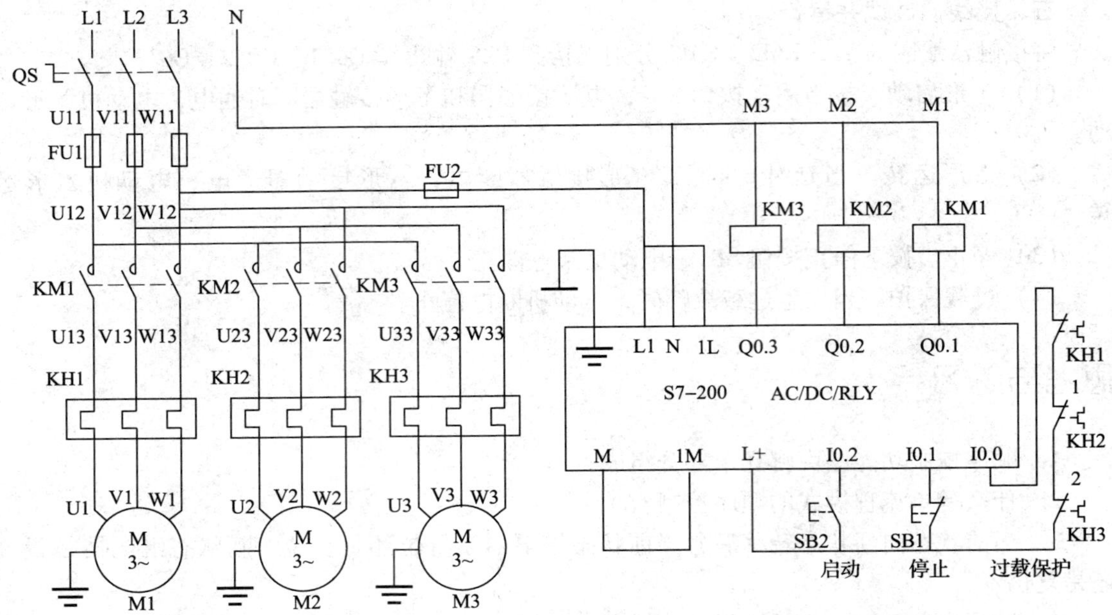

图 2—2—1　3 台电动机顺序启动、逆序停止控制线路

表 2—2—1　　3 台电动机顺序启动、逆序停止控制线路输入/输出端口分配表

输入端口			输出端口		
输入继电器	输入元件	作用	输出继电器	输出元件	控制对象
I0. 0	KH1、KH2、KH3	过载保护	Q0. 1	KM1	M1
I0. 1	SB1（常闭触点）	停止按钮	Q0. 2	KM2	M2
I0. 2	SB2（常开触点）	启动按钮	Q0. 3	KM3	M3

相关知识

一、选择流程模式的顺序控制功能图

在某些情况下，一个状态可能转入多个可能状态中的某一个。到底进入哪一个状态，取决于哪个转移条件首先为真。如图 2—2—2a 所示，当转移条件 M 首先为真时，从状态 L 转移到状态 M；当转移条件 N 首先为真时，从状态 L 转移到状态 N。

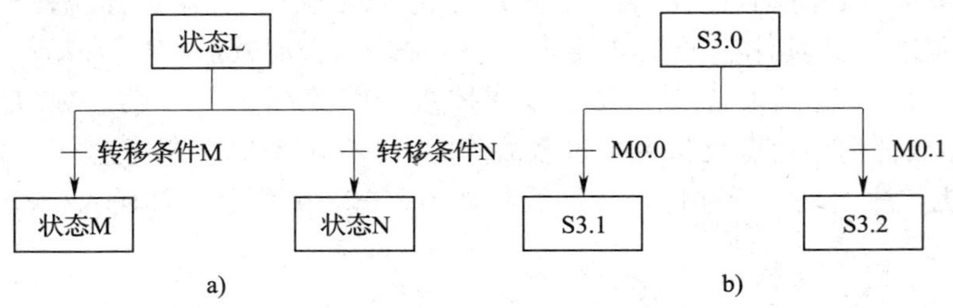

图 2—2—2　选择流程模式的工序图和功能图

a）工序图　b）功能图

二、选择流程模式的控制程序

与图 2—2—2b 所示的功能图关联的程序如图 2—2—3 所示。当转移条件 M0.0 常开触点首先闭合时，从状态 S3.0 转移到状态 S3.1；当转移条件 M0.1 常开触点首先闭合时，从状态 S3.0 转移到状态 S3.2。

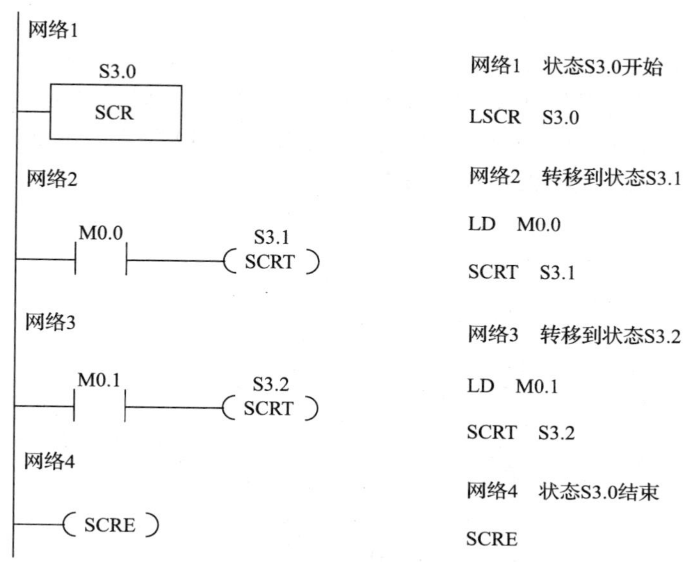

图 2—2—3 选择流程模式程序梯形图与指令表

任务实施

一、任务准备

实施本任务所需要的实训设备见表 2—2—2。

表 2—2—2 **实训设备**

序号	名称	型号规格	数量	单位
1	计算机	安装 STEP 7 - Micro/WIN V 4.0 软件	1	台
2	PLC	S7 - 200 AC/DC/RLY	1	台
3	编程电缆	PC/PPI 或 USB/PPI	1	根
4	电源开关	HZ10 - 10/3	1	只
5	熔断器	RT 系列	1	组
6	接触器	CJX1/N 系列（线圈电压 220 V）	3	个
7	热继电器	JRS 系列，根据电动机自定	3	个
8	按钮	LA10 - 3H	1	个
9	电动机	根据实习设备自定，小功率	3	台
10	控制板	根据实习设备自定	1	块

二、电路连接与排除故障

（1）按照图 2—2—1 所示控制线路在控制板上连接 3 台电动机顺序启动、逆序停止控制线路，暂不连接接触器线圈，待连接无误后接通 PLC 电源。

（2）PLC 输入指示灯 I0.0 应亮，表示热继电器常闭触点与连线正常。

（3）PLC 输入指示灯 I0.1 应亮，表示停止按钮与连线正常。

三、顺序控制功能图

3 台电动机顺序启动、逆序停止顺序控制功能图如图 2—2—4 所示。当 S0.0 为活动状态时，Q0.1 ~ Q0.3 均复位。当没有发生过载故障时，I0.0 常开触点闭合。按下启动按钮，I0.2 常开触点闭合，由状态 S0.0 转移到状态 S0.1。状态 S0.1 是一个选择流程结构，当到达 T37 延时时间时，转移到状态 S0.2；当出现过载故障时，I0.0 常闭触点闭合，转移到状态 S0.0。同理，S0.2 ~ S0.5 均为选择流程结构。

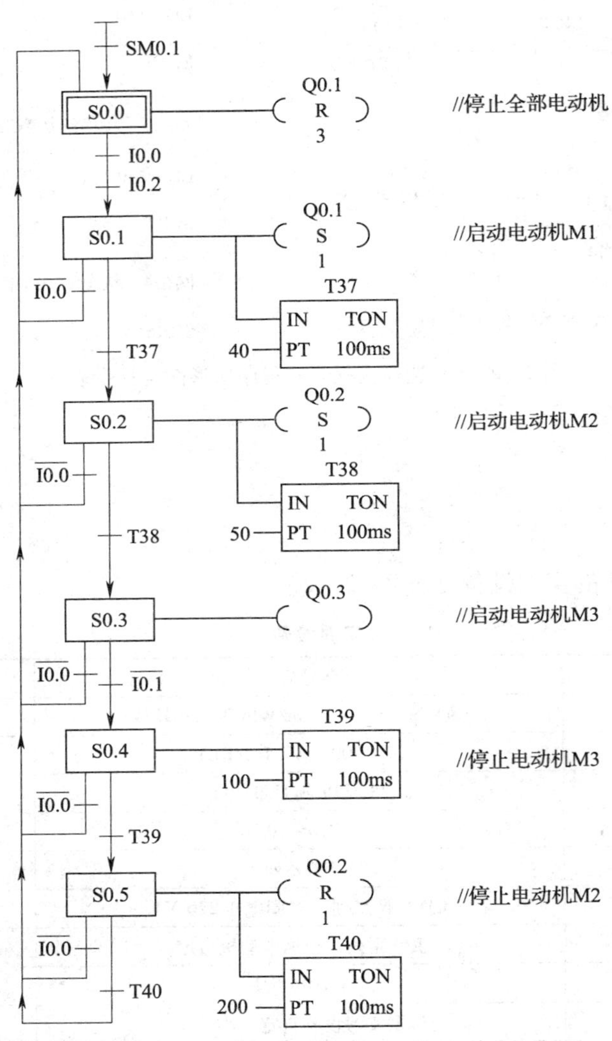

图 2—2—4　3 台电动机顺序启动、逆序停止顺序控制功能图

四、顺序控制程序

3 台电动机顺序启动、逆序停止顺序控制程序如图 2—2—5 所示。

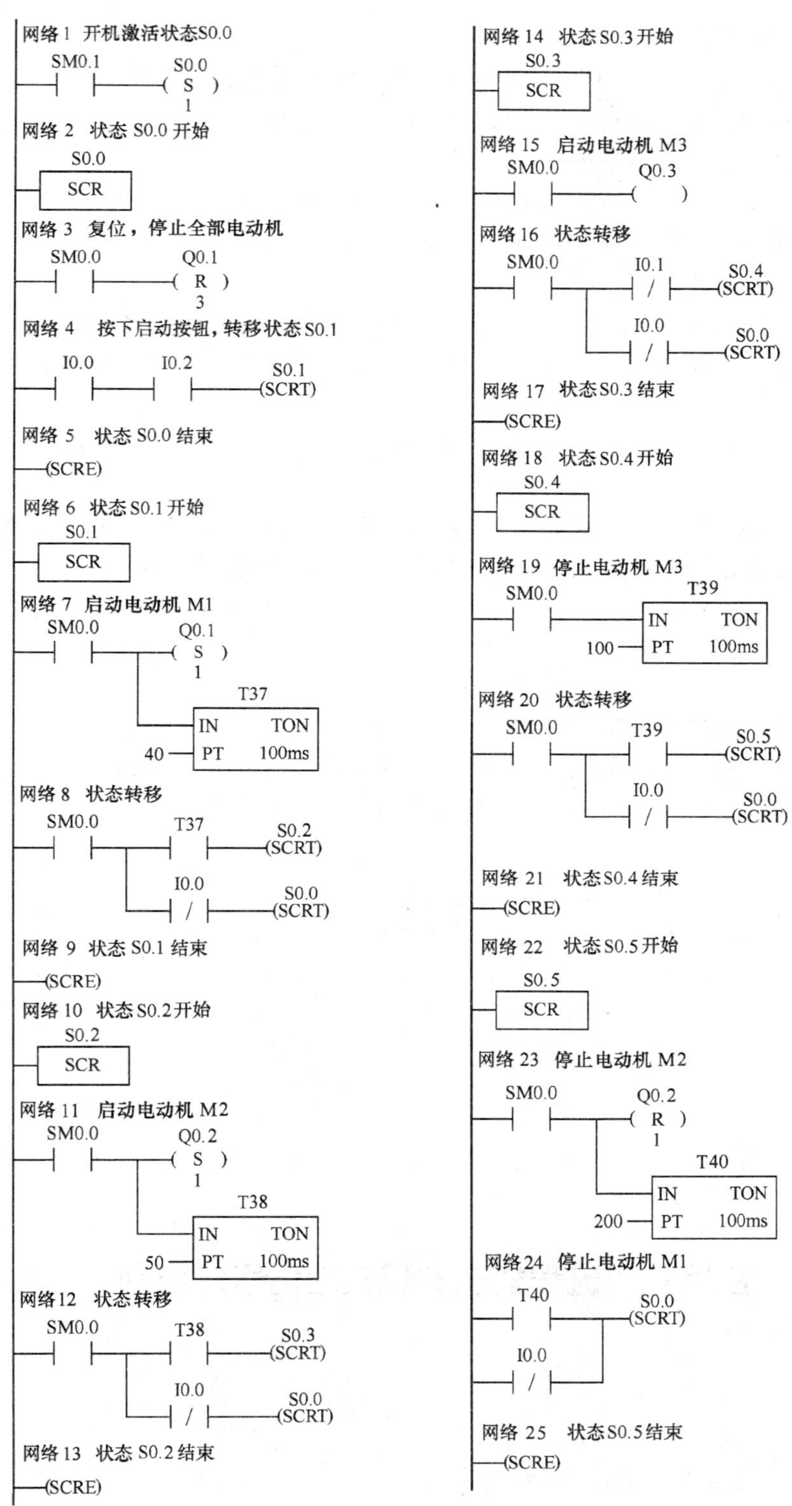

图2—2—5 3台电动机顺序启动、逆序停止顺序控制程序

五、程序逻辑测试

接通电源，将图 2—2—5 所示的程序下载到 PLC 并进行程序监控。

（1）顺序启动。按下启动按钮 SB2，Q0.1、Q0.2、Q0.3 顺序延时通电。

（2）逆序停止。按下停止按钮 SB1，Q0.1、Q0.2、Q0.3 逆序延时断电。

（3）过载保护。若启动前断开 I0.0 接线端，则 Q0.1 不能启动。电动机启动后不论在何种状态下断开 I0.0 接线端，Q0.1、Q0.2、Q0.3 均断电。

六、接线、调试并运行

将接触器线圈 KM1、KM2、KM3 分别连接到 PLC 输出端 Q0.1、Q0.2、Q0.3。

（1）顺序启动。按下启动按钮 SB2，M1 启动；延时 4 s 后，M2 启动；再延时 5 s 后，M3 启动。

（2）逆序停止。按下停止按钮 SB1，M3 停止；延时 10 s 后，M2 停止；再延时 20 s 后，M1 停止。

（3）模拟过载保护。若启动前断开 I0.0 接线端，则按下启动按钮 SB2，M1 不能启动。电动机启动后无论在何种状态下断开 I0.0 接线端，3 台电动机均停止。

思考与练习

1. 什么是选择流程模式的顺序控制？
2. 在编程软件上，查看图 2—2—5 所示的程序梯形图的指令表语句。
3. 试写出图 2—2—6 所示的顺序控制功能图的程序梯形图和指令表。

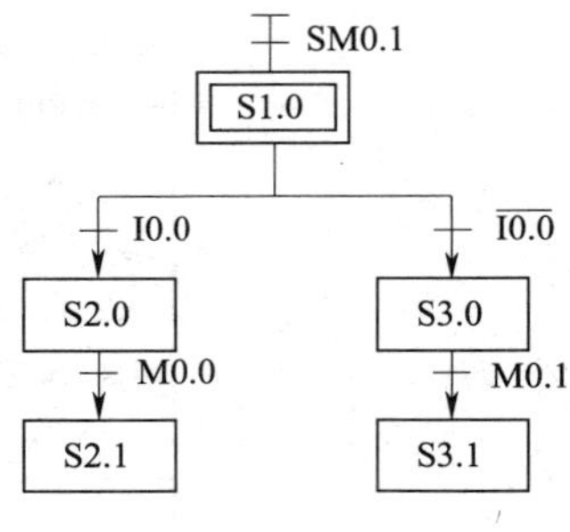

图 2—2—6　练习题 3

任务 3　应用并行流程模式实现交通信号灯控制

学习目标

¤ 掌握并行流程模式的编程方法。

¤ 能装调交通信号灯控制电路和程序。

任务引入

并行流程模式是指多个分支流程可以同时被执行，即在程序中同时出现多个活动状态。以十字路口交通信号灯控制为例，东西方向信号灯为一个分支流程，南北方向信号灯为另一个分支流程，两个分支流程应同时工作。

本任务就是要用 PLC 实现十字路口交通信号灯的控制。交通信号灯一个周期（70 s）的时序图如图 2—3—1 所示。南北信号灯和东西信号灯同时工作，在 0 ~ 30 s 期间，南北信号绿灯亮，东西信号红灯亮；在 30 ~ 35 s 期间，南北信号黄灯亮，东西信号红灯亮；在 35 ~ 65 s 期间，南北信号红灯亮，东西信号绿灯亮；在 65 ~ 70 s 期间，南北信号红灯亮，东西信号黄灯亮。为了提醒人们不闯黄灯，绿灯最后 5 s 期间以秒脉冲周期闪烁。

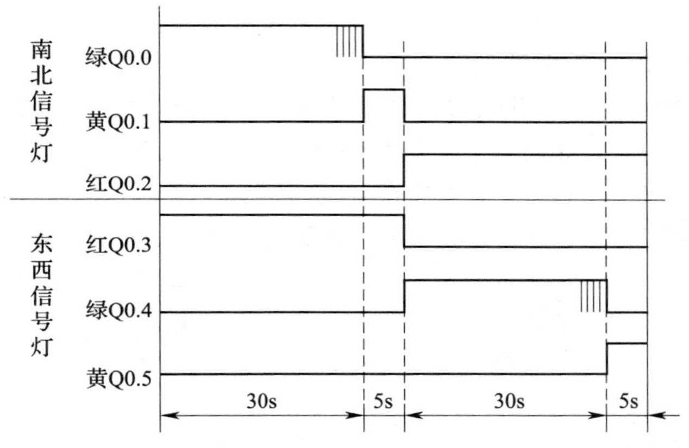

图 2—3—1 交通信号灯一个周期（70 s）的时序图

交通信号灯控制电路如图 2—3—2 所示。由于输出端口动作频繁，因此，为了延长 PLC 输出元件使用期限，宜采用晶体管输出型 PLC，其输入/输出端口分配表见表 2—3—1。

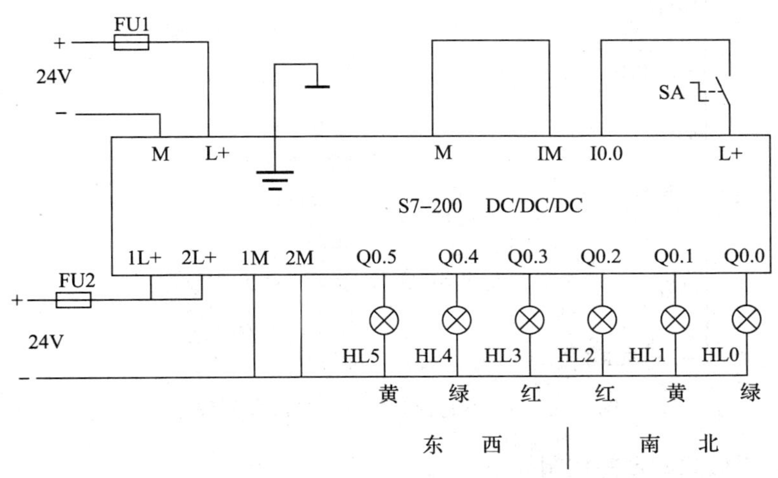

图 2—3—2 交通信号灯控制电路

表 2—3—1　　交通信号灯控制电路输入/输出端口分配表

输入端口			输出端口		
输入继电器	输入元件	作用	输出继电器	输出元件	控制对象
I0.0	SA	运行/停止	Q0.0	HL0	南北绿灯
			Q0.1	HL1	南北黄灯
			Q0.2	HL2	南北红灯
			Q0.3	HL3	东西红灯
			Q0.4	HL4	东西绿灯
			Q0.5	HL5	东西黄灯

相关知识

一、并行流程模式的分支控制

在并行流程模式中，当一个状态分成两个或多个不同分支流程状态时，所有的分支状态必须同时激活。如图 2—3—3a 所示，当转移条件为真时，从状态 L 同时转移到状态 M、N。

与如图 2—3—3b 所示的功能图关联的程序如图 2—3—4 所示。当转移条件 M0.0 和 M0.1 常开触点都闭合时，从状态 S3.0 同时转移到状态 S3.1 和 S3.2。

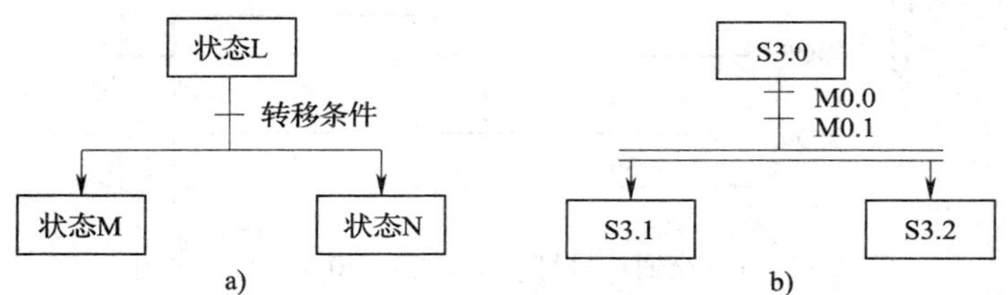

图 2—3—3　并行流程模式分支的工序图和功能图

a）工序图　b）功能图

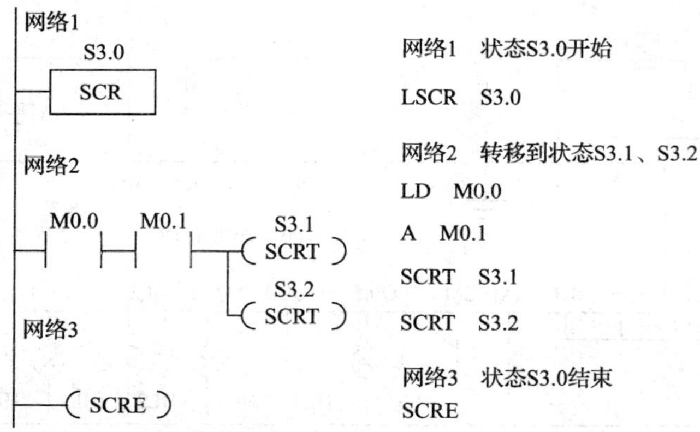

图 2—3—4　并行流程模式分支的控制程序

二、并行流程模式的合并控制

当多个分支流程状态汇集成一个状态时，称之为并行流程模式的合并；当合并时，所有的分支流程必须完成当前进程，才能合并转移到下一个状态。如图 2—3—5a 所示，当转移条件为真时，从状态 X、Y 同时转移到状态 Z。

在图 2—3—5b 所示的功能图中，状态 S3.5 和 S4.5 要汇集到状态 S5.0，在合并控制时要借助状态 S3.6 和 S4.6。当转移条件 S3.6 和 S4.6 常开触点闭合时，实现状态转移，其关联程序如图 2—3—6 所示。

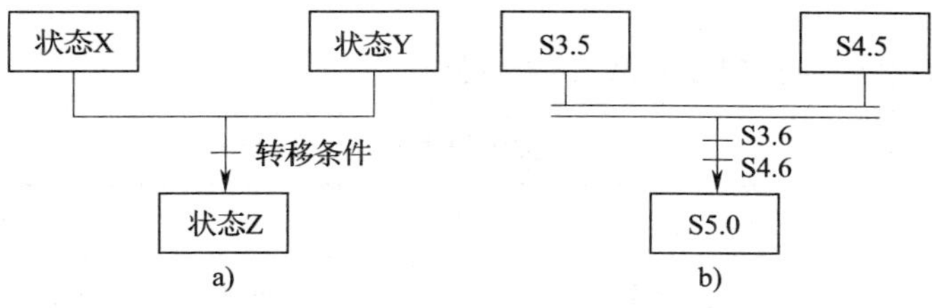

图 2—3—5 并行流程模式合并的工序图和功能图

a）工序图 b）功能图

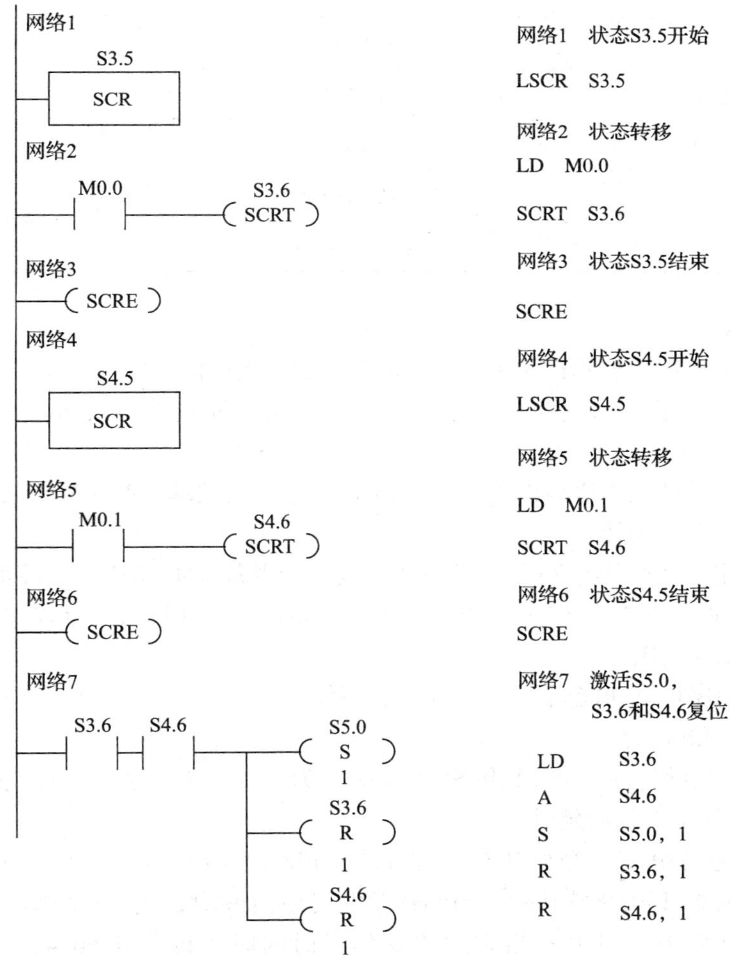

图 2—3—6 并行流程模式合并的控制程序

在程序网络 7 中，当满足转移条件时，将状态 S5.0 置位激活，状态 S3.6 和 S4.6 复位，以实现并行流程模式的合并控制。

任务实施

一、任务准备

实施本任务所需要的实训设备见表 2—3—2。

表 2—3—2　　实训设备

序号	名称	型号规格	数量	单位
1	计算机	安装 STEP 7 - Micro/WIN V 4.0 软件	1	台
2	PLC	S7 - 200　DC/DC/DC	1	台
3	编程电缆	PC/PPI 或 USB/PPI	1	根
4	电源开关	HZ10 - 10/3	1	只
5	熔断器	RT 系列	2	个
6	组合开关	HZ10	1	个
7	指示灯	红、绿、黄各两只	6	只
8	控制板	根据实习设备自定	1	块

二、电路连接

（1）按照图 2—3—2 所示控制电路在控制板上连接交通信号灯控制线路。

（2）PLC 电源连接。L + 连接外部 24 V 电源的正极，M 连接 24 V 电源的负极，接地端接地。

（3）PLC 输入端使用本机输出 24 V 直流电源。输入公共端 1M 与 M 连接，组合开关 SA 两端分别与 L + 和 I0.0 连接。

（4）PLC 输出端使用外部 24 V 直流电源。输出公共端 1M、2M 与电源负极连接，输出公共端 1L + 、2L + 与电源正极连接，指示灯分别与电源负极和输出端 Q 连接。

三、顺序控制功能图

交通信号灯顺序控制功能图如图 2—3—7 所示。

1. 并行流程模式的分支

当 I0.0 常开触点闭合后，S0.1 和 S1.1 同时变为活动状态，南北绿灯亮、东西红灯亮；定时器 T37、T38 和 T41 开始延时。

（1）南北信号灯分支：当到达定时器 T37、T38 延时时间时，由 S0.1 转移到 S0.2，南北黄灯亮，定时器 T39 开始延时；当到达 T39 延时时间时，由 S0.2 转移到 S0.3，南北红灯亮，定时器 T40 开始延时；当到达 T40 延时时间时，转移到 S0.4，使状态 S0.4 置位。

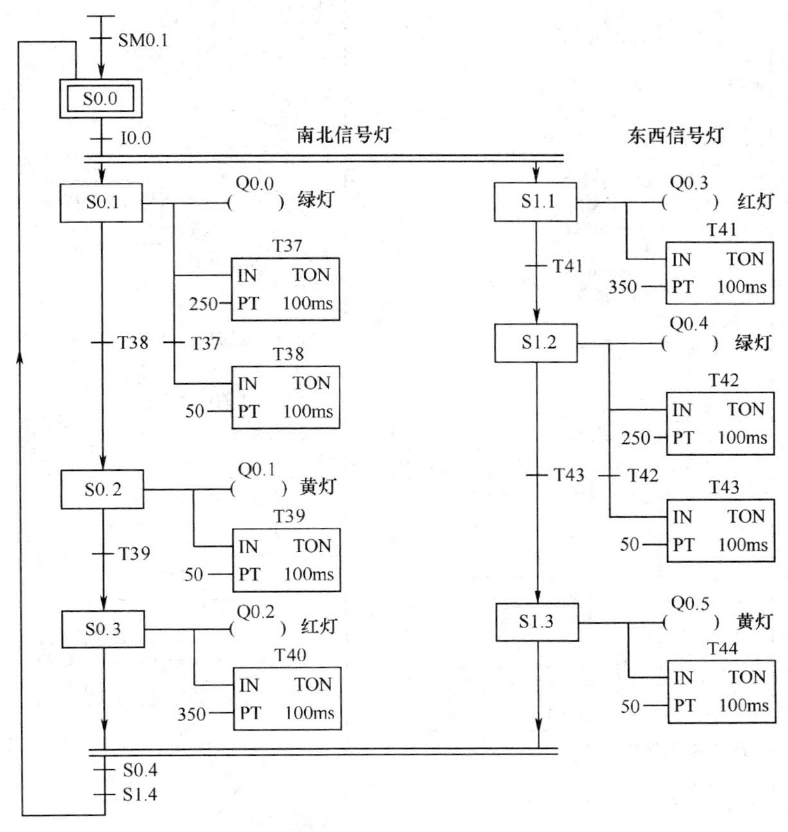

图 2—3—7 交通信号灯顺序控制功能图

（2）东西信号灯分支：当到达定时器 T41 延时时间时，由 S1. 1 转移到 S1. 2，东西绿灯亮，定时器 T42、T43 开始延时；当到达 T42、T43 延时时间时，由 S1. 2 转移到 S1. 3，东西黄灯亮，定时器 T44 开始延时；当到达 T44 延时时间时，转移到 S1. 4，使状态 S1. 4 置位。

2. 并行流程模式的合并

当状态 S0. 4 和 S1. 4 常开触点都闭合时，用置位指令激活状态 S0. 0，用复位指令复位状态 S0. 4 和 S1. 4。

四、顺序控制程序

交通信号灯顺序控制程序如图 2—3—8 所示。其工作原理如下：

（1）在程序网络 1 中，初始化脉冲 SM0. 1 使顺序控制继电器 S0. 0 ~ S1. 7 复位，输出继电器 Q0. 0 ~ Q0. 7 复位，置位激活状态 S0. 0。

（2）程序网络 3 是并行结构的分支处，当 I0. 0 常开触点闭合时，由状态 S0. 0 同时转移到状态 S0. 1 和 S1. 1。

（3）状态 S0. 1 ~ S0. 4 属于单流程结构，控制南北信号灯。在程序网络 6 中，利用秒脉冲 SM0. 5 和 T37 使绿灯常亮或闪烁。

（4）状态 S1. 1 ~ S1. 4 属于单流程结构，控制东西信号灯。在程序网络 22 中，利用秒脉冲 SM0. 5 和 T42 使绿灯常亮或闪烁。

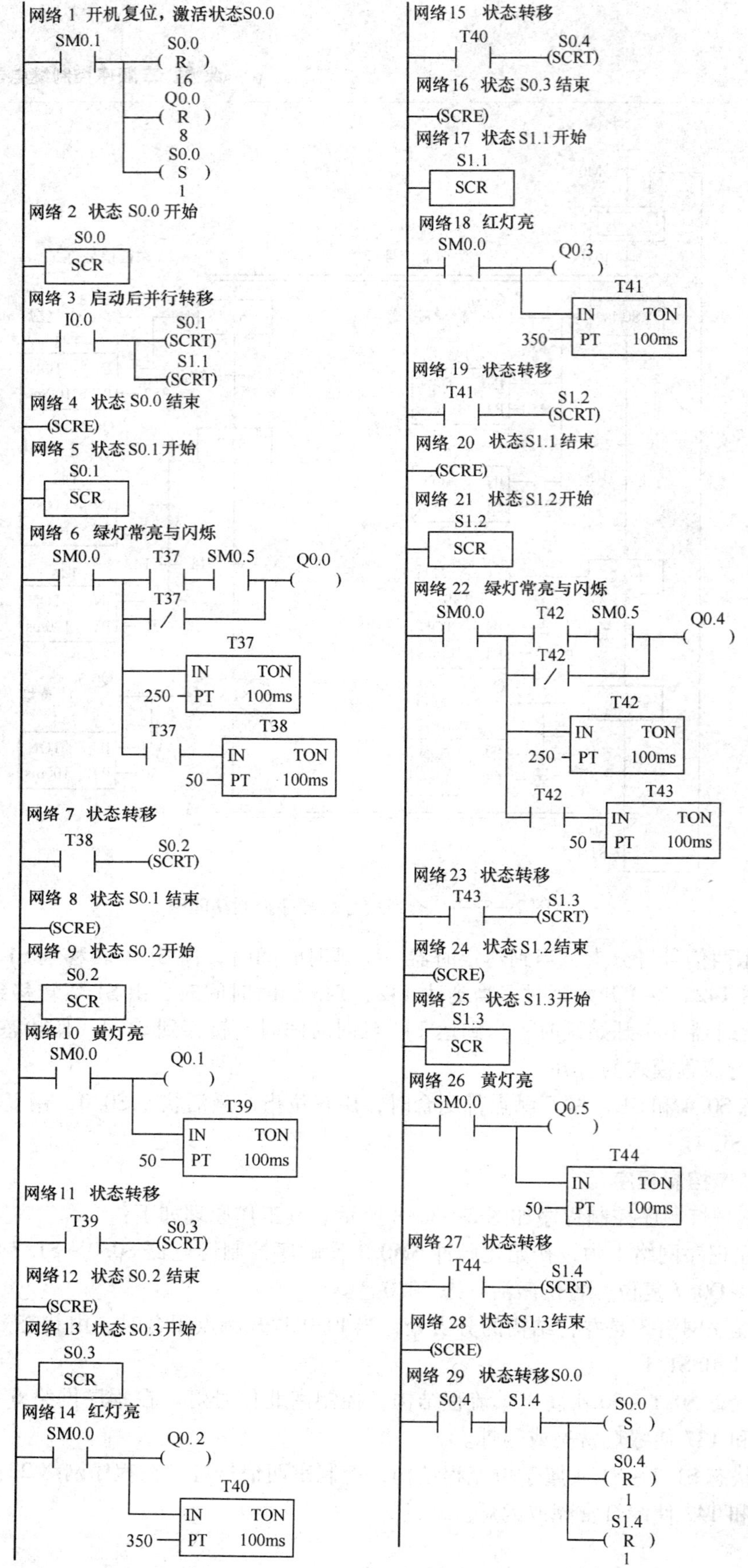

图 2—3—8 交通信号灯顺序控制程序

（5）程序网络 29 是并行流程模式的合并处，当两个分支各自完成流程后，S0.4、S1.4 常开触点闭合，初始状态 S0.0 置位激活，状态 S0.4、S1.4 复位，程序开始新的周期循环。

五、调试并运行

旋转组合开关 SA，接通 I0.0，顺序控制程序运行，相应交通信号灯循环亮灭。

思考与练习

1. 并行流程模式在分支和合并上有什么特点？
2. 试写出图 2—3—9 所示的顺序控制功能图的程序梯形图。

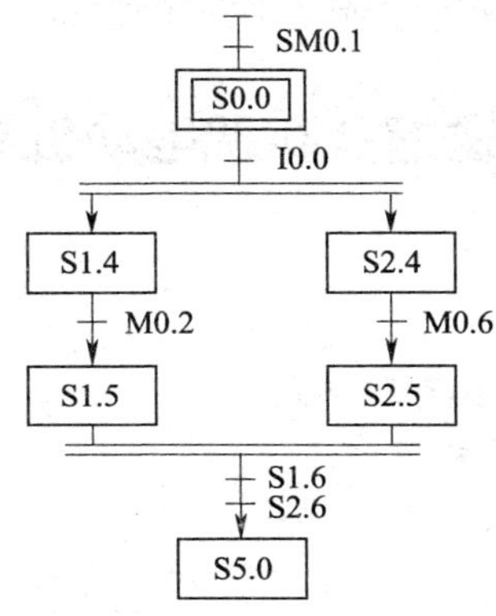

图 2—3—9　练习题 2

课题三　功能指令的应用

PLC 的功能指令主要包括数据传送和比较、程序流程控制、算术运算与逻辑运算、数码显示及外部输入设备处理等。与位逻辑指令和顺序控制继电器指令的区别如下：位逻辑指令和顺序控制继电器指令的控制对象是位元件，功能指令的控制对象是字元件。由于字元件包含了多个（最多 32）位元件，所以编程效率高，控制功能强，可以实现较为复杂的控制任务。

任务 1　应用数据传送指令实现电动机星—三角启动控制

学习目标

¤ 熟悉 PLC 存储器地址和常数存取格式。

¤ 掌握数据传送指令 MOV 的应用方法。

¤ 掌握功能指令的编程方法。

任务引入

本任务应用数据传送指令实现电动机Y－△形降压启动，其控制线路如图 3—1—1 所示，其输入/输出端口分配表见表 3—1—1。其具体控制要求如下：当按下启动按钮 SB2 时，

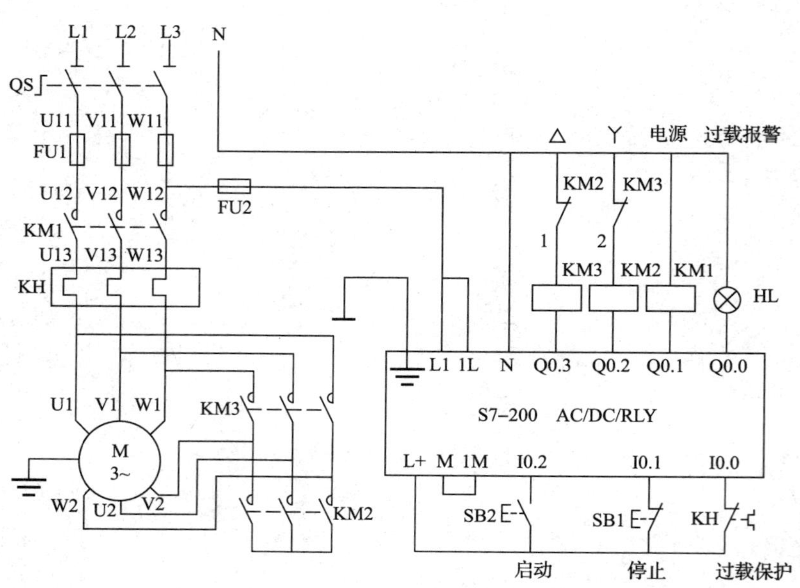

图 3—1—1　电动机Y－△形降压启动控制线路

电源接触器 KM1 和丫形接触器 KM2 同时接通，电动机丫形连接降压启动；在启动延时一定时间后 KM2 先自动分断，△形接触器 KM3 后自动接通，电动机△形连接全压运转；当按下停止按钮 SB1 时，KM1、KM2 和 KM3 同时分断，电动机断电停止。如果发生电动机过载故障，则电动机自动停止运转并且灯光报警。

表 3—1—1　　电动机丫－△形降压启动控制线路输入/输出端口分配表

输入端口			输出端口		
输入继电器	输入元件	作用	输出继电器	输出元件	控制对象
I0.0	KH（常闭触点）	过载保护	Q0.0	HL	过载报警灯
I0.1	SB1（常闭触点）	停止	Q0.1	KM1	电源接触器
I0.2	SB2（常开触点）	启动	Q0.2	KM2	丫形接触器
			Q0.3	KM3	△形接触器

相关知识

S7－200 将数据存于不同的存储器单元，每个单元都有唯一的地址，若要进行存取数据，则必须指定单元地址。

一、输入继电器（I）地址

输入继电器的数据既可以按位存取，也可以按字节、字或者双字存取。其地址见表 3—1—2。

表 3—1—2　　输入继电器地址

位（bit）	I0.0～I0.7 … I15.0～I15.7	128 点
字节（B）	IB0、IB1、…、IB15	16 个
字（W）	IW0、IW2、…、IW14	8 个
双字（DW）	ID0、ID4、ID8、ID12	4 个

输入继电器地址说明如下。

（1）位。位是存储器的最小单位，1 个位可以存储 1 个二进制数据，位格式为：I［字节地址］.［位地址］。例如，I3.4 表示输入继电器第 3 个字节的第 4 位，如图 3—1—2 所示。

（2）字节。字节是存储器的基本单元，每个字节由 0～7 共 8 个位元件构成，字节格式为：IB［字节地址］。例如，IB0 表示输入继电器第 0 个字节，IB3 表示输入继电器第 3 个字节。

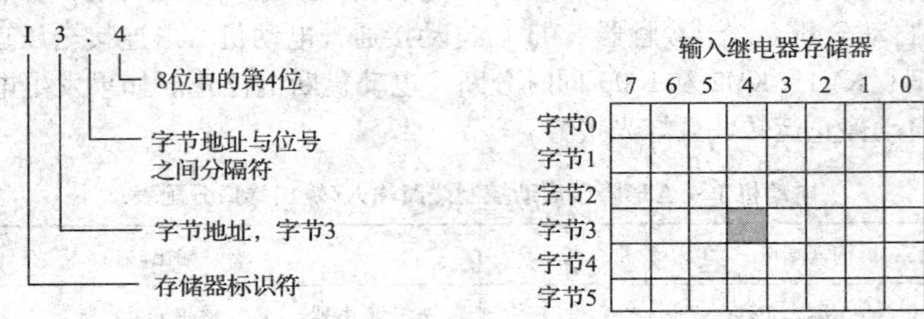

图 3—1—2　输入继电器位地址

（3）字。字格式为：IW［起始字节地址］。1 个字包含 2 个字节，这两个字节的地址必须连续。当涉及字节组合寻址时，遵循高地址、低字节的规律。例如，在字 IW0 中，IB0 是高字节，IB1 是低字节，如图 3—1—3 所示。每个字有 16 个位元件。

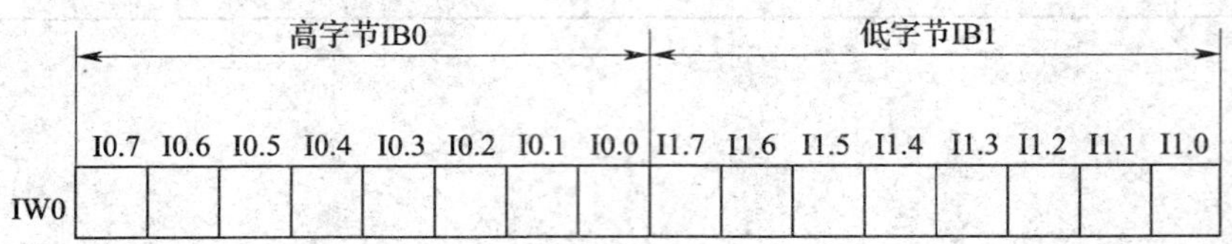

图 3—1—3　输入继电器字 IW0

（4）双字。双字格式为：ID［起始字节地址］。1 个双字含 2 个字或 4 个字节，这 4 个字节的地址必须连续。例如，在 ID0 中，IB0 是最高字节，IB1 是高字节，IB2 是低字节，IB3 是最低字节，如图 3—1—4 所示。每个双字有 32 个位元件。

ID0	31　IB0　24	23　IB1　16	15　IB2　8	7　IB3　0
	最高字节	高字节	低字节	最低字节

图 3—1—4　输入继电器双字 ID0

输出继电器（Q）、变量存储区（V）、位存储区（M）、顺序控制继电器（S）、特殊存储器（SM）、局部存储器（L）均可以按位、字节、字和双字来存取数据。

二、常数的输入形式

存储器以二进制形式存储数据，在编程软件中常数使用二进制、十进制和十六进制形式，表 3—1—3 给出了输入常数的例子。

表 3—1—3　　常数举例

数　制	格　式	举　例
十进制	［十进制值］	2013
二进制	2#［二进制值］	2#10110011
十六进制	16#［十六进制值］	16#5AFD

三、数据位数与取值范围

不同数据位数与取值范围见表 3—1—4。

表 3—1—4　　不同数据位数与取值范围

数据位数	无符号整数		有符号整数	
	十进制	十六进制	十进制	十六进制
字节 B（8 位）	0 ~ 255	0 ~ FF	−128 ~ +127	80 ~ 7F
字 W（16 位）	0 ~ 65 535	0 ~ FFFF	−32 768 ~ +32 767	8 000 ~ 7FFF
双字 D（32 位）	0 ~ 4 294 967 295	0 ~ FFFF FFFF	−2 147 483 648 ~ +2 147 483 647	8000 0000 ~ 7FFF FFFF

四、数据传送指令 MOV

数据传送指令包括字节传送、字传送和双字传送，其指令格式见表 3—1—5。

表 3—1—5　　数据传送指令

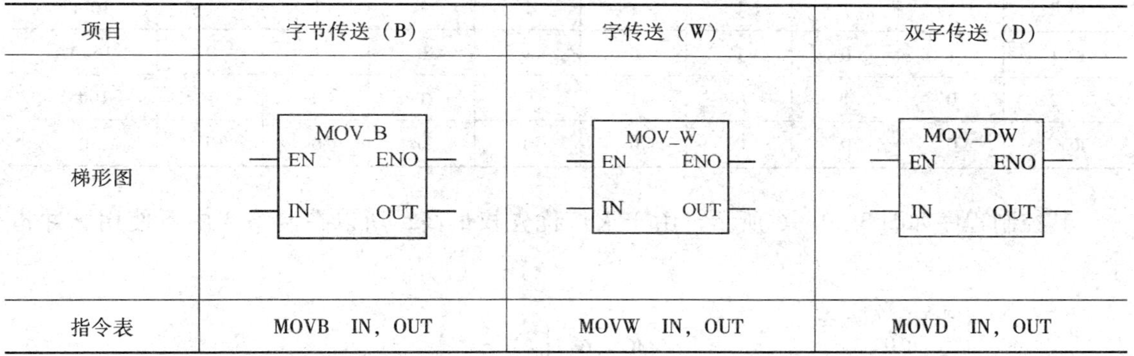

项目	字节传送（B）	字传送（W）	双字传送（D）
梯形图	MOV_B EN　ENO IN　OUT	MOV_W EN　ENO IN　OUT	MOV_DW EN　ENO IN　OUT
指令表	MOVB　IN，OUT	MOVW　IN，OUT	MOVD　IN，OUT

数据传送指令说明如下：

（1）数据传送指令的梯形图使用指令盒形式。指令盒由操作码 MOV、数据类型（B/W/D）、使能输入端 EN、使能输出端 ENO、源操作数 IN 和目标操作数 OUT 构成。

（2）ENO 可作为下一个指令盒 EN 的输入，即几个指令盒可以串联在一行，只有当前一个指令盒被正确执行时，后一个指令盒才能执行。

（3）数据传送指令的原理。当 EN = 1 时，执行数据传送指令。其功能是把源操作数 IN 传送到目标操作数 OUT 中。当数据传送指令执行后，源操作数的数据不变，目标操作数的数据刷新。

【例题 3—1—1】设有 8 盏指示灯，控制要求如下：当 I0.0 接通时，全部灯亮；当 I0.1 接通时，奇数灯亮；当 I0.2 接通时，偶数灯亮；当 I0.3 接通时，全部灯灭。试设计电路和用数据传送指令编写程序。

【解】其控制电路图如图 3—1—5 所示。

根据控制要求列出控制关系，具体见表 3—1—6。

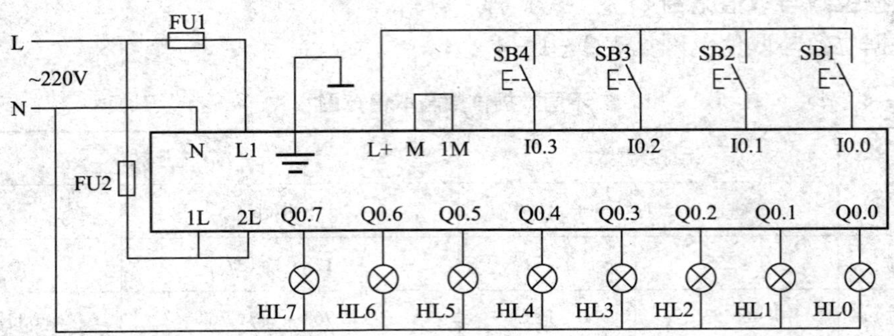

图 3—1—5　例题 3—1—1 的控制电路图

表 3—1—6　　例题 3—1—1 的控制关系

输入继电器	输出继电器 QB0								输出数据
	Q0. 7	Q0. 6	Q0. 5	Q0. 4	Q0. 3	Q0. 2	Q0. 1	Q0. 0	
I0. 0	1	1	1	1	1	1	1	1	16#FF
I0. 1	1	0	1	0	1	0	1	0	16#AA
I0. 2	0	1	0	1	0	1	0	1	16#55
I0. 3	0	0	0	0	0	0	0	0	0

其控制程序如图 3—1—6 所示，由于灭灯优先权最高，所以在网络 4 中不使用脉冲指令。

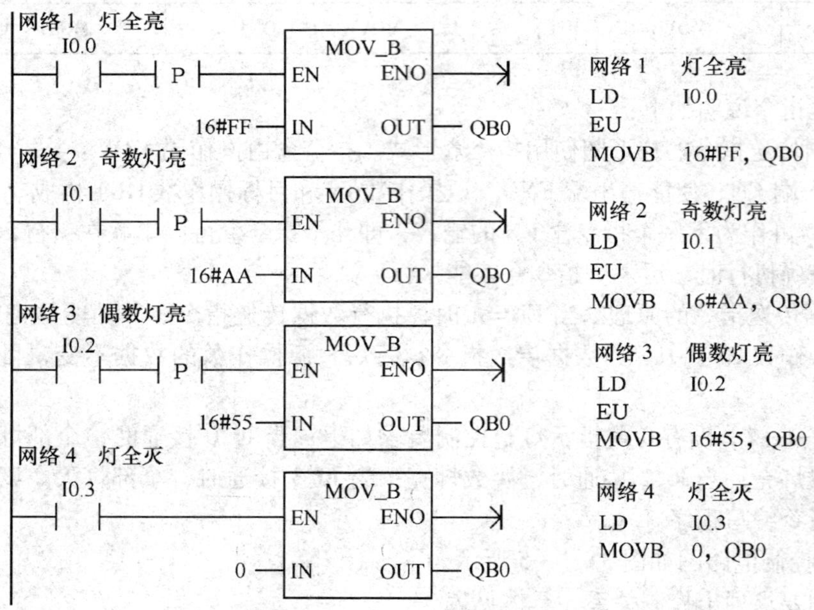

图 3—1—6　例题 3—1—1 的控制程序

任务实施

一、任务准备

实施本任务所需要的实训设备见表3—1—7。

表3—1—7　　实训设备

序号	名称	型号规格	数量	单位
1	计算机	安装 STEP 7 - Micro/WIN V 4.0 软件	1	台
2	PLC	S7 - 200　AC/DC/RLY	1	台
3	编程电缆	PC/PPI 或 USB/PPI	1	根
4	电源开关	HZ10 - 10/3	1	只
5	熔断器	RT 系列	2	组
6	接触器	CJX1/N 系列（线圈电压 220 V）	3	个
7	热继电器	JRS 系列，根据电动机自定	1	个
8	按钮	LA10 - 3H	1	个
9	报警灯	220V/15W	1	只
10	电动机	根据实习设备自定，小功率	1	台
11	控制板	根据实习设备自定	1	块

二、电路连接与排除故障

（1）按照图3—1—1所示在控制板上连接电动机Y - △形降压启动控制线路，暂不连接接触器线圈，待连接无误后接通 PLC 电源。

（2）PLC 输入指示灯 I0.0 应亮，表示热继电器常闭触点与连线正常。

（3）PLC 输入指示灯 I0.1 应亮，表示停止按钮与连线正常。

三、启动、运转过程与控制数据

电动机启动、运转过程与控制数据的关系表见表3—1—8。

表3—1—8　　启动、运转过程与控制数据的关系表

输入元件	作用	输入继电器	输出继电器/负载				十进制控制数据
			Q0.3/△	Q0.2/Y	Q0.1/电源	Q0.0/灯	
SB2	Y形启动	I0.2	0	1	1	0	6
	△形运转		1	0	1	0	10
SB1	停止	I0.1	0	0	0	0	0
KH	过载保护	I0.0	0	0	0	1	1

四、程序梯形图

Y－△形降压启动程序梯形图如图 3—1—7 所示。

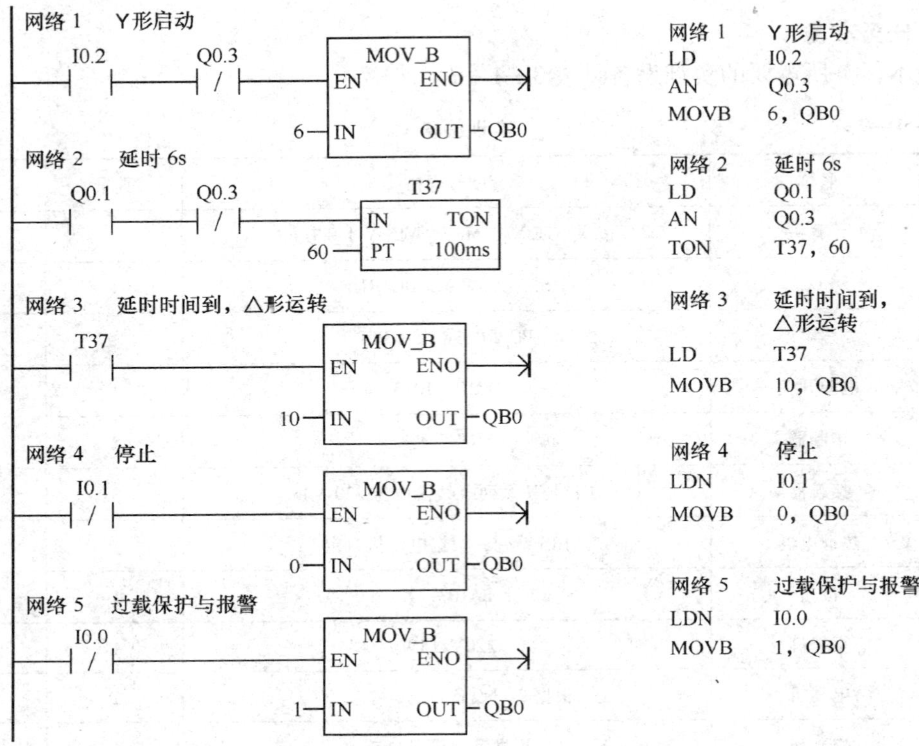

图 3—1—7　Y－△形降压启动程序梯形图

（1）Y形启动。按下启动按钮，I0.2 触点接通，数据 6 传送到 QB0，Q0.1 和 Q0.2 通电。电源接触器 KM1 和Y形接触器 KM2 通电，电动机Y形启动。Q0.1 常开触点接通，使定时器 T37 通电延时。

（2）△形运转。当到达 T37 延时 6 s 时间时，T37 触点接通，数据 10 传送到 QB0，Q0.1 和 Q0.3 通电，电源接触器 KM1 和△形接触器 KM3 通电，电动机△形运转。

（3）停止。按下停止按钮，I0.1 常闭触点接通，数据 0 传送到 QB0，Q0.0～Q0.3 全部断电，电动机停止，指示灯 HL 灭。

（4）过载保护。当发生过载故障时，I0.0 常闭触点接通，数据 1 传送到 QB0，Q0.3、Q0.2 和 Q0.1 断电，电动机停止。Q0.0 通电，指示灯 HL 亮，故障报警。

五、程序逻辑测试

接通电源，将图 3—1—7 所示的程序下载到 PLC。

（1）启动。按下启动按钮 I0.2，Q0.1、Q0.2 和 T37 同时通电。当 T37 延时 6 s 后，Q0.2 断电，Q0.3 通电。

（2）停止。按下停止按钮 I0.1，Q0.0～Q0.3 同时断电。

（3）过载保护与报警。断开 I0.0，Q0.0 通电，Q0.1～Q0.3 同时断电。

六、接线、调试并运行

将接触器线圈 KM1、KM2、KM3 分别连接到 PLC 输出端 Q0.1、Q0.2、Q0.3。

（1）Y形启动。按下启动按钮 SB2，电源接触器和Y形接触器同时通电，电动机Y形启动。

（2）△形运转。当延时 6 s 后，Y形接触器断电，△形接触器通电，电动机△形运转。

（3）停止。按下停止按钮 SB1，电动机断电停止。

（4）过载保护与报警。当发生过载故障时，电动机断电停止，报警灯 HL 亮。

思考与练习

1. 分别写出双字 QD0 所包含的字元件、字节元件和位元件的地址。

2. 设有 16 盏指示灯，控制要求如下：当 I0.3 接通时，全部灯亮；当 I0.2 接通时，1～8 盏灯亮；当 I0.1 接通时，9～16 盏灯亮；当 I0.0 接通时，全部灯灭。试用数据传送指令编写程序。

任务 2　应用跳转指令实现手动/自动选择控制

学习目标

¤ 掌握跳转指令的应用方法。

¤ 能装调手动/自动选择控制线路和程序。

任务引入

跳转指令可用来选择执行指定的程序段，跳过暂时不需要执行的程序段。例如，在调试设备时，需要手动操作方式；在正式生产时，需要自动操作方式。这就要在程序中编写两段程序，其中一段程序用于调试工艺，另一段程序用于自动控制。本任务应用跳转指令选择操作方式，实现电动机的手动/自动选择控制。电动机手动/自动控制线路如图 3—2—1 所示，其输入/输出端口分配表见表 3—2—1。

SA 是操作方式选择开关，当 SA 处于断开状态时，选择手动操作方式；当 SA 处于接通状态时，选择自动操作方式。不同操作方式的进程如下：

（1）手动方式进程。按下启动按钮 SB2，电动机运转。按下停止按钮 SB1，电动机停止。

（2）自动方式进程。按下启动按钮 SB2，电动机连续运转 1 min 后，自动停止。按下停止按钮 SB1，电动机立即停止。

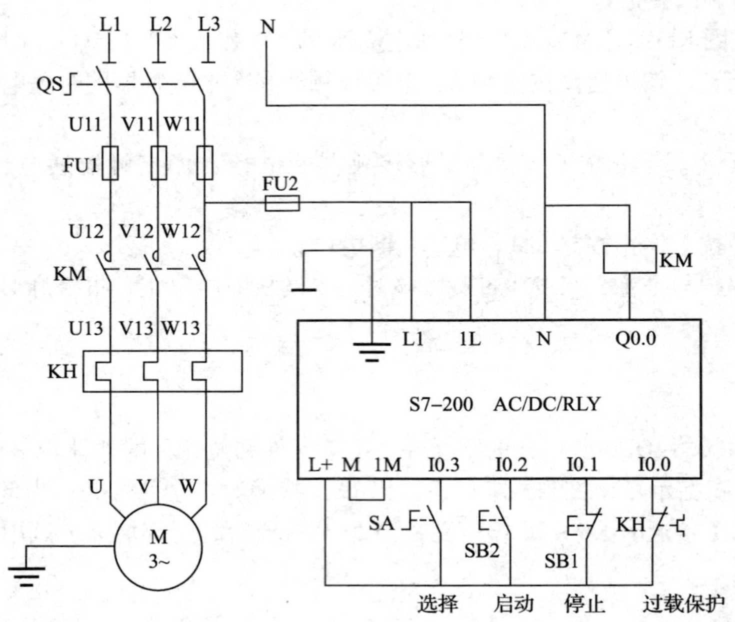

图 3—2—1　电动机手动/自动控制线路

表 3—2—1　　电动机手动/自动控制线路输入/输出端口分配表

输入端口			输出端口	
输入继电器	输入元件	作用	输出继电器	输出元件
I0. 0	KH（常闭触点）	过载保护	Q0. 0	接触器 KM
I0. 1	SB1（常闭触点）	停止按钮		
I0. 2	SB2（常开触点）	启动按钮		
I0. 3	SA	手动/自动方式选择		

相关知识

一、跳转指令 JMP、标号 LBL

跳转指令 JMP 和标号 LBL 的梯形图和指令表见表 3—2—2。

表 3—2—2　　跳转指令与标号

项　目	跳转指令	标号
梯形图	N ——(JMP)	N LBL
指令表	JMP　N	LBL　N
数据范围	N：0～255	

跳转指令与标号说明如下：

（1）跳转指令改变了程序流程，当跳转条件满足时，由JMP指令控制转至标号N的程序段去执行。

（2）标号N标记转移目的地的地址。

（3）跳转指令和标号必须位于同一个程序块中，即同时位于主程序（或子程序或中断程序）内。

二、跳转指令程序的结构

应用跳转指令的程序结构如图3—2—2所示。I0.3连接手动/自动选择开关，当I0.3未接通时，执行手动程序段，跳过自动程序段（跳转标号2处）；当I0.3接通时，跳过手动程序段（跳转标号1处），执行自动程序段。I0.3的常开/常闭触点起联锁作用，使手动、自动两个程序段只能选择其一。

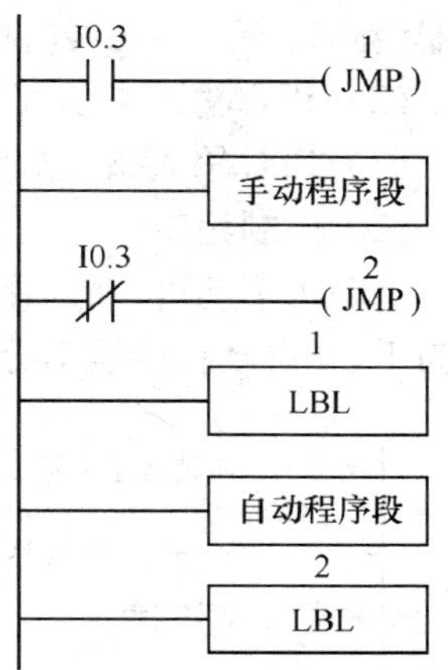

图3—2—2 应用跳转指令的程序结构

任务实施

一、任务准备

实施本任务所需要的实训设备见表3—2—3。

表3—2—3 实训设备

序号	名称	型号规格	数量	单位
1	计算机	安装 STEP 7 - Micro/WIN V 4.0 软件	1	台
2	PLC	S7 - 200 AC/DC/RLY	1	台
3	编程电缆	PC/PPI 或 USB/PPI	1	根
4	电源开关	HZ10 - 10/3	1	只
5	熔断器	RT 系列	2	组
6	接触器	CJX1/N 系列（线圈电压 220 V）	1	个
7	热继电器	JRS 系列，根据电动机自定	1	个
8	按钮	LA10 - 3H	1	个
9	组合开关	HZ10	1	个
10	电动机	根据实习设备自定，小功率	1	台
11	控制板	根据实习设备自定	1	块

二、电路连接与排除故障

（1）按照图3—2—1所示在控制板上连接电动机手动/自动选择控制线路，暂不连接接触器线圈，待连接无误后接通 PLC 电源。

（2）PLC 输入指示灯 I0.0 应亮，表示热继电器常闭触点与连线正常。

（3）PLC 输入指示灯 I0.1 应亮，表示停止按钮与连线正常。

三、控制程序

电动机手动/自动选择控制程序如图 3—2—3 所示。虽然程序中 Q0.0 出现了双线圈，但因为手动/自动程序段不会同时运行，所以允许出现双线圈。

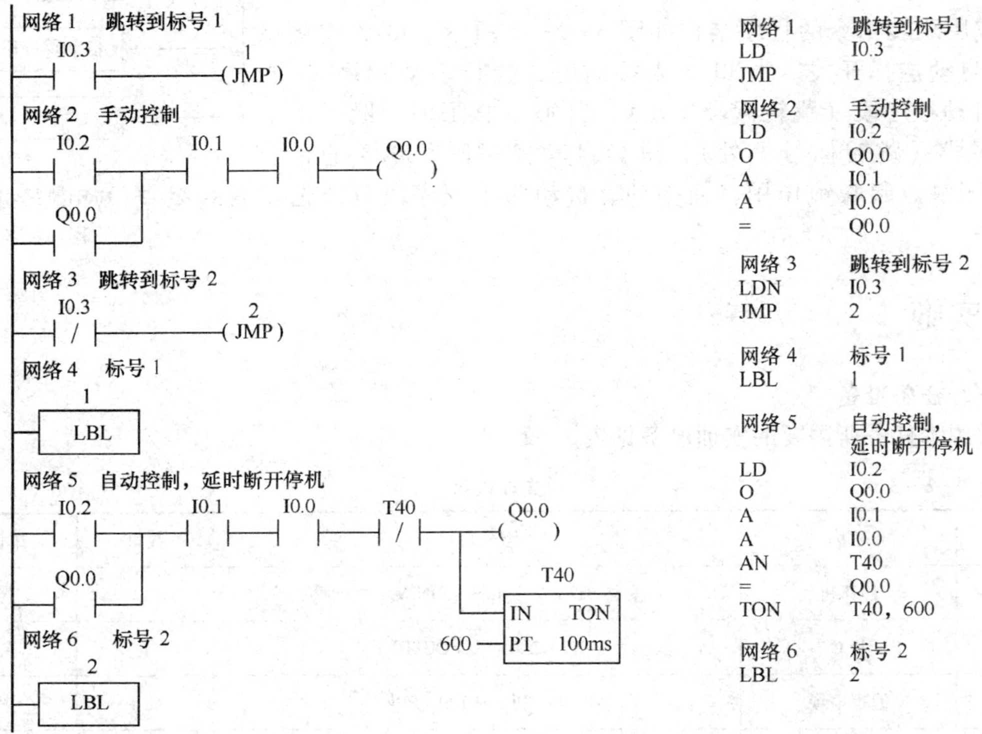

图 3—2—3　电动机手动/自动选择控制程序

四、程序逻辑测试

接通电源，将图 3—2—3 所示的程序下载到 PLC 并进行程序监控。

（1）手动工作方式。断开选择开关 SA，输入指示灯 I0.3 灭。按启动按钮 SB2，Q0.0 通电。按停止按钮 SB1，Q0.0 断电。

（2）自动工作方式。接通选择开关 SA，输入指示灯 I0.3 亮。按启动按钮 SB2，Q0.0 通电，1 min 后 Q0.0 自动断电。在程序运行过程中，按停止按钮 SB1，Q0.0 断电。

（3）过载保护。断开 I0.0 接线端，模拟过载故障，Q0.0 断电。

五、接线、调试并运行

将接触器线圈 KM 连接到 PLC 输出端 Q0.0。

（1）手动工作方式。断开选择开关 SA，输入指示灯 I0.3 灭。按下启动按钮 SB2，电动机启动。按下停止按钮 SB1，电动机停止。

（2）自动工作方式。接通选择开关 SA，输入指示灯 I0.3 亮。按下启动按钮 SB2，电动机启动，1 min 后自动停止。在运转过程中，按下停止按钮 SB1，电动机停止。

（3）过载保护。当出现过载故障时，Q0.0 断电，电动机停止。

思考与练习

1. 在什么情况下允许程序中出现双线圈现象？

2. 应用跳转指令，设计一个电磁阀点动/自锁控制程序。要求：当 I0.0 状态为 ON 时，点动控制；当其状态为 OFF 时，自锁控制。I0.0 连接选择开关，I0.1 连接停止按钮，I0.2 连接启动按钮。

任务 3　应用比较指令实现多台电动机顺序启动

学习目标

¤ 掌握比较指令的应用方法。

¤ 装调多台电动机顺序启动控制电路和程序。

任务引入

比较指令是将两个同类型数据按指定条件进行比较，当比较结果为真时，比较触点接通，去控制相应的对象，否则比较触点分断。在实际应用中，比较指令多应用于上下限控制及数值条件的判断。

本任务就是要应用比较指令实现 5 台电动机的顺序启动，要求每台电动机间隔 5 s 启动。其控制电路如图 3—3—1 所示，输入/输出端口表见表 3—3—1。

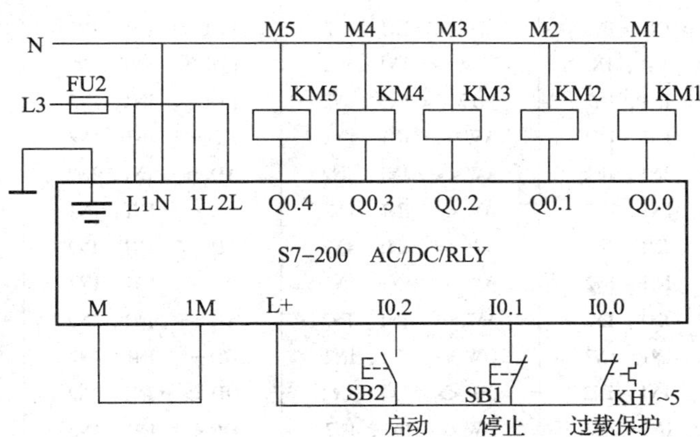

图 3—3—1　5 台电动机控制电路

表 3—3—1　　5 台电动机控制电路输入/输出端口分配表

输入端口			输出端口		
输入继电器	输入元件	作用	输出继电器	输出元件	控制对象
I0.0	KH1 ~ KH5 串联	过载保护	Q0.0	KM1	电动机 M1
I0.1	SB1（常闭触点）	停止	Q0.1	KM2	电动机 M2
I0.2	SB2（常开触点）	启动	Q0.2	KM3	电动机 M3
			Q0.3	KM4	电动机 M4
			Q0.4	KM5	电动机 M5

相关知识

一、比较指令

比较指令的指令格式见表 3—3—2，操作数据类型可以是字节、整数和双整数。字节比较指令用来比较两个无符号数字节 IN1 与 IN2 的大小；整数比较指令用来比较两个字 IN1 与 IN2 的大小，最高位为符号位；双整数比较指令用来比较两个双字 IN1 与 IN2 的大小，最高位为符号位。

表 3—3—2　　比较指令的指令格式

项目	字节比较	整数比较	双整数比较	比较符号
梯形图（以 = = 为例）	IN1 ─┤= =B├─ IN2	IN1 ─┤= =I├─ IN2	IN1 ─┤= =D├─ IN2	
指令表	LDB = IN1，IN2	LDW = IN1，IN2	LDD = IN1，IN2	= 等于
	LDB <> IN1，IN2	LDW <> IN1，IN2	LDD <> IN1，IN2	<> 不等于
	LDB < IN1，IN2	LDW < IN1，IN2	LDD < IN1，IN2	< 小于
	LDB <= IN1，IN2	LDW <= IN1，IN2	LDD <= IN1，IN2	<= 小于等于
	LDB > IN1，IN2	LDW > IN1，IN2	LDD > IN1，IN2	> 大于
	LDB >= IN1，IN2	LDW >= IN1，IN2	LDD >= IN1，IN2	>= 大于等于
	AB = IN1，IN2	AW = IN1，IN2	AD = IN1，IN2	
	AB <> IN1，IN2	AW <> IN1，IN2	AD <> IN1，IN2	
	AB < IN1，IN2	AW < IN1，IN2	AD < IN1，IN2	
	AB <= IN1，IN2	AW <= IN1，IN2	AD <= IN1，IN2	LD 取比较触点
	AB > IN1，IN2	AW > IN1，IN2	AD > IN1，IN2	A 串联比较触点
	AB >= IN1，IN2	AW >= IN1，IN2	AD >= IN1，IN2	O 并联比较触点
	OB = IN1，IN2	OW = IN1，IN2	OD = IN1，IN2	
	OB <> IN1，IN2	OW <> IN1，IN2	OD <> IN1，IN2	
	OB < IN1，IN2	OW < IN1，IN2	OD < IN1，IN2	
	OB <= IN1，IN2	OW <= IN1，IN2	OD <= IN1，IN2	
	OB > IN1，IN2	OW > IN1，IN2	OD > IN1，IN2	
	OB >= IN1，IN2	OW >= IN1，IN2	OD >= IN1，IN2	

二、比较指令应用举例

应用比较指令产生断电 6 s、通电 4 s 的脉冲输出信号，其程序与时序图如图 3—3—2 所示。T37 的预置值为 100，接成自复位电路，产生 10 s 的振荡周期信号。当 T37 的当前值等于或大于 60 时，比较触点接通，Q0. 0 通电，否则 Q0. 0 断电。

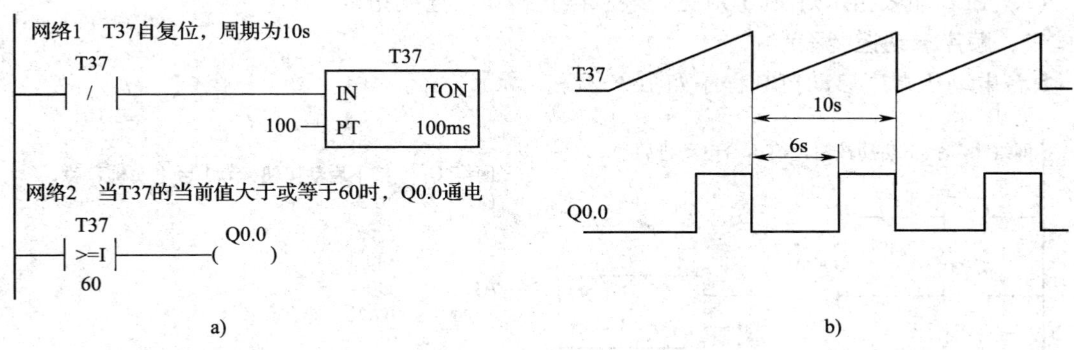

图 3—3—2 比较指令应用举例

a）程序 b）时序图

比较指令可用来产生周期和脉冲宽度可调的矩形波，周期值取决于定时器的预置值，脉冲信号的低电平时间取决于比较指令“LDW >= T37，60”中的第 2 个操作数的值。

任务实施

一、任务准备

本任务为模拟操作，只按图 3—3—1 所示连接控制电路，实施本任务所需要的实训设备见表 3—3—3。

表 3—3—3 **实训设备**

序号	名称	型号规格	数量	单位
1	计算机	安装 STEP 7 - Micro/WIN V 4.0 软件	1	台
2	PLC	S7 - 200 AC/DC/RLY	1	台
3	编程电缆	PC/PPI 或 USB/PPI	1	根
4	电源开关	HZ10 - 10/3	1	只
5	熔断器	RT 系列	1	组
6	接触器	CJX1/N 系列（线圈电压 220 V）	5	个
7	热继电器	JRS 系列，根据电动机自定	5	个
8	按钮	LA10 - 3H	1	个
9	控制板	根据实习设备自定	1	块

二、电路连接

（1）按图 3—3—1 所示在控制板上连接 5 台电动机顺序启动控制线路，暂不连接接触器线圈，待连接无误后接通 PLC 电源。

（2）PLC 输入指示灯 I0.0 应亮，表示 5 个热继电器串联常闭触点与连线正常。

（3）PLC 输入指示灯 I0.1 应亮，表示停止按钮与连线正常。

三、顺序启动控制程序

5 台电动机顺序启动控制程序如图 3—3—3 所示。

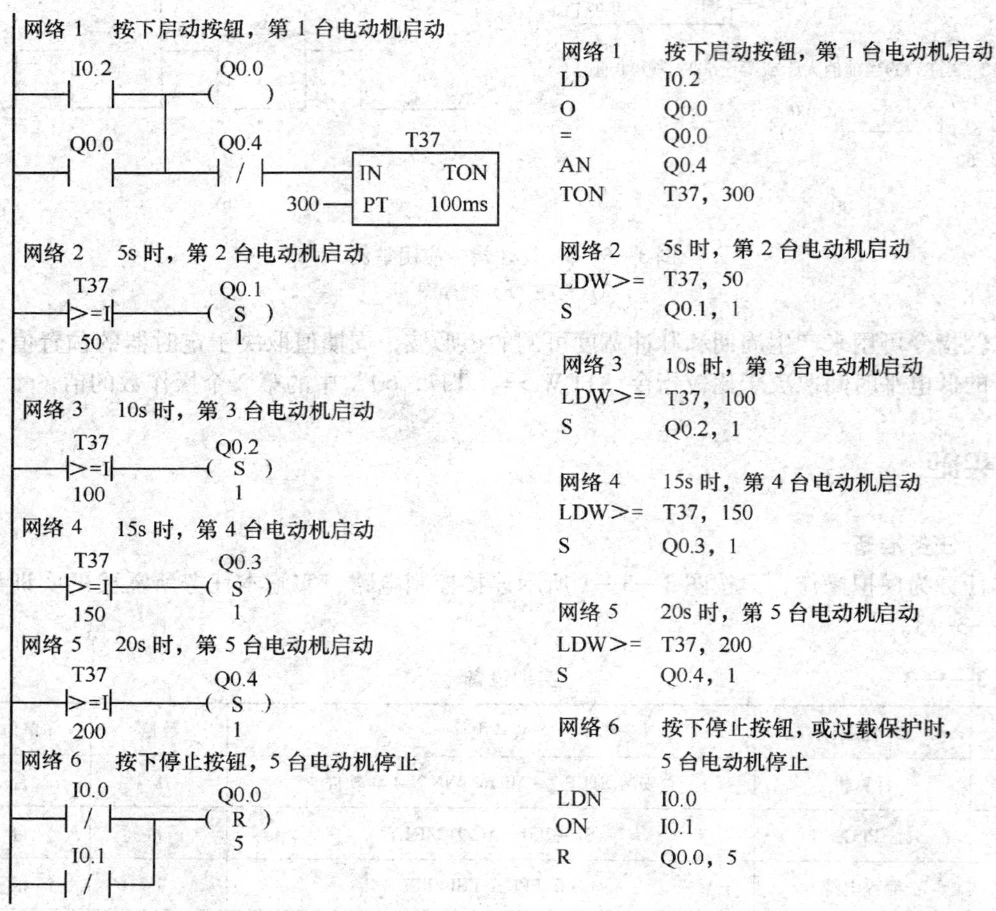

图 3—3—3　5 台电动机顺序启动控制程序

四、程序逻辑测试

接通电源，将图 3—3—3 所示的程序下载到 PLC 并进行程序监控。

（1）Q0.0 ~ Q0.4 间隔 5 s 顺序启动。按下启动按钮 I0.2，Q0.0 和 T37 同时通电。当 T37 延时 5 s 时，Q0.1 通电；当 T37 延时 10 s 时，Q0.2 通电；当 T37 延时 15 s 时，Q0.3 通电；当 T37 延时 20 s 时，Q0.4 通电。

（2）停止。按下停止按钮 I0.1，Q0.0 ~ Q0.4 同时断电。

（3）过载保护。断开 I0.0，Q0.0 ~ Q0.4 同时断电。

五、接线、调试并运行

将接触器线圈 KM1～KM5 分别连接到 PLC 输出端 Q0.0～Q0.4。

（1）5 个接触器间隔 5 s 顺序通电。按下启动按钮 I0.2，KM1 通电。当 T37 延时 5 s 时，KM2 通电；当 T37 延时 10 s 时，KM3 通电；当 T37 延时 15 s 时，KM4 通电；当 T37 延时 20 s 时，KM5 通电。

（2）停止。按下停止按钮 I0.1，KM1～KM5 同时断电。

（3）过载保护。断开 I0.0，KM1～KM5 同时断电。

思考与练习

1. 比较指令中的符号“=、<>、<、<=、>、>=”分别表示什么类型的比较条件？

2. 比较触点在什么情况下接通，什么情况下断开？

3. 试用比较指令编写产生周期为 5 s 方波信号的程序。

4. 某设备有 3 盏指示灯，控制要求如下：当按下按钮 5 s 后，第 1 盏指示灯亮，延时 15 s 后第 2 盏指示灯亮，再延时 20 s 后第 3 盏指示灯亮；再延时 40 s 后，3 盏指示灯同时灭。试用比较指令编写控制程序。

任务 4　认识和应用算术运算指令

学习目标

¤ 掌握加、减、乘、除运算指令的应用方法。

¤ 能利用状态表监控运算数据。

任务引入

在自动化控制中算术运算指令应用很广泛，算术运算指令可以进行整数和实数的“+”“-”“×”“÷”等运算，运算结果影响相应标志位。本任务主要介绍整数的算术运算指令的用法。

相关知识

一、变量存储器 V

变量存储器 V 用来在程序执行过程中存放中间运算结果或者其他数据，可以按位、字节、字或双字来存取 V 中的数据。

二、加法指令 ADD

加法指令 ADD 是对有符号数进行相加操作，即 IN1 + IN2 = OUT，包括整数加法运算和双整数加法运算，其指令格式见表 3—4—1。

表 3—4—1　　**ADD 指令格式**

项　目	整数加法	双整数加法
梯形图	ADD_I EN　ENO IN1　OUT IN2	ADD_DI EN　ENO IN1　OUT IN2
指令表	+I　IN2，OUT	+D　IN2，OUT

1．加法指令 ADD 的说明

（1）IN1、IN2 为参加运算的源操作数，OUT 为存储运算结果的目标操作数。

（2）整数加法运算 ADD_I。将两个单字长（16 位）有符号整数 IN1 和 IN2 相加，运算结果送到 OUT 指定的存储器单元，输出结果为 16 位。

（3）双整数加法运算 ADD_DI。将两个双字长（32 位）有符号双整数 IN1 和 IN2 相加，运算结果送到 OUT 指定的存储器单元，输出结果为 32 位。

（4）整数加法有“MOVW　IN1，OUT”和“+I　IN2，OUT”两条指令表语句，即先将数据 IN1 传送 OUT 地址，然后与数据 IN2 作加法运算，运算结果存储于 OUT 地址。以下各条算术运算指令类同。

2．加法指令 ADD 的应用举例

加法指令 ADD 的应用举例如图 3—4—1 所示。在程序网络 1 中，当 I0. 1 触点接通时，传送常数 -100 到变量存储器 VW10；在程序网络 2 中，当 I0. 2 触点接通时，传送常数 500 到 VW20；在网络 3 中，当 I0. 3 触点接通时，执行加法指令，VW10 中的数据 -100 与 VW20 中的数据 500 相加，运算结果 400 存储到 VW30 中。

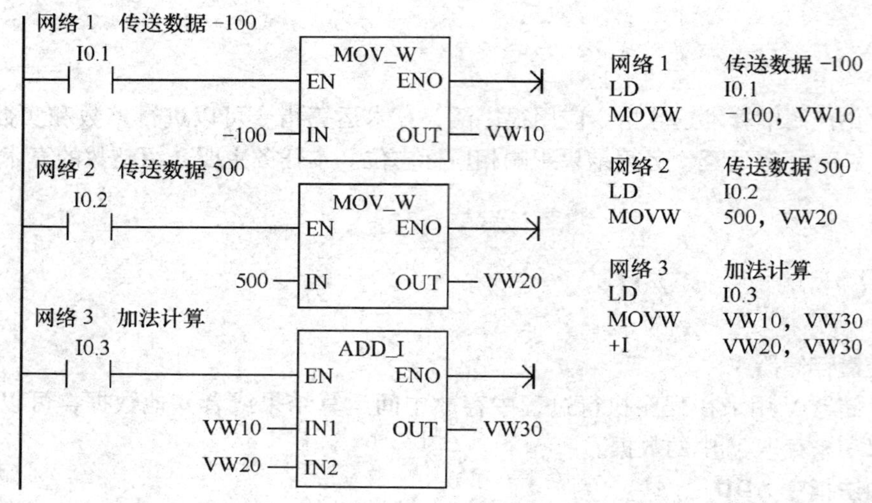

图 3—4—1　加法指令 ADD 的应用举例

3．状态表监控

单击程序指令树状态表，在状态表的地址栏中填入监控对象地址 VW10、VW20、VW30 和零标志位 SM1.0，在状态表的格式栏中可选择“无符号”“有符号”“十六进制”“二进制”“位”等选项。选择程序菜单中“调试”→“开始状态表监控”选项，显示 VW10、VW20、VW30、SM1.0 的当前值分别是 -100、+500、+400、2#0，如图 3—4—2 所示。

	地址	格式	当前值
1	VW10	有符号	-100
2	VW20	有符号	+500
3	VW30	有符号	+400
4	SM1.0	位	2#0

图 3—4—2　加法运算状态表监控

如果两个数据是相反数，相加后结果为 0，则零标志位 SM1.0 = 2#1。

三、减法指令 SUB

减法指令 SUB 是对有符号数进行相减操作，即 IN1 - IN2 = OUT，包括整数减法运算和双整数减法运算，其指令格式见表 3—4—2。

表 3—4—2　SUB 指令格式

项　目	整数减法	双整数减法
梯形图	SUB_I EN　ENO IN1　OUT IN2	SUB_DI EN　ENO IN1　OUT IN2
指令表	-I　IN2，OUT	-D　IN2，OUT

1．减法指令 SUB 的说明

（1）整数减法运算 SUB_I。将两个单字长（16 位）有符号整数 IN1 和 IN2 相减，运算结果送到 OUT 指定的存储器单元，输出结果为 16 位。

（2）双整数减法运算 SUB_DI。将两个双字长（32 位）有符号双整数 IN1 和 IN2 相减，运算结果送到 OUT 指定的存储器单元，输出结果为 32 位。

2．减法指令 SUB 的应用举例

减法指令 SUB 的应用举例如图 3—4—3 所示。在程序网络 1 中，当 I0.1 触点接通时，传送常数 300 到变量存储器 VW10，传送常数 1 200 到 VW20；在程序网络 2 中，当 I0.2 触点接通时，执行减法指令，VW10 中的数据 300 与 VW20 中的数据 1 200 相减，运算结果 -900 存储到变量存储器 VW30。由于运算结果为负数，影响负数标志位 SM1.2 置 1，所以输出继电器 Q0.0 通电。

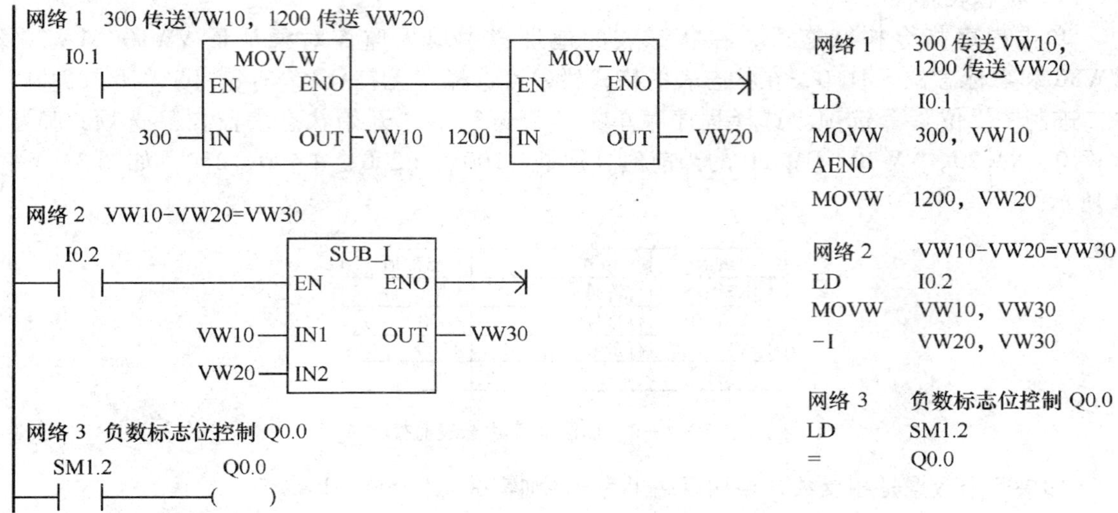

图 3—4—3　减法指令 SUB 的应用举例

减法运算状态表监控如图 3—4—4 所示，状态表中显示存储单元 VW10、VW20、VW30、SM1. 2，其数据分别是 +300、 +1 200、 -900、2#1。

	地址	格式	当前值
1	VW10	有符号	+300
2	VW20	有符号	+1 200
3	VW30	有符号	-900
4	SM1. 2	位	2#1

图 3—4—4　减法运算状态表监控

当作减法运算时，如果零标志位 SM1. 0 为 0，则说明两个操作数 IN1 = IN2；如果负数标志位 SM1. 2 为 1，则说明两个操作数 IN2 > IN1。

四、乘法指令 MUL

乘法指令 MUL 是对有符号数进行相乘操作，即 IN1 × IN2 = OUT，包括整数乘法运算、双整数乘法运算和整数乘法运算双整数输出，其指令格式见表 3—4—3。

表 3—4—3　　MUL 指令格式

项　目	整数乘法	双整数乘法	整数乘法运算双整数输出
梯形图	MUL_I EN　ENO IN1　OUT IN2	MUL_DI EN　ENO IN1　OUT IN2	MUL EN　ENO IN1　OUT IN2
指令表	*I　IN2，OUT	*D　IN2，OUT	MUL　IN2，OUT

1．乘法指令 MUL 的说明

（1）整数乘法运算 MUL_I。将两个单字长（16 位）有符号整数 IN1 和 IN2 相乘，运算结果送到 OUT 指定的存储器单元，输出结果为 16 位。

（2）双整数乘法运算 MUL_DI。将两个双字长（32 位）有符号双整数 IN1 和 IN2 相乘，运算结果送到 OUT 指定的存储器单元，输出结果为 32 位。

（3）整数乘法运算双整数输出 MUL。将两个单字长（16 位）有符号整数 IN1 和 IN2 相乘，运算结果送到 OUT 指定的存储器单元，输出结果为 32 位。

注意：整数数据作乘 2 运算，相当于其二进制形式左移 1 位；作乘 4 运算，相当于其二进制形式左移 2 位；作乘 8 运算，相当于其二进制形式左移 3 位……

2．乘法指令 MUL 的应用举例

处于监控状态的整数乘法运算双整数输出的程序梯形图如图 3—4—5a 所示。当 I0.0 触点接通时，执行乘法指令，乘法运算的结果（10 923 ×12 =131 076）存储在 VD30 目标操作数中，其二进制格式为 0000 0000 0000 0010 0000 0000 0000 0100。

VD30 中各字节存储的数据分别是 VB30 =0、VB31 =2、VB32 =0、VB33 =4；VD30 中各字存储的数据分别是 VW30 = +2、VW32 = +4，状态表监控如图 3—4—5b 所示。

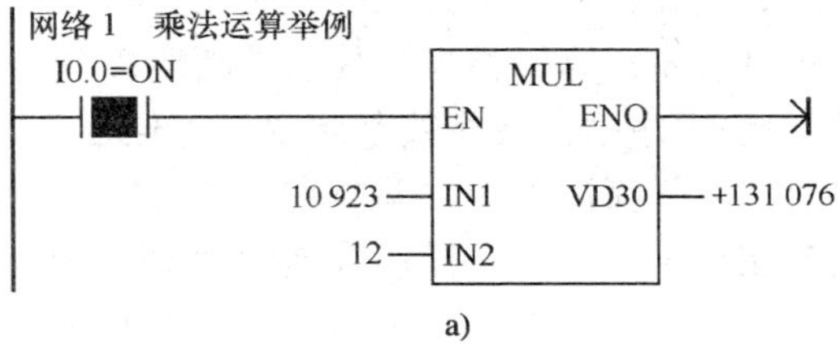

a)

	地址	格式	当前值
1	VD30	有符号	+131076
2	VB30	无符号	0
3	VB31	无符号	2
4	VB32	无符号	0
5	VB33	无符号	4
6	VW30	有符号	+2
7	VW32	有符号	+4

b)

图 3—4—5 乘法指令 MUL 的应用举例

a）监控梯形图 b）状态监控表

五、除法指令 DIV

除法指令 DIV 是对有符号数进行相除操作，即 IN1 ÷IN2 =OUT，包括整数除法运算、双整数除法运算和整数除法运算双整数输出，其指令格式见表 3—4—4。

1．除法指令 DIV 的说明

（1）整数除法运算 DIV_I。将两个单字长（16 位）有符号整数 IN1 和 IN2 相除，运算结果送到 OUT 指定的存储器单元，输出结果为 16 位。

表 3—4—4　DIV 指令格式

项　目	整数除法	双整数除法	整数除法运算双整数输出
梯形图	DIV_I: EN ENO, IN1 OUT, IN2	DIV_DI: EN ENO, IN1 OUT, IN2	DIV: EN ENO, IN1 OUT, IN2
指令表	/I　IN2，OUT	/D　IN2，OUT	DIV　IN2，OUT

（2）双整数除法运算 DIV_DI。将两个双字长（32 位）有符号双整数 IN1 和 IN2 相除，运算结果送到 OUT 指定的存储器单元，输出结果为 32 位。

（3）整数除法运算双整数输出 DIV。将两个单字长（16 位）有符号整数 IN1 和 IN2 相除，运算结果送到 OUT 指定的存储器单元，输出结果为 32 位，其中低 16 位是商，高 16 位是余数。

注意：整数数据作除以 2 运算，相当于其二进制形式右移 1 位；作除以 4 运算，相当于其二进制形式右移 2 位；作除以 8 运算，相当于其二进制形式右移 3 位……

在图 3—4—6a 所示的除法程序中，被除数存储变量存储器 VW0，除数存储变量存储器 VW10。当 I0. 0 触点接通时，执行除法指令，运算结果存储在变量存储器 VD20 中。其中，商存储在 VW22 中，余数存储在 VW20 中，操作数结构如图 3—4—6b 所示。

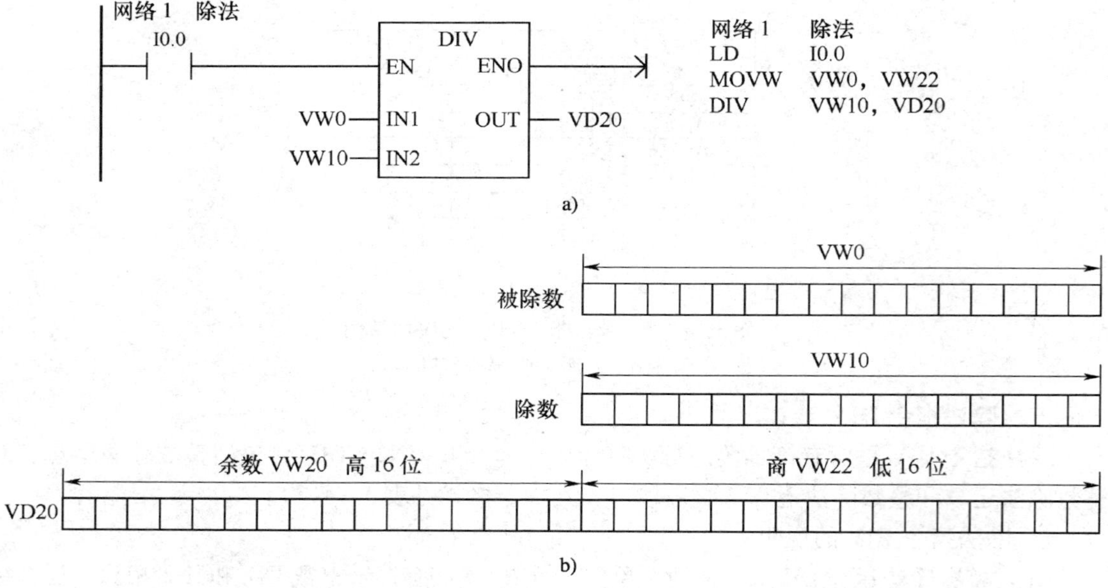

图 3—4—6　整数除法运算双整数输出

a）除法程序　b）操作数结构

2．除法指令 DIV 的应用举例

处于监控状态的除法指令的程序梯形图如图 3—4—7a 所示。当 I0.0 触点接通时，执行除法指令，除法运算的结果（15/2 = 商 7 余 1）存储在 VD30 的目标操作数中。其中，商 7 存储在 VW32，余数 1 存储在 VW30，其二进制格式为 0000 0000 0000 0001 0000 0000 0000 0111。

在 VD30 中，各字节存储的数据分别是 VB30 = 0、VB31 = 1、VB32 = 0、VB33 = 7，各字存储的数据分别是 VW30 = +1、VW32 = +7，状态表监控如图 3—4—7b 所示。

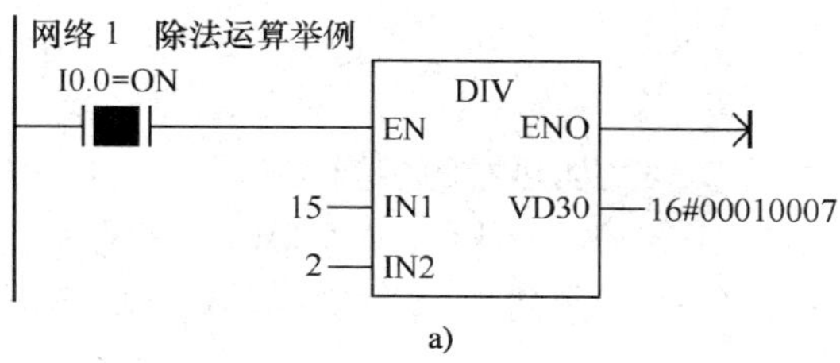

a)

	地址	格式	当前值
1	VD30	有符号	+65543
2	VB30	无符号	0
3	VB31	无符号	1
4	VB32	无符号	0
5	VB33	无符号	7
6	VW30	有符号	+1
7	VW32	有符号	+7

b)

图 3—4—7　除法指令 DIV 的应用举例

a）监控梯形图　b）状态监控表

利用除 2 取余法，可以判断数据的奇偶性，如果余数为 1 则是奇数，若为 0 则是偶数。

思考与练习

1．设计一个程序，将 85 传送到 VW0，23 传送到 VW10，并完成以下操作。

（1）求 VW0 与 VW10 的和，结果送到 VW20 存储。

（2）求 VW0 与 VW10 的差，结果送到 VW30 存储。

（3）求 VW0 与 VW10 的积，结果送到 VW40 存储。

（4）求 VW0 与 VW10 的余数和商，结果送到 VW50、VW52 存储。

2．当常数 +5 与 −5 作 ADD 运算后，标志位 SM1.0 的数据是多少？

3．设某数据为 2#1011 0100，在作乘 2 运算后，运算结果是多少？

4．设某数据为 2#1011 0100，在作除以 8 运算后，运算结果是多少？

任务 5　应用加 1/减 1 指令实现多挡功率调节控制

学习目标

¤ 掌握加 1/减 1 指令的应用方法。
¤ 装调多挡功率调节控制电路和程序。

任务引入

本任务是用加 1/减 1 指令实现某加热器的多挡功率调节控制。加热器的功率调节有 7 个挡位，分别是 0.5 kW、1 kW、1.5 kW、2 kW、2.5 kW、3 kW 和 3.5 kW。每按一次功率增加按钮 SB2，功率上升 1 挡；每按一次功率减少按钮 SB3，功率下降 1 挡；按下停止按钮 SB1，停止加热。

功率调节控制线路如图 3—5—1 所示，其输入/输出端口分配表见表 3—5—1。

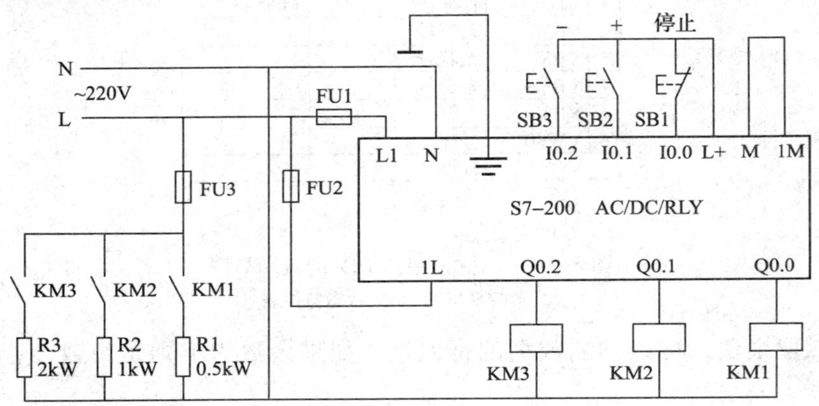

图 3—5—1　功率调节控制线路

表 3—5—1　功率调节控制线路输入/输出端口分配表

输入端口			输出端口		
输入继电器	输入元件	作用	输出继电器	输出元件	电热元件
I0.0	SB1（常闭触点）	停止加热	Q0.0	KM1	R1/0.5 kW
I0.1	SB2（常开触点）	功率增加	Q0.1	KM2	R2/1 kW
I0.2	SB3（常开触点）	功率减小	Q0.2	KM3	R3/2 kW

相关知识

一、加 1/减 1 指令 INC/DEC

加 1/减 1 指令用于自加、自减操作，以实现累计计数或循环控制等，其操作数可以是字节、字或双字，其指令格式分别见表 3—5—2 和表 3—5—3。字节加 1、减 1 操作是无符号数，字和双字加 1、减 1 操作是有符号数。

表 3—5—2　　加 1 指令格式

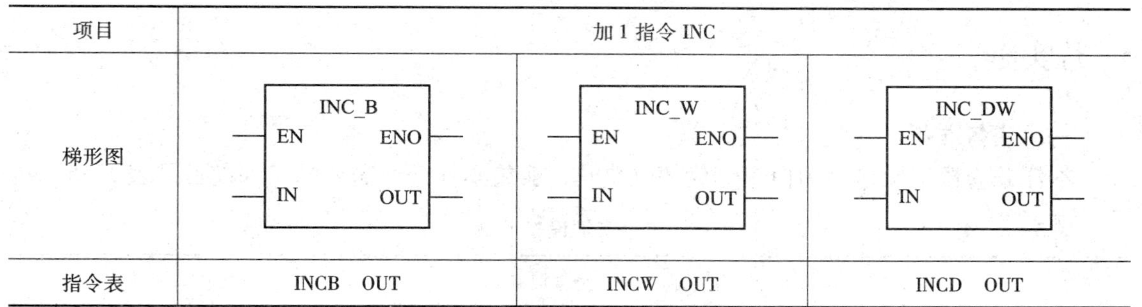

项目	加 1 指令 INC		
梯形图	INC_B EN ENO IN OUT	INC_W EN ENO IN OUT	INC_DW EN ENO IN OUT
指令表	INCB　OUT	INCW　OUT	INCD　OUT

表 3—5—3　　减 1 指令格式

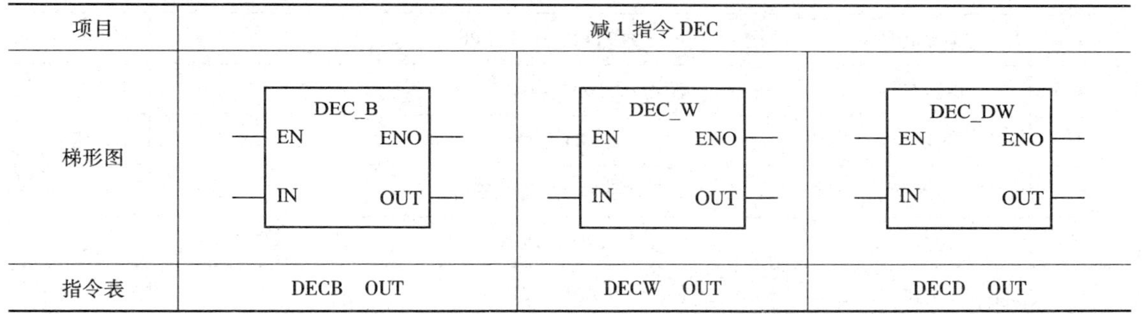

项目	减 1 指令 DEC		
梯形图	DEC_B EN ENO IN OUT	DEC_W EN ENO IN OUT	DEC_DW EN ENO IN OUT
指令表	DECB　OUT	DECW　OUT	DECD　OUT

二、加 1/减 1 指令的应用举例

加 1/减 1 指令的应用举例如图 3—5—2 所示。当按钮操作时，为了控制每次增加或减少的数量为 1，应用脉冲上升沿指令来控制加 1 或减 1 的操作只能执行一次。在开机时，字节

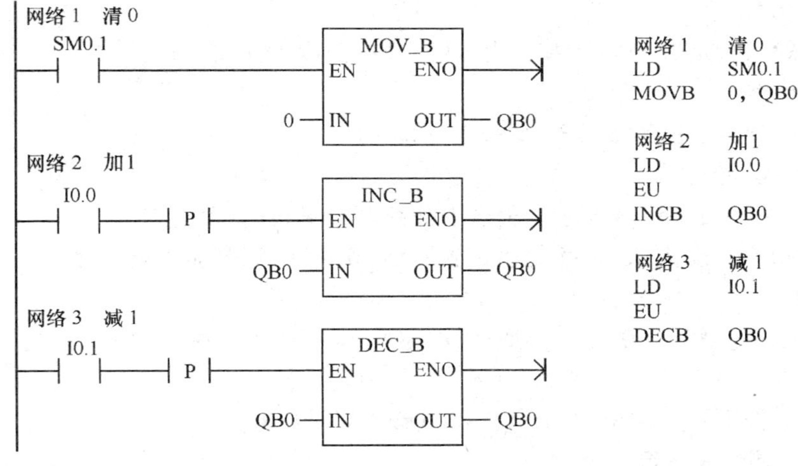

图 3—5—2　加 1/减 1 指令的应用举例

QB0 自动清零。I0.0 触点每接通一次，QB0 的数据被加 1 后存储，即（QB0）+1→（QB0）；I0.1 触点每接通一次，QB0 的数据被减 1 后存储，即（QB0）-1→（QB0），运算结果可以通过输出端口 LED 显示。

任务实施

一、任务准备

本任务为模拟操作，用白炽灯代替电热丝，实施本任务所需要的实训设备见表 3—5—4。

表 3—5—4　　实训设备

序号	名称	型号规格	数量	单位
1	计算机	安装 STEP 7 - Micro/WIN V 4.0 软件	1	台
2	PLC	S7 - 200　AC/DC/RLY	1	台
3	编程电缆	PC/PPI 或 USB/PPI	1	根
4	电源开关	HZ10 - 10/3	1	只
5	熔断器	RT 系列	1	组
6	接触器	CJX1/N 系列（线圈电压 220 V）	3	个
7	白炽灯	220 V/15 W	3	只
8	按钮	LA10 - 3H	1	个
9	控制板	根据实习设备自定	1	块

二、电路连接

（1）按图 3—5—1 在控制板上连接多挡功率调节控制线路，暂不连接接触器线圈，待连接无误后接通 PLC 电源。

（2）PLC 输入指示灯 I0.0 应亮，表示停止按钮与连线正常。

三、控制程序

多挡功率调节控制程序如图 3—5—3 所示。

四、程序逻辑测试

接通电源，将图 3—5—3 所示的程序下载到 PLC 并进行程序监控。

（1）增加功率。触点 I0.1 每接通一次，Q0.0 ~ Q0.2 按加 1 规律通电，直到 Q0.0 ~ Q0.2 全部通电。

（2）减小功率。触点 I0.2 每接通一次，Q0.0 ~ Q0.2 按减 1 规律通电，直到 Q0.0 ~ Q0.2 全部断电。

（3）停止。按下停止按钮 I0.0，Q0.0 ~ Q0.2 同时断电。

五、接线、调试并运行

将接触器线圈 KM1 ~ KM3 分别连接到 PLC 输出端 Q0.0 ~ Q0.2。

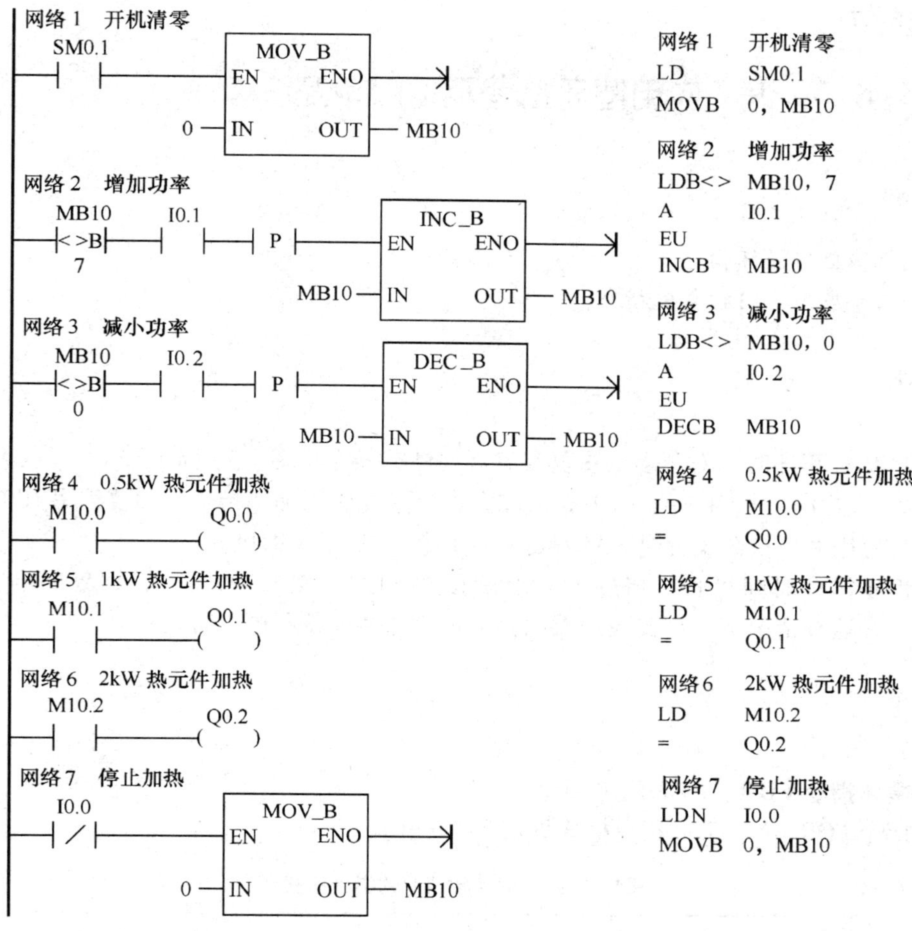

图 3—5—3 多挡功率调节控制程序

（1）增加功率。每按一次增加功率按钮 SB2，KM1 ~ KM3 按加 1 规律通电，直到 KM1 ~ KM3 全部通电。

（2）减小功率。每按一次减小功率按钮 SB3，KM1 ~ KM3 按减 1 规律通电，直到 KM1 ~ KM3 全部断电。

（3）停止。按下停止按钮 SB1，KM1 ~ KM3 同时断电。

思考与练习

1．在图 3—5—3 所示的控制程序中，若开机后先按下功率减小按钮，则会出现什么情况？为什么？

2．在图 3—5—3 所示的控制程序中，若 Q0.0 ~ Q0.2 都通电时继续按下功率增加按钮，则会出现什么情况？为什么？

3．若在图 3—5—3 所示的控制程序网络 2 和网络 3 中去除“EU”指令，则会出现什么情况？为什么？

任务 6　认识和应用循环指令及看门狗复位指令

学习目标

¤ 认识和应用循环指令。

¤ 认识和应用看门狗复位指令。

任务引入

当编写 PLC 程序时，对于多次重复且有规律性的操作步骤，应用循环指令可以大大简化程序。例如，求 0＋1＋2＋3＋…＋100 的和，如果单纯应用加法指令，则要编写 100 个 ADD 指令，但当应用循环指令编程时，只需要编写 1 个 ADD 指令即可。

如果程序循环时间过长，超过了 CPU 默认的扫描周期（500 ms），则程序停止运行，CPU 报警，在这种情况下，需要应用看门狗复位指令才能使程序正常运行。

相关知识

一、循环指令 FOR、NEXT

循环指令 FOR、NEXT 的指令格式见表 3—6—1。

表 3—6—1　　循环指令 FOR、NEXT 的指令格式

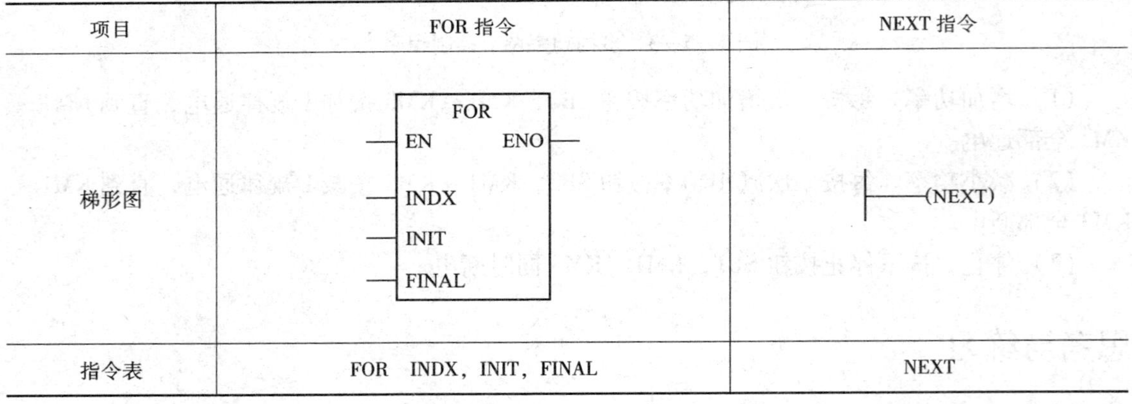

项目	FOR 指令	NEXT 指令
梯形图	FOR EN　ENO INDX INIT FINAL	(NEXT)
指令表	FOR　INDX，INIT，FINAL	NEXT

对循环指令的说明如下：

（1）在循环指令中，“FOR”标记循环开始，“NEXT”标记循环结束，FOR、NEXT 之间的程序被称为循环体。FOR、NEXT 指令必须成对出现，缺一不可。

（2）参数 INDX 为当前循环次数计数器，用来记录循环次数的当前值。

（3）参数 INIT 及 FINAL 用来规定循环次数的初值及终值。例如，如果给定初值（INIT）为 1，终值（FINAL）为 100，那么随着当前计数值（INDX）从 1 增加到 100，FOR 和 NEXT 之间的指令被执行 100 次：

1，2，3，…，100。

如果初值大于终值，则循环体不被执行。每执行一次循环体，当前计数值增加 1，并且将其结果同终值作比较，如果大于终值，则循环结束。

（4）如果在循环体内又包含了另外一个循环，则被称为循环嵌套，循环指令最多允许 8 级循环嵌套。

二、扫描时间标志位

CPU 扫描时间标志位见表 3—6—2，扫描时间单位为 ms。

表 3—6—2　　CPU 扫描时间标志位

SM 字	描述（只读）
SMW22	上次扫描时间
SMW24	当进入 RUN 方式后，所记录的最短扫描时间
SMW26	当进入 RUN 方式后，所记录的最长扫描时间

三、循环指令的应用举例

求 0 + 1 + 2 + 3 + … + 100 的和，将运算结果存入 VD4，并在状态表中监控地址 VD0、VD4 和 SMW26。应用循环指令的求和程序如图 3—6—1 所示，VD0 作为循环增量。

在图 3—6—1 所示的程序中，I0.1 是清零控制端，在循环指令开始前对循环中使用的变量存储器进行清零操作，使 VD4 只能存储程序一个扫描周期的和。当 I0.0 触点接通时循环开始，循环次数 100 次。每循环一次，循环增量 VD0 中的数据自动加 1，VD4 与 VD0 相加，结果存入 VD4。

状态表监控值见表 3—6—3。当求 0 + 1 + 2 + 3 + … + 100 的程序运行后，循环增量 VD0 值为 100，运算结果 VD4 值为 5 050，程序运行最长扫描时间 SMW26 值为 9 ms，未超过 CPU 默认的扫描周期 500 ms，程序可正常运行。

将图 3—6—1 所示循环程序的终值（FINAL）修改为 1 000，当求 0 + 1 + 2 + 3 + … + 1 000 的程序运行后，循环增量 VD0 值为 1 000，运算结果 VD4 值为 500 500，程序运行最长扫描时间 SMW26 值为 80 ms，程序仍可正常运行。

将图 3—6—1 所示循环程序的终值（FINAL）修改为 10 000，当求 0 + 1 + 2 + 3 + … + 10 000 的程序运行后，因为程序运行最长扫描时间已超过 CPU 默认的扫描周期，程序停止运行，CPU 报警。若要解除 CPU 警报，则需要先切断 PLC 电源，然后重新通电开机。

四、看门狗复位指令 WDR

看门狗复位指令 WDR 允许 S7 - 200 CPU 的系统看门狗定时器被重新触发，这样可以在不引起看门狗错误的情况下，增加此扫描允许的时间。如果程序的扫描周期超过 500 ms，就应该使用看门狗复位指令，否则程序停止运行，CPU 报警。

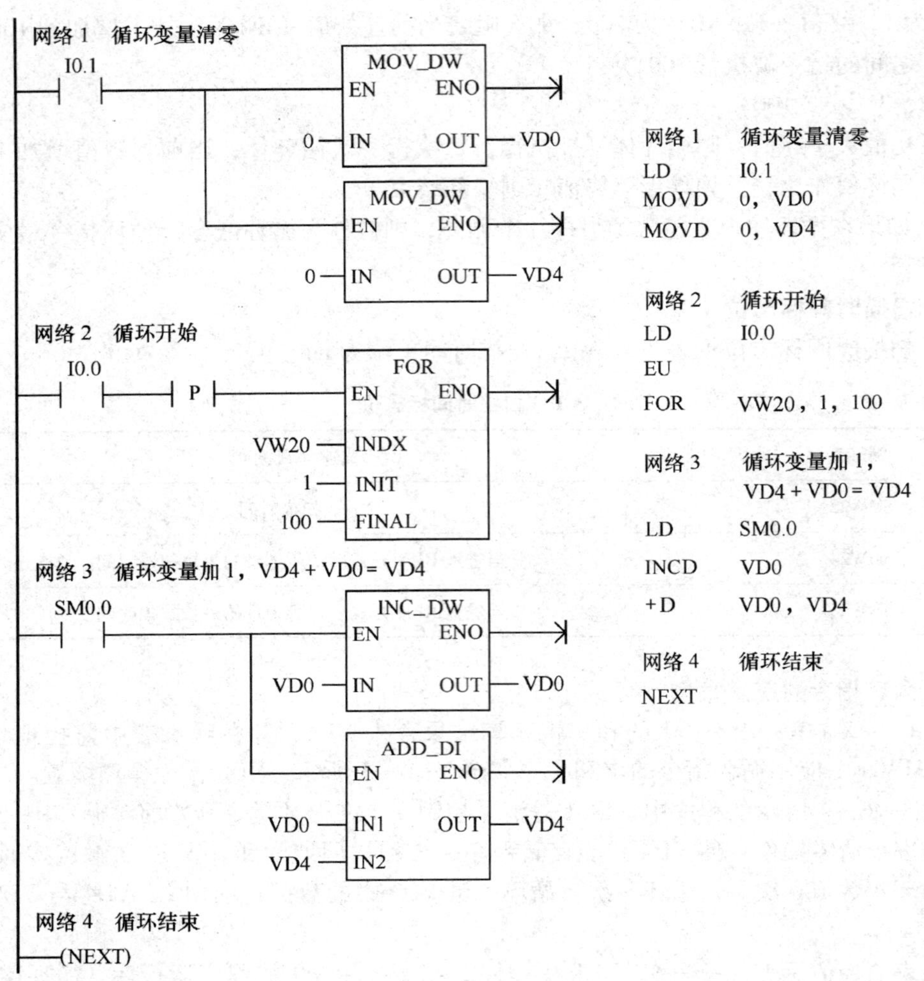

图 3—6—1 应用循环指令的求和程序

表 3—6—3 **状态表监控值**

监控对象	0 + 1 + 2 + 3 + … + 100	0 + 1 + 2 + 3 + … + 1 000	0 + 1 + 2 + 3 + … + 10 000
VD0	100	1 000	10 000
VD4	5 050	500 500	50 005 000
SMW26	9 ms	80 ms	865 ms

应用循环指令和看门狗复位指令编写求 0 + 1 + 2 + 3 + … + 10 000 的程序如图 3—6—2 所示。在程序网络 3 中加入看门狗复位指令 WDR，在每次执行循环体语句时，CPU 的系统看门狗定时器被重新触发。当求和程序运行后，循环增量 VD0 值为 10 000，运算结果 VD4 值为 50 005 000，程序运行最长扫描时间 SMW26 的值为 865 ms。虽然超过 CPU 默认的扫描周期 500 ms，但由于应用了看门狗复位指令 WDR，故程序仍可正常运行。

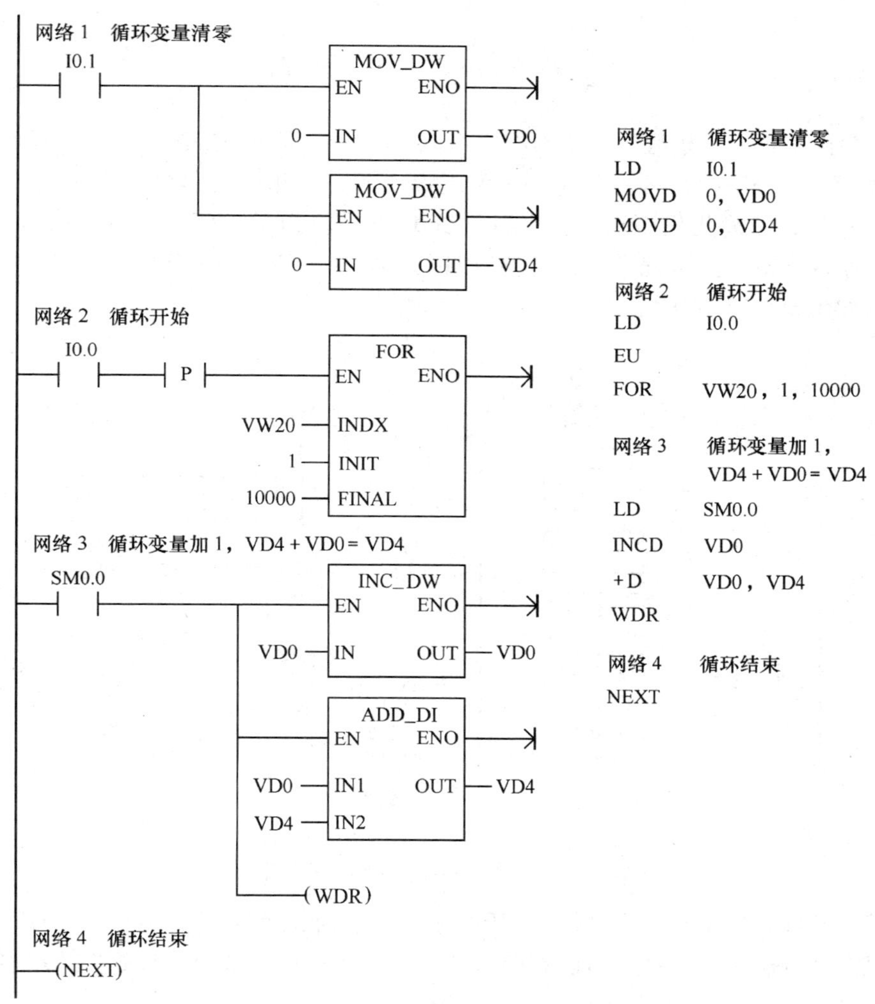

图 3—6—2 应用循环指令和看门狗复位指令编写的求和程序

思考与练习

1. 什么情况下适合应用循环指令 FOR、NEXT?
2. 什么情况下适合应用看门狗复位指令 WDR?
3. 使用循环指令求 0 +1 +2 +3 + … +8 000 的和，并记录程序的最长扫描时间。

任务 7 认识和应用子程序调用指令

学习目标

¤ 认识和应用子程序调用指令。

任务引入

PLC 程序由主程序、子程序和中断程序组成，其中主程序是必需的，子程序和中断程序根据需要设置。在程序中，有时会存在多个逻辑功能完全相同的程序段，如图 3—7—1a 所示的 D 程序段。为了简化程序结构，可以设置 D 程序段为子程序，若需要执行 D 程序段，则调用子程序。当执行完子程序后，自动返回主程序中子程序调用指令的下一条指令。子程序调用结构如图 3—7—1b 所示。

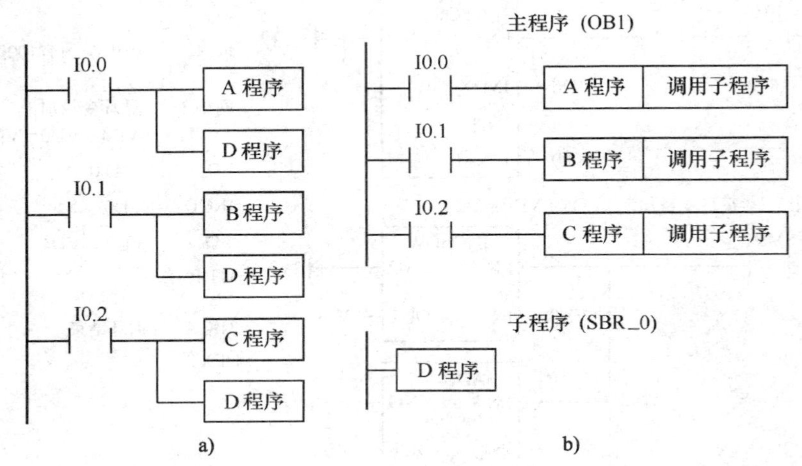

图 3—7—1　子程序调用结构
a）无子程序结构　b）子程序调用结构

STEP 7 - Micro/WIN V4.0 软件在打开程序编辑器时，默认提供一个子程序（SBR_0），用户可以直接在其中输入程序。若要新建一个子程序，则可以选择编程软件菜单栏中的“编辑”→“插入”→“子程序”选项，新建子程序 1（SBR_1）。

相关知识

一、子程序指令 CALL、CRET

子程序调用指令 CALL、条件返回指令 CRET 的指令格式见表 3—7—1。

表 3—7—1　子程序调用指令 CALL、条件返回指令 CRET 的指令格式

项目	子程序调用指令	条件返回指令
梯形图	SBR_N EN	(RET)
指令表	CALL SBR_ N	CRET

对子程序指令说明如下：

（1）CPU226 最多可以创建 128（SBR_0 ~ SBR_127）个子程序，其他 CPU 可以创建 64（SBR_0 ~ SBR_63）个子程序。

（2）如果在子程序中再调用其他子程序，则被称为子程序嵌套，嵌套总数可达 8 级。

（3）系统自动在子程序末尾处加上无条件返回指令。此外，系统还提供了条件返回指令 CRET，根据条件选择是否提前返回调用它的程序。

子程序调用与返回指令程序举例如图 3—7—2 所示。

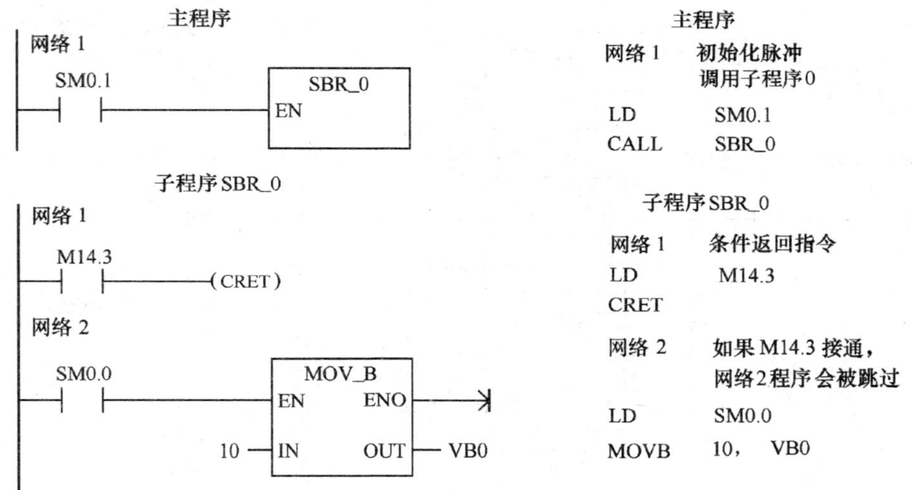

图 3—7—2　子程序调用与返回指令程序举例

二、子程序调用指令应用举例

应用子程序调用指令的程序如图 3—7—3 所示。其程序功能如下：当 I0. 1、I0. 2、I0. 3 分别接通时，将相应的数据传送到 VW0、VW10，然后调用加法子程序；在加法子程序中，将 VW0、VW10 存储的数据相加，运算结果存储在 VW20，用存储数据低字节 VB21 控制输出继电器 QB0。

其程序工作原理如下：

（1）当 I0. 1 触点接通时，将常数 1 和 2 分别传送变量存储器 VW0 和 VW10，然后中断主程序，调用并执行加法子程序 SBR_0。

在加法子程序中，将 VW0 与 VW10 的数据相加，运算结果 3 传送 VW20，然后用 VW20 的低 8 位（VB21）控制输出继电器 QB0，使输出继电器 Q0. 0、Q0. 1 通电，Q0. 2 ~ Q0. 7 断电。

同理，可分析 I0. 2、I0. 3 接通时的工作过程。

（2）当 I0. 4 触点接通时，对输出继电器 QB0 清零。

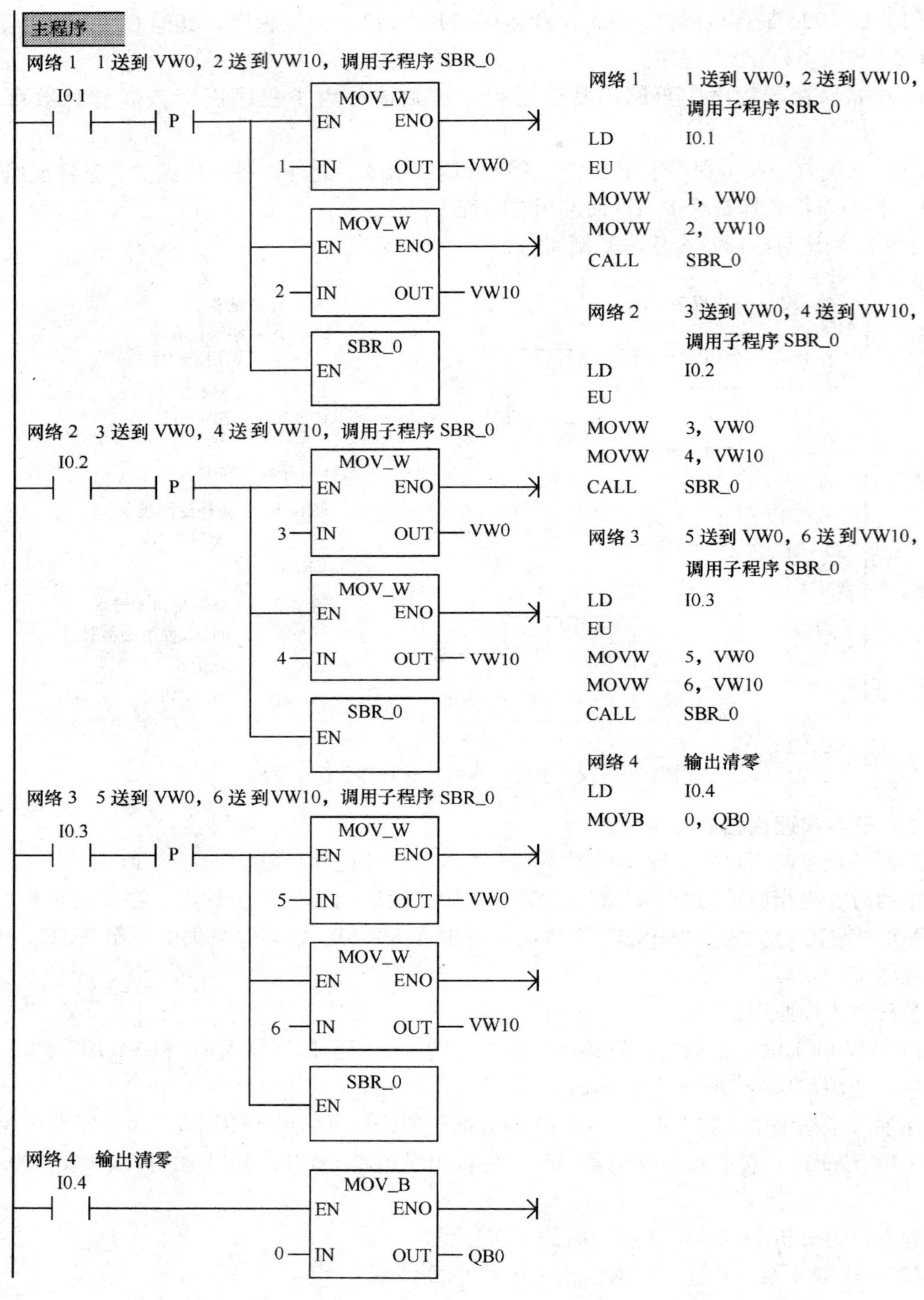


```
网络 1      1 送到 VW0，2 送到 VW10，
            调用子程序 SBR_0
LD          I0.1
EU
MOVW        1，VW0
MOVW        2，VW10
CALL        SBR_0

网络 2      3 送到 VW0，4 送到 VW10，
            调用子程序 SBR_0
LD          I0.2
EU
MOVW        3，VW0
MOVW        4，VW10
CALL        SBR_0

网络 3      5 送到 VW0，6 送到 VW10，
            调用子程序 SBR_0
LD          I0.3
EU
MOVW        5，VW0
MOVW        6，VW10
CALL        SBR_0

网络 4      输出清零
LD          I0.4
MOVB        0，QB0
```

a)

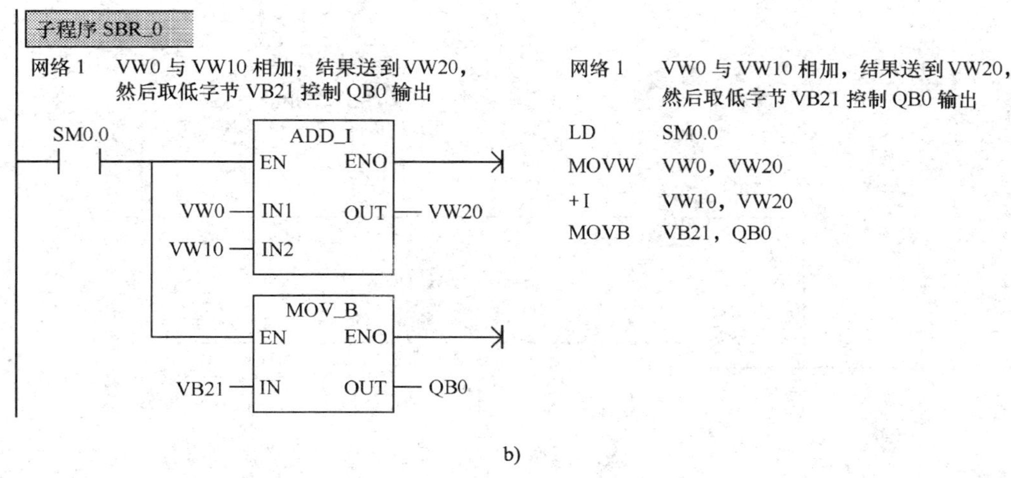

b)

图 3—7—3 应用子程序调用指令的程序
a）主程序 b）子程序

思考与练习

1. 什么情况下适合应用子程序？

2. 怎样新建立子程序 SBR_1？

3. 在图 3—7—2 所示的子程序调用与返回指令程序举例中，如果 M14.3 接通，则还执行传送指令 MOV_B 吗？为什么？

任务 8 应用七段译码指令实现智力竞赛抢答器

学习目标

¤ 熟悉数码管及七段显示码。

¤ 掌握七段译码指令的应用方法。

¤ 能装调多人智力竞赛抢答器控制电路和程序。

任务引入

在工业生产和日常生活中，常采用数码管来显示各种控制参数或运算结果，例如，智力竞赛抢答器等。本任务就是用 PLC 组装一台 5 人智力竞赛抢答器。其具体控制要求如下：当某参赛选手抢先按下按钮时，数码管便显示该选手的代码，同时联锁其他参赛选手的输入信号无效。当主持人按下复位按钮清除显示数码后，比赛才能继续进行。5 人智力竞赛抢答器的控制电路如图 3—8—1 所示，PLC 输出端口 QB0 连接共阴极数码管，使用外部直流电源 24 V，限流电阻的阻值可根据发光亮度调整。

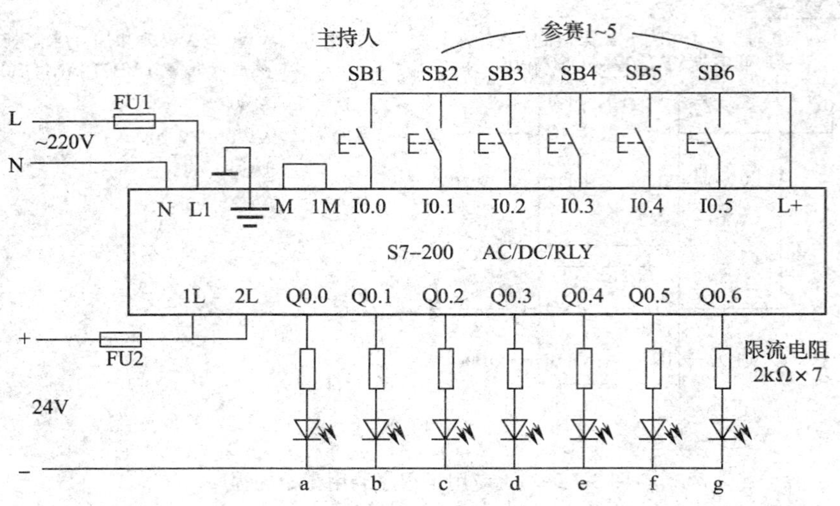

图 3—8—1　5 人智力竞赛抢答器的控制电路

5 人智力竞赛抢答器控制电路需要 6 个输入端口，7 个输出端口。其输入、输出端口的分配表见表 3—8—1。

表 3—8—1　　5 人智力竞赛抢答器控制电路输入/输出端口分配表

输入端口			输出端口	
输入继电器	输入元件	作用	输出继电器	控制对象
I0.0	SB1	主持人复位	Q0.0 ~ Q0.6	a ~ g 七段显示码
I0.1 ~ I0.5	SB2 ~ SB6	参赛选手 1 ~ 5		

相关知识

一、七段数码管与显示代码

七段数码管可以显示数字 0 ~ 9，十六进制数字 A ~ F。图 3—8—2 所示为 LED 组成的七段数码管外形和内部结构。七段数码管分共阳极结构和共阴极结构。以共阴极数码管为例，当七段均接高电平发光时，显示数字“8”，当 a、b、c、d、e、f 段接高电平发光，g 段接低电平不发光时，显示数字“0”。

表 3—8—2 列出了共阴极数码管十进制数码与七段显示电平和显示代码之间的逻辑关系。

二、5 人智力竞赛抢答器控制程序

5 人智力竞赛抢答器控制程序如图 3—8—3 所示，为了体现竞赛的抢时性，用脉冲上升沿指令 EU 控制参赛选手的按钮动作，只有在主持人复位后才有效。

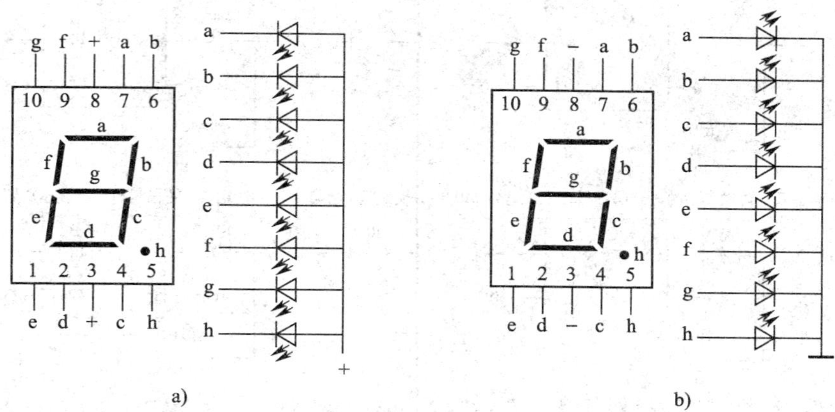

图 3—8—2 七段数码管

a）共阳极结构 b）共阴极结构

表 3—8—2 共阴极数码管十进制数码与七段显示电平和显示代码之间的逻辑关系

十进制数码		七段显示电平							七段显示码
数码	显示图形	g	f	e	d	c	b	a	
0	0	0	1	1	1	1	1	1	16#3F
1	1	0	0	0	0	1	1	0	16#06
2	2	1	0	1	1	0	1	1	16#5B
3	3	1	0	0	1	1	1	1	16#4F
4	4	1	1	0	0	1	1	0	16#66
5	5	1	1	0	1	1	0	1	16#6D
6	6	1	1	1	1	1	0	1	16#7D
7	7	0	1	0	0	1	1	1	16#27
8	8	1	1	1	1	1	1	1	16#7F
9	9	1	1	0	1	1	1	1	16#6F

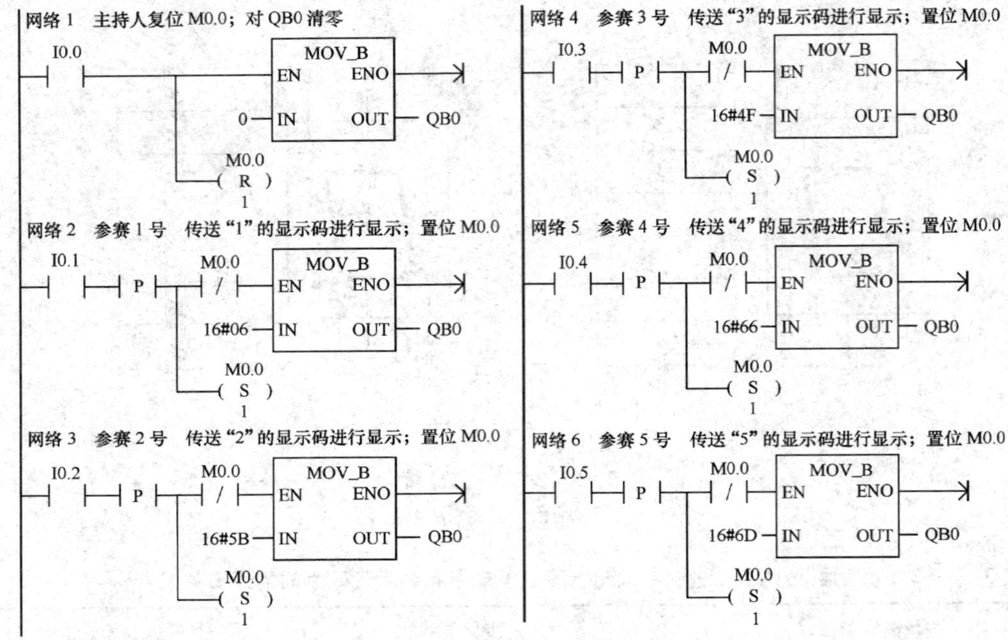

图 3—8—3　5 人智力竞赛抢答器控制程序

（1）程序网络 1。主持人按下复位按钮 I0.0 时，M0.0 复位，输出继电器 QB0 清零，数码管不显示任何数据，表示竞赛开始。

（2）程序网络 2。若参赛选手 1 号抢先按下按钮，I0.1 接通，将“1”的显示码“16#06”传送输出继电器 QB0，驱动相应段发光二极管点亮，显示数码“1”，同时使 M0.0 置位。M0.0 常闭触点断开所有传送数据到 QB0 的支路，因此，QB0 中的数据不再发生变化，起到了联锁作用。其他参赛选手的程序与此类似，只是传送的显示码不同。

将控制电路和程序稍做修改，便可将参赛选手扩大到 9 人。

三、七段译码指令 SEG

在图 3—8—3 所示的程序中，对要显示的数码需要人工计算出七段显示码，其实 PLC 有一条七段译码指令 SEG，可以自动译出待显示数码的七段显示码。其指令格式见表 3—8—3。

表 3—8—3　　SEG 指令格式

梯形图	SEG EN　ENO IN　OUT
指令表	SEG　IN，OUT
描述	当使能输入有效时，将字节型输入数据 IN 的低 4 位有效数字产生相应的七段显示码，并将其输出到 OUT 指定的单元中

对七段译码指令 SEG 说明如下：

（1） IN 为要译码的源操作数，OUT 为存储七段译码的目标操作数。IN、OUT 数据类型为字节（B）。

（2） SEG 指令是对 4 位二进制数译码，如果源操作数大于 4 位，则只对最低 4 位译码。

（3） SEG 指令的译码范围为十六进制数字 0～9、A～F，数字 0～9 的七段译码见表 3—8—2。

七段译码指令 SEG 的应用举例程序如图 3—8—4a 所示，状态表监控如图 3—8—4b 所示。

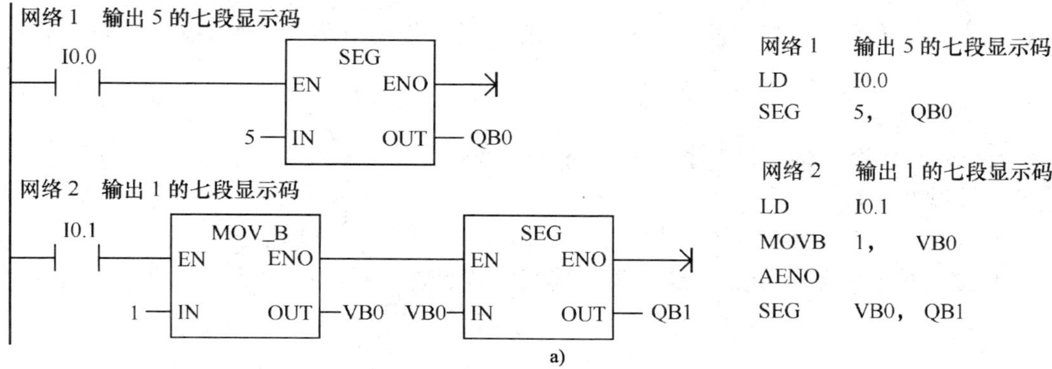

a)

	地址	格式	当前值
1	QB0	二进制	2#0110 1101
2	QB1	二进制	2#0000 0110

b)

图 3—8—4 七段译码指令 SEG 的应用举例

a）程序 b）状态表监控

当 I0.0 接通时，对数字 5 执行七段译码指令，并将译码存入 QB0，即输出继电器 Q0.7～Q0.0 的位状态为 0110 1101。

当 I0.1 接通时，对（VB0）=1 执行七段译码指令，输出继电器 Q1.7～Q1.0 的位状态为 0000 0110。

任务实施

一、任务准备

实施本任务所需要的实训设备见表 3—8—4。

表 3—8—4 **实训设备**

序号	名称	型号规格	数量	单位
1	计算机	安装 STEP 7－Micro/WIN V 4.0 软件	1	台
2	PLC	S7－200 AC/DC/RLY	1	台
3	编程电缆	PC/PPI 或 USB/PPI	1	根

续表

序号	名称	型号规格	数量	单位
4	熔断器	RT 系列	1	组
5	数码管	共阴极，SM120501K－10P	1	个
6	按钮	LA10－1H	6	个
7	控制板	根据实习设备自定	1	块

二、电路连接

按图 3—8—1 在控制板上连接 5 人智力竞赛抢答器控制电路，待连接无误后接通 PLC 电源。

三、控制程序

5 人智力竞赛抢答器控制程序如图 3—8—3 所示。

四、调试并运行

（1）主持人复位。主持人按下复位按钮 SB1，数码管灭，开始抢答。

（2）选手抢答。某参赛选手抢先按下按钮，数码管显示相应的代码；后按下按钮者无效。

思考与练习

1. 应用 SEG 指令译出 0 ~ 9 的七段显示码，并与表 3—8—2 所示的显示码比较它们的异同。

2. 应用 SEG 指令设计一个 9 人智力竞赛抢答器。

任务 9　应用 IBCD 码指令实现停车场空车位数码显示

学习目标

¤ 掌握 IBCD 码转换指令的应用方法。

¤ 装调停车场空车位数码显示控制电路和程序。

任务引入

某停车场最多可停 50 辆车，用两位数码管显示空车位的数量。用出/入传感器检测进出停车场的车辆数目，每进一辆车停车场空车位的数量减 1，每出一辆车停车场空车位的数量增 1。当场内空车位的数量大于 5 时，入口处绿灯亮，允许入场；当其等于和小于 5 时，绿灯闪烁，提醒待进场车辆注意将满场；当其等于 0 时，红灯亮，禁止车辆入场。用 PLC 控制的停车场空车位数码显示电路如图 3—9—1 所示，PLC 需要 2 个输入端，16 个输出端，其输入/输出端口分配表见表 3—9—1。

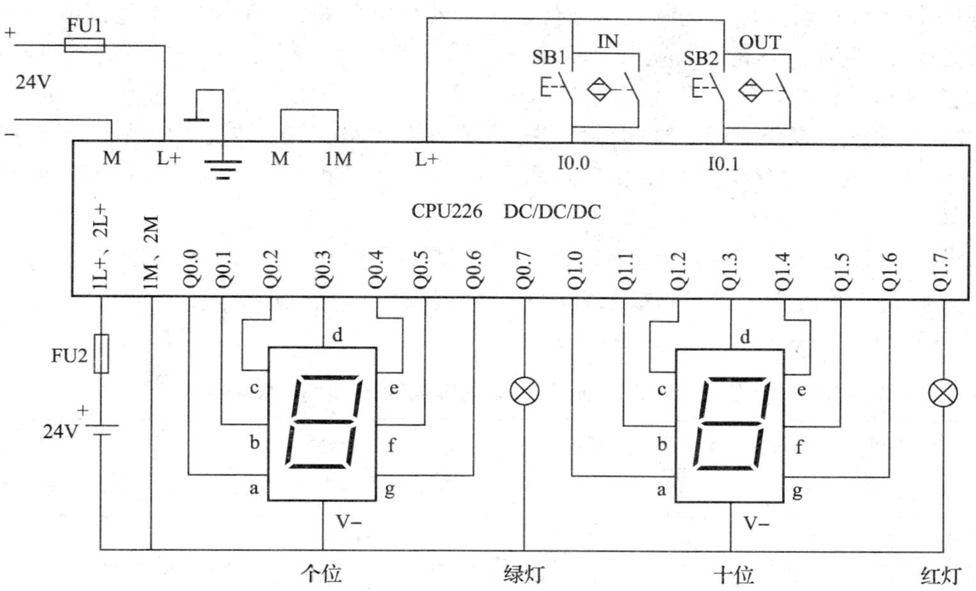

图 3—9—1 用 PLC 控制停车场空车位数码显示电路

表 3—9—1 用 PLC 控制停车场空车位数码显示电路输入/输出端口分配表

输入端口			输出端口	
输入继电器	输入元件	作用	输出继电器	控制对象
I0.0	入口传感器 IN	检测进场车辆	Q0.6 ~ Q0.0	个位数码显示
	SB1	手动调整	Q0.7	绿灯，允许信号
I0.1	出口传感器 OUT	检测出场车辆	Q1.6 ~ Q1.0	十位数码显示
	SB2	手动调整	Q1.7	红灯，禁止信号

在图 3—9—1 中，两线式入口传感器 IN 连接 I0.0，出口传感器 OUT 连接 I0.1。按钮 SB1 和 SB2 用来调整空车位数量。

两位共阴极数码管的公共端 V－连接外部直流电源 24 V 的负极，个位数码管 a ~ g 段连接输出端 Q0.0 ~ Q0.6，十位数码管 a ~ g 段连接输出端 Q1.0 ~ Q1.6，数码管各段限流电阻已内部连接。绿、红信号灯分别连接输出端 Q0.7 和 Q1.7。由于输出动作较频繁，故宜选用晶体管输出型 PLC。

相关知识

一、8421BCD 译码

当显示的数码不止一位时，就要使用多个数码管。以两位数码显示为例，可以显示十进制数值范围为 0 ~ 99。

在 PLC 中，由于参加运算和存储的数据都是以二进制形式存在的。因此，如果直接使用七段译码指令 SEG 对 4 位二进制数据进行译码，就会出现差错。例如，十进制数 21 的二进制形式是 0001 0101，对高 4 位应用 SEG 指令译码，则得到“1”的七段显示码；对低 4 位应用 SEG 指令译码，则得到“5”的七段显示码，显示的数码“15”是十六进制数，而不是十进制数“21”。显然，要想显示“21”，就要先将二进制数 0001 0101 转换成反映十进制进位关系（即逢十进一）的 0010 0001 代码，然后对高 4 位“2”和低 4 位“1”分别用 SEG 指令编出七段显示码。

这种用二进制形式反映十进制进位关系的代码被称为 BCD 码，其中最常用的是 8421BCD 码，它是用 4 位二进制数来表示 1 位十进制数。十进制数、十六进制数、二进制数与 8421BCD 码的对应关系见表 3—9—2。

表 3—9—2　　十进制、十六进制、二进制与 8421BCD 码的对应关系

十进制数	十六进制数	二进制数	8421BCD 码
0	0	0000	0000
1	1	0001	0001
2	2	0010	0010
3	3	0011	0011
4	4	0100	0100
5	5	0101	0101
6	6	0110	0110
7	7	0111	0111
8	8	1000	1000
9	9	1001	1001
10	A	1010	0001 0000
11	B	1011	0001 0001
12	C	1100	0001 0010
13	D	1101	0001 0011
14	E	1110	0001 0100
15	F	1111	0001 0101
16	10	1 0000	0001 0110
17	11	1 0001	0001 0111
20	14	1 0100	0010 0000
50	32	11 0010	0101 0000
150	96	1001 0110	0001 0101 0000
258	102	1 0000 0010	0010 0101 1000

从表 3—9—2 中可以看出，8421BCD 码从低位起每 4 位为一组，高位不足 4 位补 0，每组表示 1 位十进制数码。8421BCD 码与二进制数的表面形式相同，但概念完全不同，虽然在一组 8421BCD 码中，每位的进位也是二进制，但组与组之间的进位则是十进制。

二、8421BCD 码转换指令 IBCD

BCD 码转换指令 IBCD 的梯形图、指令表格式见表 3—9—3。

表 3—9—3　　BCD 码转换指令 IBCD 的梯形图、指令格式

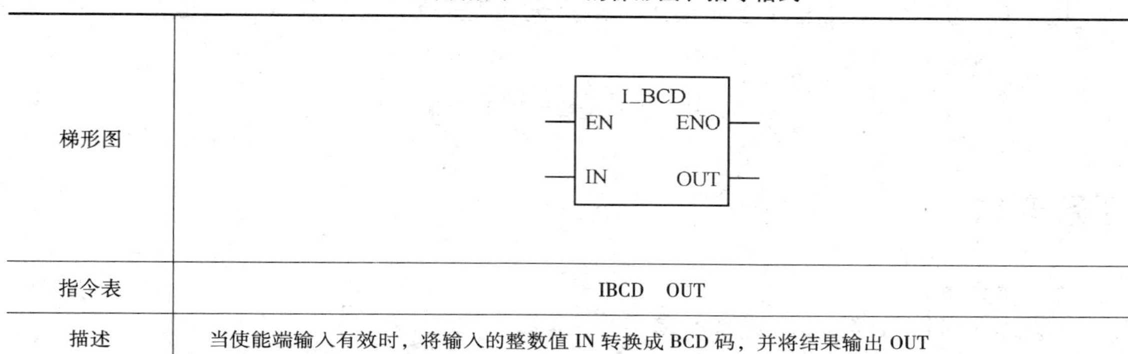

梯形图	I_BCD EN　ENO IN　OUT
指令表	IBCD　OUT
描述	当使能端输入有效时，将输入的整数值 IN 转换成 BCD 码，并将结果输出 OUT

对 IBCD 转换指令说明如下：

（1）IN 为要转换的源操作数（0 ~ 9 999），OUT 为存储 BCD 码的目标操作数。

（2）IBCD 指令是指将源操作数的数据转换成 8421BCD 码并存入目标操作数中。在目标操作数中，每 4 位表示 1 位十进制数，从低至高分别表示个位、十位、百位、千位。

IBCD 指令的应用举例如图 3—9—2 所示。当 I0.0 接通时，先将 5 028 存入 VW0，然后将（VW0）=5 028 转换为 8421BCD 码输出到 QW0。

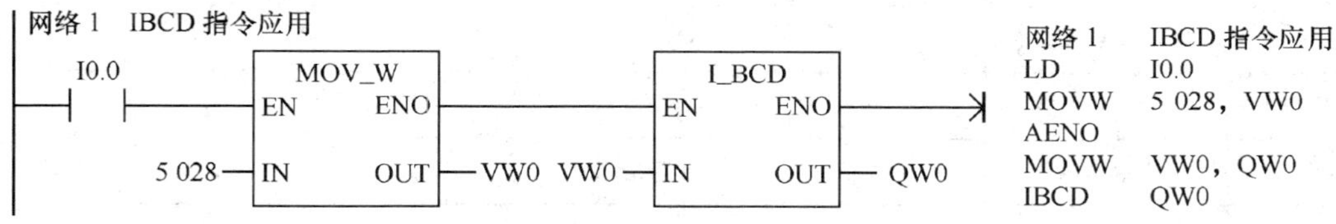

图 3—9—2　IBCD 指令的应用举例

由图 3—9—3 所示的输出数据可以看出，VW0 中存储的二进制数据与 QW0 中存储的 BCD 码完全不同。QW0 以 4 位 BCD 码为 1 组，从高位至低位分别是十进数 5、0、2、8 的 BCD 码。

三、多位十进制数码显示

当显示的十进制数码不止 1 位时，就要并列使用多个数码管。以 2 位数码显示为例，要先用 IBCD 转换指令将二进制数据转换为 8 位 BCD 码（分别为十位 BCD 码和个位 BCD 码），然后将 BCD 码的高 4 位和低 4 位用七段译码指令 SEG 分别译码，最后用高、低位七段译码分别控制十位数码管和个位数码管。

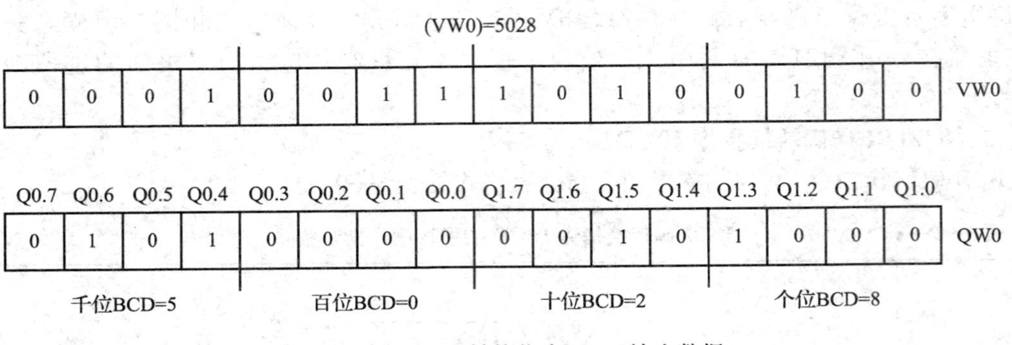

图 3—9—3　BCD 转换指令 IBCD 输出数据

任务实施

一、任务准备

实施本任务所需要的实训设备见表 3—9—4。

表 3—9—4　　**实训设备**

序号	名称	型号规格	数量	单位
1	计算机	安装 STEP 7 - Micro/WIN V 4.0 软件	1	台
2	PLC	S7 - 226　DC/DC/DC	1	台
3	编程电缆	PC/PPI 或 USB/PPI	1	根
4	熔断器	RT 系列	1	组
5	数码管	共阴极，SM120501K - 10P	2	个
6	信号灯	红、绿各 1	2	盏
7	按钮	LA10 - 3H	1	个
8	控制板	根据实习设备自定	1	块

二、电路连接

按图 3—9—1 在控制板上连接停车场空车位数码显示控制电路，待连接无误后接通 PLC 电源。

三、控制程序

停车场控制程序如图 3—9—4 所示。

（1）程序网络 1。初始化脉冲 SM0.1，使空车位数量初值为 50。

（2）程序网络 2。每进 1 车，空车位数量减 1。

（3）程序网络 3。当空车位数量为 0 时，若再继续进车，则不出现负数，而通过传送指令保持空车位数量为 0。

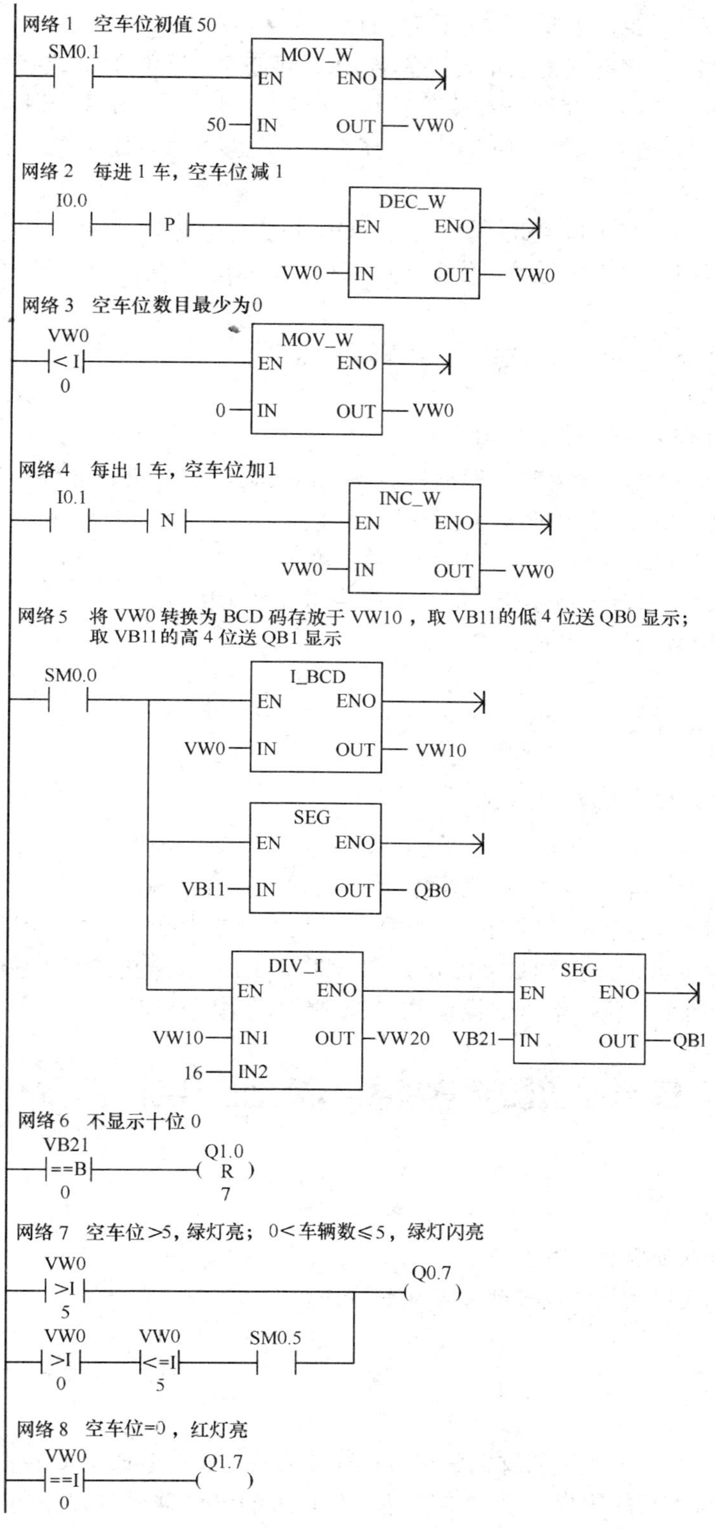

图3—9—4 停车场控制程序

（4）程序网络 4。每出 1 车，空车位数量增 1。

（5）程序网络 5。将空车位数量转换为 BCD 码存储于 VW10 的低位字节 VB11，其中个位码存储于低 4 位，十位码存储于高 4 位；将 VB11 的低 4 位 BCD 码转换为七段显示码送 QB0 显示；通过除以 16 的运算，使 VB11 的高 4 位码右移 4 位至低 4 位，然后转换为七段显示码送 QB1 显示。

（6）程序网络 6。当十位 BCD 码为 0 时，Q1. 0 ~ Q1. 6 复位，不显示十位“0”。

（7）程序网络 7。当空车位数量大于 5 时，绿灯常亮；当空车位数量大于 0 且小于等于 5 时，绿灯闪烁。

（8）程序网络 8。当空车位数量等于 0 时，红灯亮。

四、调试并运行

将图 3—9—4 所示的程序下载到 PLC。

（1）开机。当 PLC 程序运转（RUN）时，数码管显示空车位数量 50，绿灯常亮。

（2）按下按钮 SB1，模拟进车，空车位数量减 1。

（3）按下按钮 SB2，模拟出车，空车位数量增 1。

（4）当空车位数量等于或小于 5 时，绿灯由常亮变为闪烁。

（5）当空车位数量等于 0 时，红灯亮。

思考与练习

1. 写出下列各数的 8421BCD 码。

K35　　K987　　K5679

2. 某生产线工件班产量为 80，用两位数码管显示工件数量。用接入 I0. 0 端的传感器检测工件数量，当工件数量小于 75 时，绿灯亮；当其等于或大于 75 时，绿灯闪烁；当其等于 80 时，红灯亮，1 min 后生产线自动停止。I0. 1/I0. 2 是启动/停止按钮，Q0. 7 是生产线输出控制端，Q1. 7 是指示灯输出端。试设计 PLC 控制线路和控制程序。

任务 10　模拟电位器与累加器 AC 的应用

学习目标

¤ 熟悉模拟电位器和累加器 AC。

¤ 掌握利用模拟电位器调节程序参数的方法。

任务引入

在实际生产中，当生产工艺发生变化时，往往需要调整或修改 PLC 控制程序。解决的方法有两种：一是写入新的用户程序，二是用 PLC 自带的电位器调节程序的相关参数。显然，应用后者更加快捷易行。本任务就来介绍模拟电位器和累加器 AC 的应用。

相关知识

一、模拟电位器

在 S7－200 单元面板的前盖里，CPU221、CPU222 有 1 个模拟电位器 0，CPU224、CPU226 有两个模拟电位器 0 和 1，它们的数值经模数转换电路处理后分别存储于特殊存储器字节 SMB28 和 SMB29 中，数值范围为 0～255。将电位器顺时针旋转时数值增大，逆时针旋转时数值减小。在程序中编入 SMB28 或 SMB29，就可以通过旋转电位器来调节定时器或计数器的设定值以及程序参数。

【例题 3—10—1】设 I0.0 在接通 0～25 s 时间内 Q0.0 状态为 ON，延时时间用模拟电位器 0 进行调节，编写相应的 PLC 程序。

【解】其程序如图 3—10—1 所示，用字节 SMB28 的数值作为定时器 T40 的设定值。当调节模拟电位器 0 时，设定值变化范围为 0～255，所以 T40 的延时时间为 0～25.5 s。

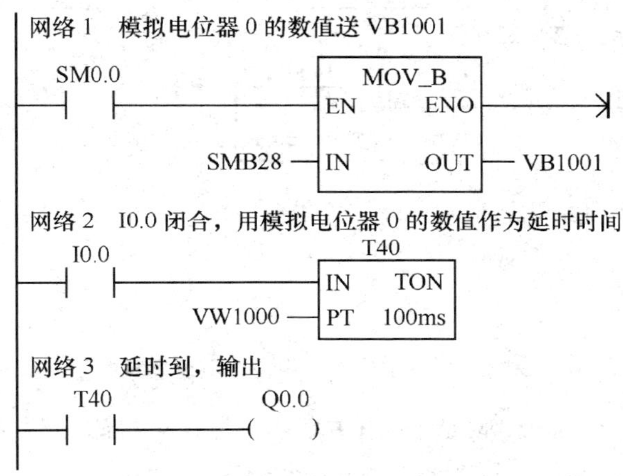

图 3—10—1　例题 3—10—1 使用模拟电位器延时控制程序

二、累加器 AC

累加器是可以像存储器一样使用的读写单元，S7－200 提供 4 个 32 位累加器（AC0～AC3），可以按字节、字或双字的形式来存取累加器中的数据，使用很方便。存取的数据长度由所用的指令决定，当以字节或字的形式存取时，使用累加器的低 8 位或低 16 位；当以双字的形式存取数据时，使用全部 32 位。

【例题 3—10—2】要求 I0.0 在接通 120～150 s 时间内 Q0.0 状态为 ON，延时时间用模拟电位器 1 进行调节，编写相应的 PLC 程序。

【解】若延时时间为 120～150 s，则 100 ms 分辨率定时器的设定值应为 1 200～1 500，计算公式为

$$1\ 200 + (\text{SMB29}) \times 300/255$$

其程序如图 3--10—2 所示，SMB29 只有 1 个字节长，而整数运算指令需要 1 个字（2 字节）长，因此，使用累加器运算比较方便。计算结果存储在 VW10 中，作为 T40 的设定

值。当电位器逆时针旋转到底时，（SMB29）=0，设定值为 1 200，定时时间为 120 s，当电位器顺时针旋转到底时，（SMB29）=255，设定值为 1 500，定时时间为 150 s。

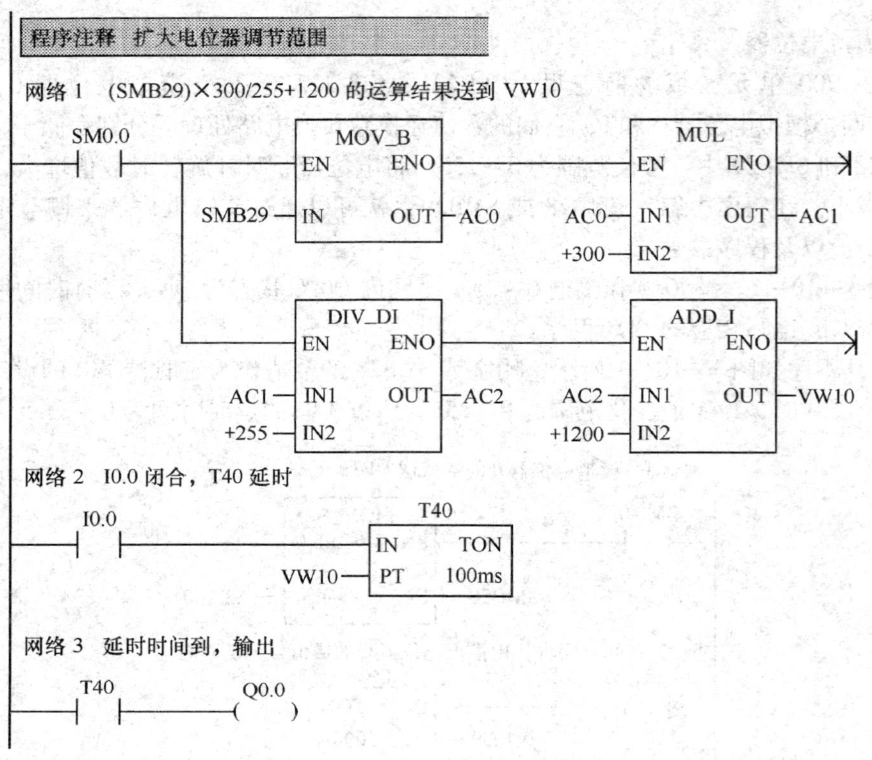

图 3—10—2 例题 3—10—2 使用模拟电位器延时控制程序

为了保证运算的精度，应先乘后除。由于乘法运算结果可能大于一个字所表示的最大正数 32 767，所以使用整数乘法运算双整数输出指令 MUL。

思考与练习

1. PLC 模拟电位器的数值变化范围是多少？

2. 某设备用模拟电位器 0 调节程序运行参数，调节范围为 400 ~ 1 500，试写出计算公式。

3. 要求 I0. 0 在接通 20 ~ 60 s 时间内 Q0. 0 状态为 ON，延时时间用模拟电位器 1 进行调节，试编写相应的 PLC 程序。

课题四　用 PLC 改造继电控制系统

在掌握 PLC 的基本工作原理和编程技术的基础上，就可以结合生产实际，设计和应用 PLC 控制系统，以实现对生产过程的控制。PLC 控制系统与传统的继电器控制系统相比，具有控制能力强、故障率低、控制功能修改方便等优点。近年来，随着 PLC 性价比的不断提高，在新老生产设备上都已广泛采用 PLC 控制系统。

任务 1　应用 PLC 改造 CA6140 车床控制系统

学习目标

¤ 掌握用 PLC 改造继电器控制系统的原则和方法。

任务引入

CA6140 型普通卧式车床在机加工生产中的使用极为广泛，可以加工外圆、内圆、端面、圆锥面、切断及内外螺纹等，本任务用 PLC 控制系统升级改造原 CA6140 车床的继电器控制系统。

机床在运行过程中，其电气设备受到许多不利因素的影响，如机械振动、触点烧蚀或高温、潮湿的环境因素，加上继电器控制系统属于硬件接线逻辑，接点较多，致使继电器控制系统难免出现这样或那样的电气故障而影响机床的正常运行。由于 PLC 控制系统的接点少，加上 PLC 本身软硬件的抗干扰能力较强，所以故障率很低。据统计，PLC 控制系统的故障率只有继电器控制系统故障率的 5%。因此，将传统的继电器控制系统升级改造为 PLC 控制系统，不但可以继续发挥老设备的作用，而且大大减轻了设备电气维修的工作量。

相关知识

一、CA6140 车床继电器控制系统

CA6140 车床继电器控制系统电气原理图如图 4—1—1 所示。主电路电源电压为 380 V，QS 是总电源开关。主电路有主轴电动机 M1、冷却泵电动机 M2 和刀架快速移动电动机 M3，分别由接触器 KM1、KM2 和 KM3 控制。热继电器 KH1、KH2 分别用作 M1 和 M2 的过载保护，因为 M3 工作于点动方式，所以不需要过载保护。各电动机均有熔断器作短路保护。

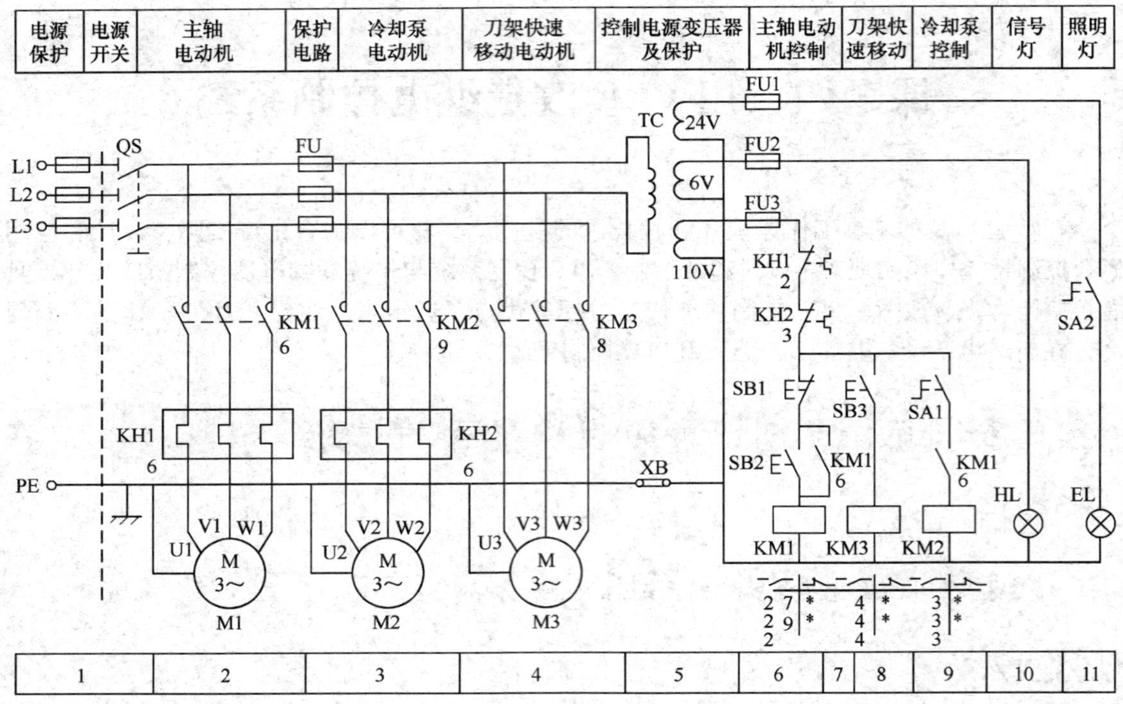

图 4—1—1　CA6140 车床继电器控制系统电气原理图

经控制变压器 TC 降压，控制电路的电源电压为 110 V，熔断器 FU3 作过载短路保护。SB1/SB2 为主轴电动机停止/启动按钮，SB3 为刀架快速移动按钮，SA1 为冷却泵控制开关。

经控制变压器 TC 降压，照明电路的电源电压为 24 V，熔断器 FU1 作过载短路保护，SA2 为照明灯控制开关，EL 为照明灯；信号灯电路的电源电压为 6 V，熔断器 FU2 作过载短路保护，HL 为信号灯。

其工作原理如下：

接通电源开关 QS，信号灯 HL 亮。

（1）主轴电动机启动/停止控制。按下启动按钮 SB2，接触器 KM1 通电自锁，主轴电动机 M1 通电启动；按下停止按钮 SB1，主轴电动机 M1 停止。

（2）冷却泵电动机启动/停止控制。接通开关 SA1，因为 KM1 常开触点已接通，所以接触器 KM2 通电，冷却泵电动机 M2 通电启动；断开开关 SA1，冷却泵电动机 M2 停止。

（3）刀架快速移动。按下点动按钮 SB3，接触器 KM3 通电，刀架快速移动电动机 M3 通电启动；松开点动按钮 SB3，刀架快速移动电动机 M3 停止。

（4）电动机停止。当其运行时，按下停止按钮 SB1，主轴、冷却泵电动机同时停止工作。

（5）过载保护。若热继电器 KH1 或 KH2 过载动作，则电动机 M1、M2、M3 均停止。

（6）照明灯工作。接通开关 SA2，照明灯 EL 亮。

当工作结束后，断开电源开关 QS，信号灯 HL 灭。

二、改造继电器控制系统的原则

若将继电器控制系统升级改造为PLC控制系统，则在满足控制功能的前提下应尽量使用原有的器件，通常按以下原则进行处理。

（1）如果在升级改造中不增加新的控制功能，则主电路保持不变，主电路中的电源开关、断路器、熔断器、热继电器和电动机保留。

（2）对于控制电路中的接触器、电磁阀等负载，如果线圈额定电压为220 V及以下，可保留；如果线圈额定电压为380 V，应更换线圈电压为220 V及以下。

（3）控制电路中的中间继电器、时间继电器、计数装置全部去除，其功能由软件实现。

（4）启动按钮、停止按钮、行程开关、热继电器保留，并且仍使用原来的常开或常闭触头。

（5）酌情保留原控制系统的控制变压器，妥善处理PLC的使用电源。S7－200 AC/DC/RLY型PLC的电源电压范围为交流85～265 V；S7－200DC/DC/DC型PLC的电源电压为直流24 V。

（6）对于原控制系统的一般联锁功能可以用软件联锁来实现，但对于正反转接触器之类的重要联锁，除软件联锁外，还必须具有接触器触头的硬件联锁。

（7）当改造完成后，将PLC控制系统的I/O分配、电气原理图和安装接线图、器件明细表、PLC程序等作为资料保存，以便于今后维修和保养。

任务实施

一、任务准备

实施本任务所需要的实训设备见表4—1—1。

表4—1—1　　实训设备

序号	名称	型号规格	数量	单位
1	计算机	安装STEP 7－Micro/WIN V4.0软件	1	台
2	PLC	CPU222　AC/DC/RLY	1	台
3	编程电缆	PC/PPI或USB/PPI	1	根
4	电源开关	HZ10－10/3	1	只
5	熔断器	RT系列	1	组
6	接触器	CJX1/N系列（线圈电压110 V）	3	个
7	热继电器	JRS系列，根据电动机自定	2	个
8	按钮	LA10－3H	1	个
9	旋钮开关	LAY3－01Y/2	2	个
10	信号灯	ZSD－0、6 V	1	只
11	照明灯	JC11、24 V	1	只
12	电源变压器	380 V/110 V、24 V、6 V	1	个
13	电动机	根据实习设备自定，小功率	3	台
14	控制板	根据实习设备自定	1	块

二、升级 CA6140 车床 PLC 控制系统硬件

1．主电路

由于没有增加新的控制功能，故原主电路保持不变。

2．PLC 控制电路

（1）选择 PLC 类型。PLC 控制系统需要输入信号 5 路，输出信号 3 路，输出控制对象为接触器，因此，选用一台 CPU222 AC/DC/RLY（输入 8 点/输出 6 点）可满足 I/O 点数要求。

（2）PLC 供电电源。原控制变压器 TC 输出的 110 V 电源可以作为 PLC 电源和 PLC 输出端负载电源，原接触器线圈电压为 110 V，可保留。

（3）输入信号。原按钮、旋转开关保留，分别连接 PLC 输入端。为了节省输入点数，两个热继电器的常闭触点串联后连接 PLC 的一个输入端。

3．照明与指示电路

（1）照明电路。照明灯不受 PLC 控制，保留原电路。

（2）信号灯电路。信号灯仅表示车床的通电状态，不受 PLC 控制，保留原电路。

CA6140 车床 PLC 控制系统电气原理图如图 4—1—2 所示，其输入/输出端口分配表见表 4—1—2。

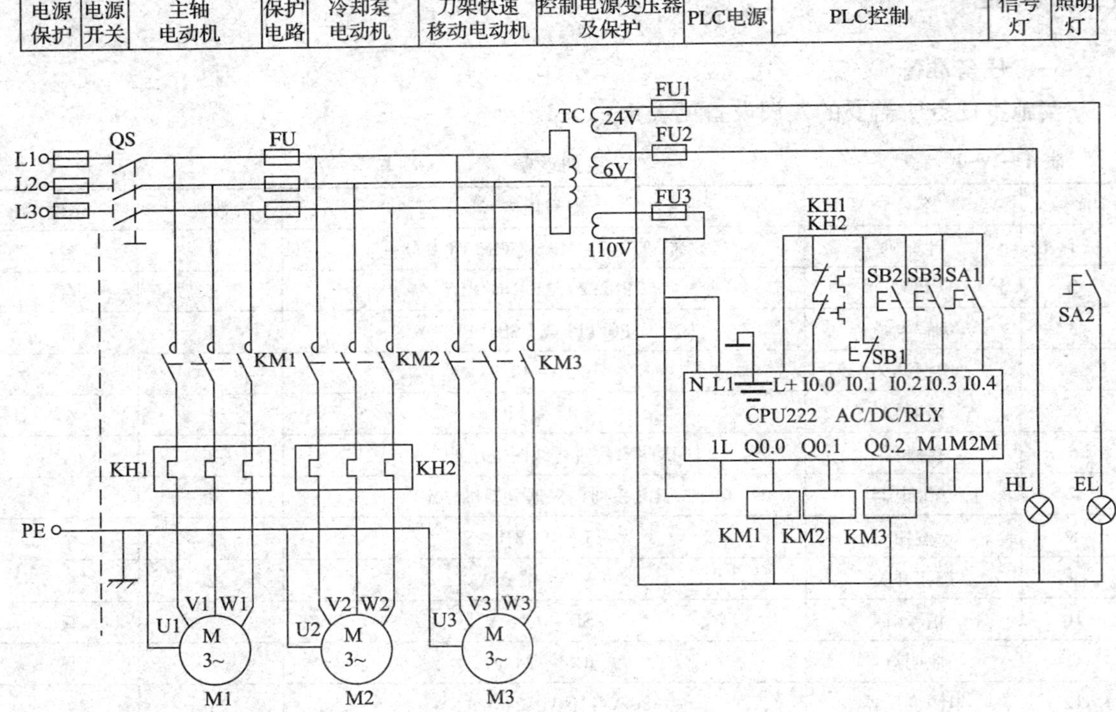

图 4—1—2　CA6140 车床 PLC 控制系统电气原理图

表 4—1—2　　CA6140 车床 PLC 控制系统输入/输出端口分配表

输入端口			输出端口		
输入继电器	输入器件	作用	输出继电器	输出器件	控制对象
I0.0	KH1、KH2 串联	过载保护	Q0.0	KM1	M1
I0.1	SB1（常闭触点）	停止按钮	Q0.1	KM2	M2
I0.2	SB2（常开触点）	主轴启动	Q0.2	KM3	M3
I0.3	SB3（常开触点）	刀架移动			
I0.4	SA1（常开触点）	冷却启动			

三、CA6140 车床 PLC 程序

1. 建立符号表

为了方便识读和修改程序，可对用户程序加入符号表和网络注释。当运行编程软件 STEP 7 - Micro/WIN V4.0 后，单击指令树中“符号表”图标→选择“用户定义 1”选项，如图 4—1—3 所示。

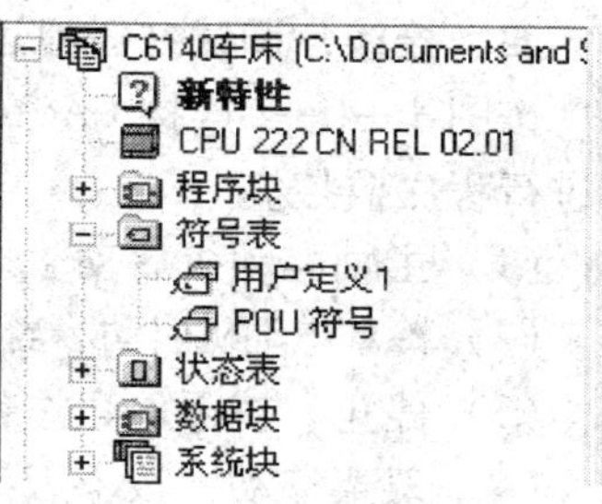

图 4—1—3　单击符号表

程序符号表见表 4—1—3，表中各变量的符号与地址一一对应。例如，符号“过载保护”与地址“I0.0”相对应，两者的逻辑功能完全相同。表中图形 ⌂ 表示符号地址出现重叠，图形 ⌂ 表示符号未使用，通常应避免这两种情况出现。

表 4—1—3　　程序符号表

序号	（重叠）	（未使用）	符号	地址	注释
1			过载保护	I0.0	
2			停止按钮	I0.1	
3			主机启动	I0.2	
4			刀架移动	I0.3	
5			冷却启动	I0.4	
6			主轴电动机	Q0.0	
7			冷却电动机	Q0.1	
8			刀架电动机	Q0.2	

2. 编写 CA6140 车床 PLC 程序

当应用符号表输入变量时，既可以输入地址，也可以输入符号。CA6140 车床 PLC 程序如图 4—1—4 所示，其逻辑功能与继电器控制系统相同。

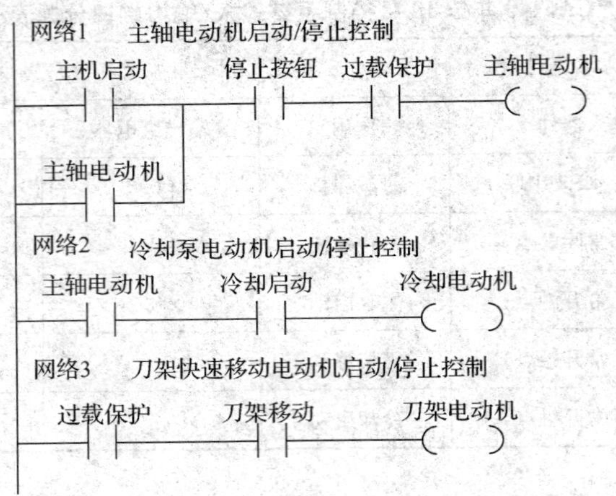

图 4—1—4　CA6140 车床 PLC 程序

四、接线、调试并模拟运行

按图 4—1—2 连接 CA6140 控制线路，接通电源，将图 4—1—4 所示的程序下载到 PLC 并进行程序监控。

(1) 主轴电动机启动。按下主轴启动按钮，主轴电动机通电运转。

(2) 冷却电动机启动。当主轴电动机运转后，接通冷却泵启动开关，冷却泵电动机通电运转。

(3) 停止。按下停止按钮，主轴电动机和冷却泵电动机断电停止。

(4) 刀架移动。按下刀架移动按钮，刀架移动电动机启动；松开刀架移动按钮，刀架移动电动机停止。

(5) 过载保护。当发生过载故障时，3 台电动机断电停止。

思考与练习

1. 在将继电器控制系统升级改造为 PLC 控制系统时，如何处理原有器件？
2. 当编写用户程序时，加上网络注释和符号表有什么优点？

任务 2　设计滑台钻床 PLC 控制系统

学习目标

¤ 掌握 PLC 控制系统的设计步骤。

¤ 掌握移位寄存器指令 SHRB 的应用方法。

任务引入

本任务根据图 4—2—1 所示的滑台钻床工作示意图，进行 PLC 控制系统的软硬件设计及模拟调试。

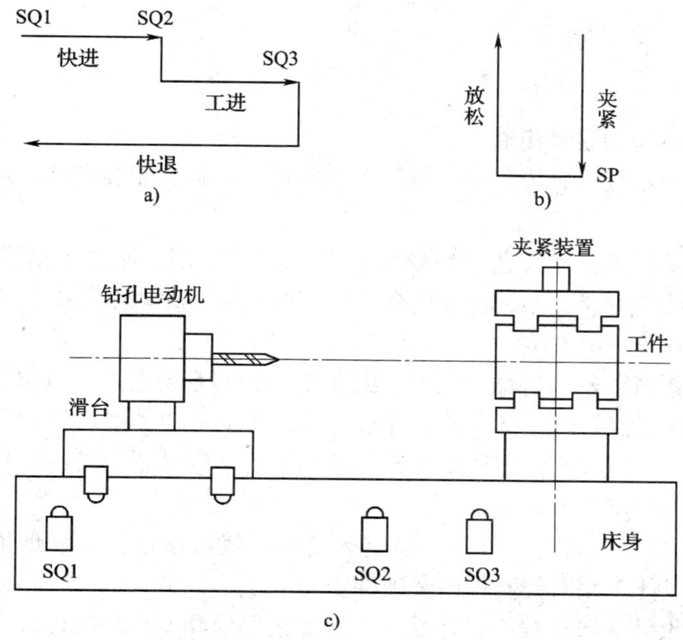

图 4—2—1　滑台钻床工作示意图

a）滑台进给运动　b）工件夹紧运动　c）滑台机床

在图 4—2—1 中，滑台进给运动和工件夹紧运动由液压系统驱动，液压泵电动机为 M1，液压控制电磁阀为 YV1 ~ YV4；工件夹紧压力传感器为 SP；钻孔电动机为 M2；行程开关 SQ1 为滑台原点位置，SQ2 为滑台工进位置，SQ3 为滑台停留和快退位置。

其生产工艺要求如下：

（1）当滑台在原点位置时，按下启动按钮→启动电动机 M1 和 M2→夹紧工件→滑台快进→滑台工进→钻孔完毕滑台停留→滑台快退→返回原点位置停止→松开工件。

卸下加工好工件，装上待加工工件，按下启动按钮后进入下一个循环周期。

（2）若工作台不在原点位置，则按下复位按钮后滑台返回原点位置。

（3）按下停止按钮，负载全部断电停止。

液压系统中各电磁阀的动作顺序见表 4—2—1。

表 4—2—1　　液压系统中各电磁阀的动作顺序

部件 动作	滑台进给电磁阀			夹紧电磁阀
	YV1	YV2	YV3	YV4
夹紧工件	−	−	−	+
滑台快进	+	−	−	+
滑台工进	+	+	−	+
滑台停留	−	−	−	+
滑台快退	−	−	+	+
松开工件	−	−	−	−

相关知识

一、PLC 控制系统的设计步骤

当设计 PLC 控制系统时，为了保证设计系统的可靠运行，需要遵循一定的步骤，具体步骤如下。

（1）熟悉控制对象的生产工艺。在设计 PLC 控制系统前，必须了解该设备需要完成什么样的生产任务、具体生产工艺过程是什么、主要电气部件的动作顺序、各电气部件之间的逻辑关系和联锁关系等。

（2）了解控制系统的输入、输出信号。需要汇总控制系统输入、输出信号的数量，加上 20% 左右的余量，确定需要的 I/O 点数，并且了解这些信号的类型。例如，确定该信号是模拟信号还是开关信号、是直流信号还是交流信号、是低速信号还是高速信号等。当综合考虑上述信息后，就可以确定 PLC 的类型了。

（3）分配 PLC 的 I/O 地址。当 PLC 类型确定后，就可以进行 I/O 地址分配，绘制 PLC 系统电气原理图，以便于编写控制程序及硬件安装。

（4）PLC 程序设计。PLC 程序设计就是根据工艺要求和 I/O 分配地址，依据各个变量的逻辑关系，编写用户程序。在编写中，建议对用户程序加入符号表和网络注释，以方便识读和修改程序。要兼顾硬件和软件的关系，能用软件实现的控制功能，就不用硬件来完成。但是，在安全保障方面，要注意不能仅依靠软件。例如，对电动机的正反转接触器，不但要有软件联锁，还必须有硬件（接触器）联锁。

（5）调试。一般先要进行模拟调试，依据 PLC 输入/输出指示灯的显示进行调试，发现问题及时修改，直到认为符合设计要求为止。此后，就可以接上接触器、电磁阀等负载进行调试，待调试合格后再接上电动机空载调试，并调整电动机的转向。当各个输出端空载调试正常后，最后接上机械负载进行试生产调试，直到完全符合设计要求为止。对于控制系统的功能是否满足生产要求，只有最终经过工业现场的检验才能得出结论。

（6）技术文件的整理。如果控制系统已能正常工作，则接下来的工作就是整理技术文件，将整个控制系统的控制要求、I/O 分配表、电气原理图和安装接线图、器件明细表、PLC 程序等作为资料保存，以便于今后维修、保养和升级。

二、移位寄存器指令 SHRB

本任务用户程序采用移位寄存器指令编写，移位寄存器指令的形式和说明见表 4—2—2。

表 4—2—2　移位寄存器指令的形式和说明

梯形图	指令表	端子说明
SHRB（EN、ENO、DATA、S_BIT、N）	SHRB　DATA，S_ BIT，±N	EN：使能端 ENO：使能输出 DATA：输入数据位 S_BIT：移位寄存器的数据位 N：移位方向和长度

移位寄存器指令说明如下：

（1）当使能端有效时，移位寄存器指令 SHRB 将 DATA 数值移入移位寄存器的数据位，移位寄存器内各位数据皆移动一位。

（2）N 指定移位寄存器的长度和移位方向（移位加 = +*N*，数据从低位移向高位；移位减 = −*N*，数据从高位移向低位）。

（3）移位寄存器的最大长度为 64 位（无论正负）。

在使用移位寄存器指令进行顺序控制时，常使用移位加形式，即数据从低位移向高位。移位前移位寄存器的最低位 S_BIT 指定为 1，输入数据位 DATA 恒为 0，因此，在整个移位过程中，移位寄存器的数据位始终只有一位为 1。

任务实施

一、任务准备

本任务为模拟安装与调试无液压系统，可用接触器代替液压电磁阀动作，并用组合开关代替压力传感器，实施本任务所需要的实训设备见表 4—2—3。

表 4—2—3　实训设备

序号	名称	型号规格	数量	单位
1	计算机	安装 STEP 7 – Micro/WIN V 4.0 软件	1	台
2	PLC	CPU222　AC/DC/RLY	1	台
3	编程电缆	PC/PPI 或 USB/PPI	1	根
4	电源开关	HZ10 – 10/3	1	只
5	熔断器	RT 系列	1	组
6	接触器	CJX1/N 系列（线圈电压 220 V）	6	个
7	热继电器	JRS 系列，根据电动机自定	2	个
8	按钮	LA10 – 3H	1	个
9	组合开关	HZ10	1	个
10	电动机	根据实习设备自定，小功率	2	台
11	控制板	根据实习设备自定	1	块

二、设计滑台钻床 PLC 控制系统硬件

1. 主电路

主电路有液压泵电动机 M1 和钻孔电动机 M2，分别受接触器 KM1 和 KM2 控制，并具有短路和过载保护。

2. PLC 控制电路

（1）选择 PLC 类型。PLC 控制系统需要输入信号 7 路，输出信号 6 路，输出控制对象为接触器和电磁阀，可选用 PLC 类型为 CPU222 AC/DC/RLY（输入 8 点/输出 6 点）。如果考虑 I/O 点余量，则也可选用 CPU224 AC/DC/RLY（输入 14 点/输出 10 点）。

（2）PLC 供电电源。PLC 电源为交流 220 V，熔断器 FU2 作短路保护。

（3）PLC 负载电源。PLC 输出端负载电源为交流 220 V，熔断器 FU2 作短路保护。

3．PLC 电气原理图

滑台钻床 PLC 控制系统电气原理图如图 4—2—2 所示，其输入/输出端口分配表见表 4—2—4。

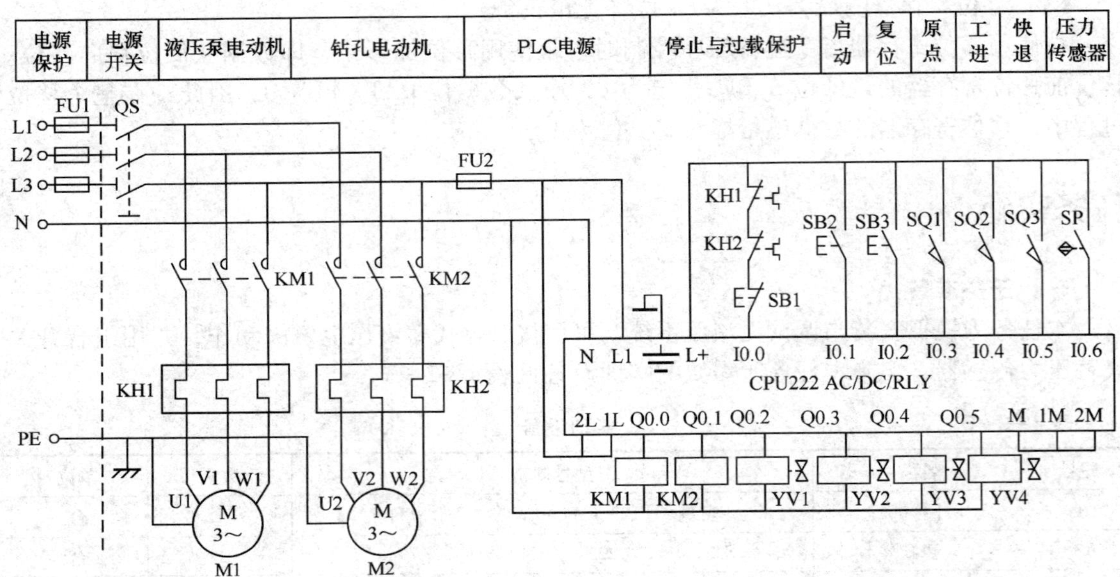

图 4—2—2 滑台钻床 PLC 控制系统电气原理图

表 4—2—4 滑台钻床 PLC 控制系统输入/输出端口分配表

输入端口			输出端口		
输入继电器	输入器件	作用	输出继电器	输出器件	控制对象
I0.0	KH1、KH2、SB1 常闭触点串联	停止与过载保护	Q0.0	KM1	液压泵电动机
I0.1	SB2（常开触点）	启动按钮	Q0.1	KM2	钻孔电动机
I0.2	SB3（常开触点）	复位按钮	Q0.2	YV1	快进电磁阀
I0.3	SQ1（常开触点）	原点位置	Q0.3	YV2	工进电磁阀
I0.4	SQ2（常开触点）	工进位置	Q0.4	YV3	快退电磁阀
I0.5	SQ3（常开触点）	快退位置	Q0.5	YV4	夹紧电磁阀
I0.6	SP（常开触点）	工件夹紧			

三、设计滑台钻床 PLC 程序

1．建立符号表

程序符号表见表 4—2—5。

表 4—2—5　　　　程序符号表

序号			符号	地址	注释
1			停止按钮	I0. 0	
2			启动按钮	I0. 1	
3			复位按钮	I0. 2	
4			原点位置	I0. 3	
5			工进位置	I0. 4	
6			快退位置	I0. 5	
7			工件夹紧	I0. 6	
8			液压电动机	Q0. 0	
9			钻孔电动机	Q0. 1	
10			快进电磁阀	Q0. 2	
11			工进电磁阀	Q0. 3	
12			快退电磁阀	Q0. 4	
13			夹紧电磁阀	Q0. 5	

2. 滑台钻床 PLC 程序

滑台钻床 PLC 程序和注释见表 4—2—6。

表 4—2—6　　　　滑台钻床 PLC 程序和注释

梯形图	注释
程序注释　滑台钻床控制程序 网络1 SM0.1　液压电动机 (R) 6 停止按钮 / 　M10.1 (R) 7 M10.0 (S) 1	SM0. 1 为初始化脉冲，开机复位 当按下停止按钮或过载保护时复位；M10. 0 置位
网络2 复位按钮 P　钻孔电动机 (R) 4 M10.1 (R) 7 液压电动机 (S) 1	当按下复位按钮时液压电动机通电，其余复位

续表

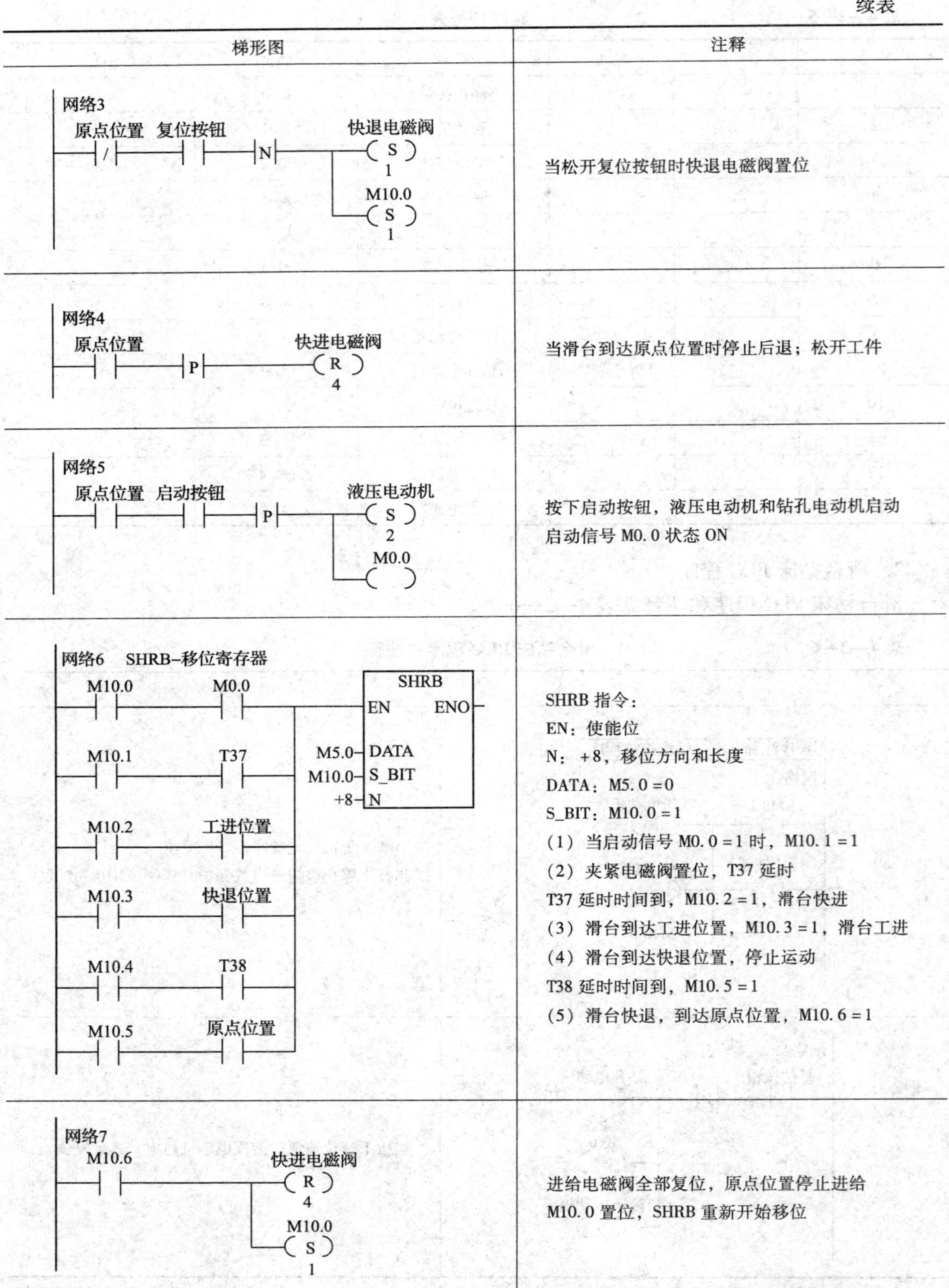

梯形图	注释
网络3 原点位置 复位按钮 N 快退电磁阀 (S) 1 M10.0 (S) 1	当松开复位按钮时快退电磁阀置位
网络4 原点位置 P 快进电磁阀 (R) 4	当滑台到达原点位置时停止后退；松开工件
网络5 原点位置 启动按钮 P 液压电动机 (S) 2 M0.0 ( )	按下启动按钮，液压电动机和钻孔电动机启动 启动信号 M0.0 状态 ON
网络6 SHRB-移位寄存器 M10.0 M0.0 M10.1 T37 M10.2 工进位置 M10.3 快退位置 M10.4 T38 M10.5 原点位置 SHRB: EN ENO; M5.0-DATA; M10.0-S_BIT; +8-N	SHRB 指令： EN：使能位 N：+8，移位方向和长度 DATA：M5.0=0 S_BIT：M10.0=1 （1）当启动信号 M0.0=1 时，M10.1=1 （2）夹紧电磁阀置位，T37 延时 T37 延时时间到，M10.2=1，滑台快进 （3）滑台到达工进位置，M10.3=1，滑台工进 （4）滑台到达快退位置，停止运动 T38 延时时间到，M10.5=1 （5）滑台快退，到达原点位置，M10.6=1
网络7 M10.6 快进电磁阀 (R) 4 M10.0 (S) 1	进给电磁阀全部复位，原点位置停止进给 M10.0 置位，SHRB 重新开始移位

续表

梯形图	注释
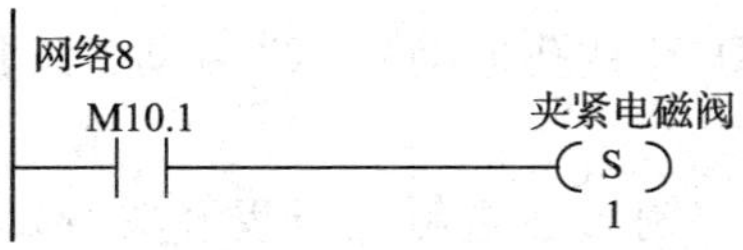 网络8 M10.1 ─┤ ├─ 夹紧电磁阀 (S) 1	夹紧电磁阀置位
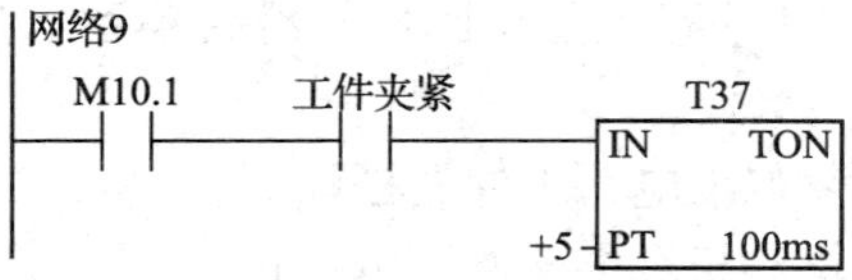 网络9 M10.1 ─┤ ├─ 工件夹紧 ─┤ ├─ T37 IN TON +5 PT 100ms	工件夹紧后延时 0.5 s
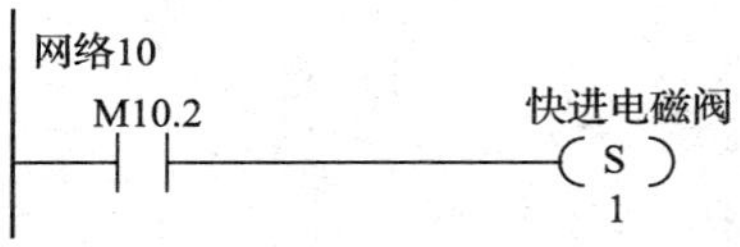 网络10 M10.2 ─┤ ├─ 快进电磁阀 (S) 1	快进电磁阀置位
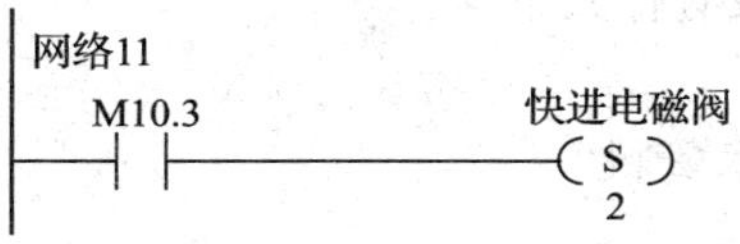 网络11 M10.3 ─┤ ├─ 快进电磁阀 (S) 2	快进与工进电磁阀置位
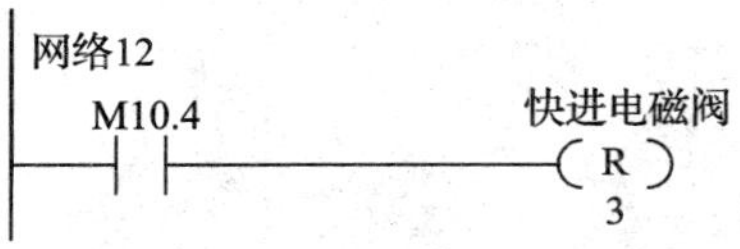 网络12 M10.4 ─┤ ├─ 快进电磁阀 (R) 3	进给电磁阀复位
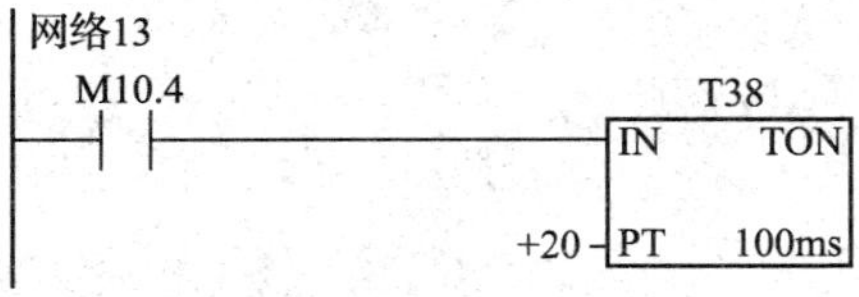 网络13 M10.4 ─┤ ├─ T38 IN TON +20 PT 100ms	滑台停留，延时 2 s
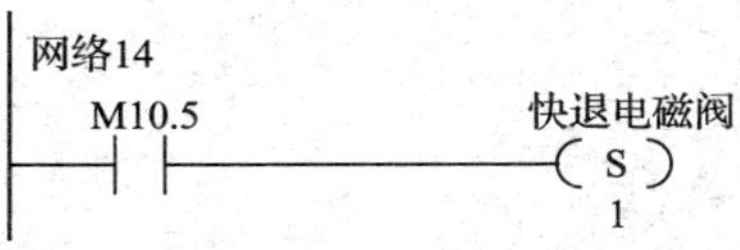 网络14 M10.5 ─┤ ├─ 快退电磁阀 (S) 1	快退电磁阀置位

四、接线、调试并模拟运行

按图 4—2—2 连接滑台钻床 PLC 控制线路，接通电源，将表 4—2—6 所示的程序下载到 PLC 并进行程序监控。

（1）滑台返回原点位置。按下复位按钮 SB3，液压泵电动机 M1 启动；松开复位按钮 SB3，快退电磁阀 YV3 置位，滑台后退。当滑台返回原点位置触动行程开关 SQ1 时，快退电磁阀 YV3 复位，滑台停止。

（2）生产过程。按下启动按钮 SB2，液压泵电动机 M1 和钻孔电动机 M2 启动，工件夹紧电磁阀 YV4 置位。

当工件夹紧并延时 0.5 s 后，快进电磁阀 YV1 置位。当滑台快进触动行程开关 SQ2 时，快进电磁阀 YV1 和工进电磁阀 YV2 同时置位，滑台低速工进，开始钻孔。

当滑台工进触动行程开关 SQ3 时，进给电磁阀 YV1 ~ YV3 复位断电，滑台停留。当滑台停留 2 s 后，快退电磁阀 YV3 置位，滑台快退。

当滑台退回原点位置时，液压电磁阀 YV1 ~ YV4 复位断电，工件放松取下。

（3）停止。按下停止按钮，液压泵电动机、钻孔电动机和电磁阀断电停止。

（4）过载保护。当电动机发生过载故障时，液压泵电动机、钻孔电动机和电磁阀断电停止。

思考与练习

1. 在应用移位寄存器指令 SHRB 时，移位加和移位减有什么不同？
2. 如何调试 PLC 控制系统？
3. 当完成 PLC 控制系统的设计后，需要整理哪些技术资料？

课题五　PPI 网络控制

任务　实现两台 PLC 网络控制

学习目标

¤ 熟悉 PPI 网络通信。

¤ 利用指令向导建立网络子程序。

¤ 装调 PLC 网络通信连接和控制程序。

任务引入

现代工业生产线往往由多台相互关联的生产设备所构成，由于各设备之间需要按生产工艺协调动作，所以控制这些设备的 PLC 并不是独立的，而是利用通信网络形成集中控制。在网络中起着指挥作用的 PLC 被称为主站，处于服从地位的 PLC 被称为从站，从而形成“主站集中指挥、从站分散控制”的模式。

本任务的目的是要实现网络中主、从两台 PLC 的通信，其中主站接入启动/停止按钮，从站未接入按钮。其控制要求如下：按下启动按钮 I0.0，主站输出继电器 Q0.0 通电；当延时 5 s 后，从站输出继电器 Q0.0 通电；当再延时 10 s 后，主站输出继电器 Q0.1 通电。按下停止按钮 I0.1，主、从站输出继电器全部断电。

相关知识

一、PPI 网络通信

PPI 是一种主 - 从通信协议，该协议支持一个网络上的 127 个地址（0 ~ 126），为了通信正常，网络上所有通信器件必须具有不同的地址。在单主站网络中，运行 STEP 7 - Micro/WIN V 4.0 编程软件的计算机地址为 0，通常主站地址可以设置为 1，从站地址可以设置为 2、3、4、…、126。主站分时读写各从站数据，从站并无读写操作。

S7 - 200 系列 PLC 安装有串行通信口，具有很强的通信能力。CPU221、CPU222、CPU224 为一个 RS - 485，定义为 P0。CPU226 为两个 RS - 485，定义为 P0 与 P1，这两个端口各有一个网络地址。RS - 485 采用一对平衡差分信号线，以两线间的电压差为 +2 ~ +6 V 表示逻辑状态“1”，以两线间的电压差为 -2 ~ -6 V 表示逻辑状态“0”。RS - 485 为半双工接口，不能同时发送和接收。由于 RS - 485 具有远距离、多节点（32 个）、抗共模能力强、抑制噪声干扰性好以及传输线成本低等特性，故使得 RS - 485 成为工业生产中数据传输的首选标准。

西门子公司提供了两种网络连接器，用于连接 RS－485 接口设备。两种网络连接器结构相同，其中一种外带编程口，可以在不影响现有网络连接的情况下，再连接一个编程站到网络中。图 5—1 所示为网络电缆与网络连接器的连接、偏置及终端。由图 5—1 可见，每个网络连接器中配有两组连接端子 A、B，分别连接输入及输出电缆。网络连接器配有网络偏置和终端匹配选择开关，图 5—1 中给出了网络连接器偏置电阻和终端电阻的典型值。接在网络端部连接器的选择开关应设为 ON（在通信距离很短的情况下，可将选择开关设为 OFF）。

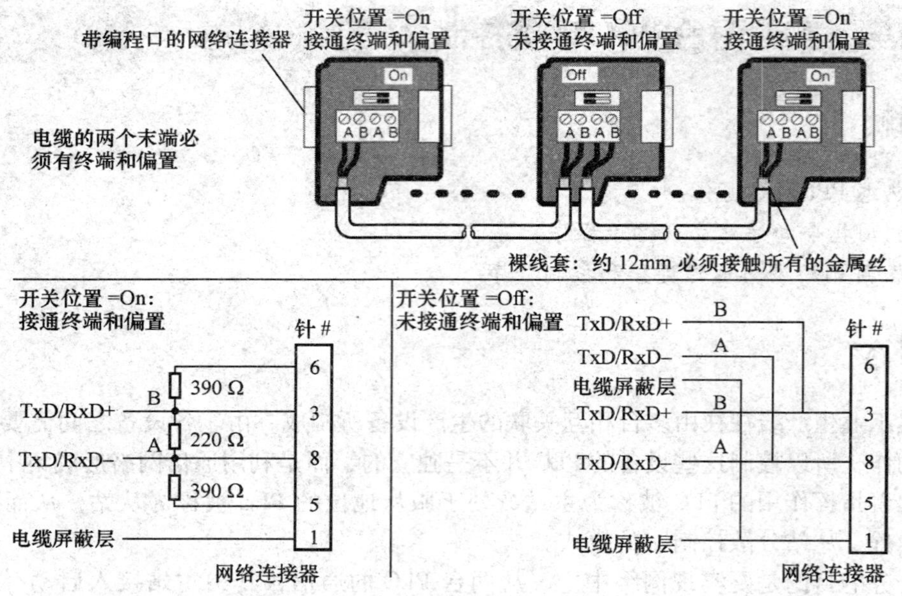

图 5—1　网络电缆与网络连接器的连接、偏置及终端

二、连接 PPI 网络

如图 5—2 所示，两台 S7－200 系列 PLC 与计算机组成了一个 PPI 网络。用带编程口的网络连接器连接两站 PLC 的通信端口 0，用 PC/PPI（或 USB/PPI）多主站电缆连接计算机与网络连接器的编程口。此时，计算机地址为 0，主站地址为 1，从站地址为 2。在计算机上操作 STEP 7－Micro/WIN V 4.0 编程软件时，可分别向主站 PLC 或从站 PLC 下载或上传用户程序。

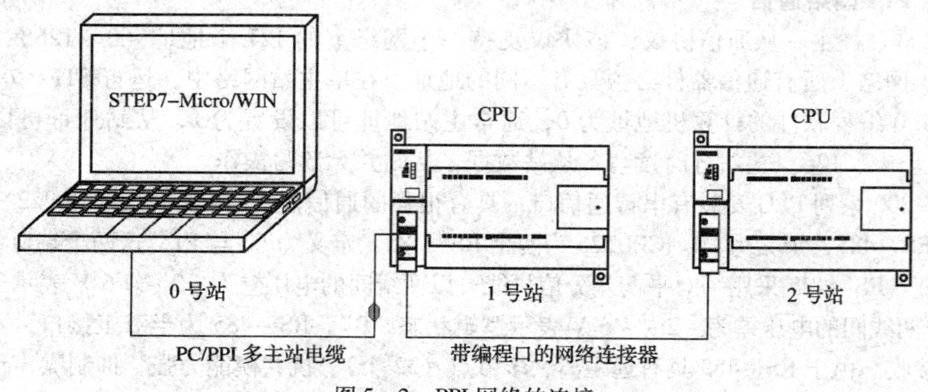

图 5—2　PPI 网络的连接

作为实验室应用，也可以用标准的9针D型连接器制作网络连接器，并用双绞线屏蔽电缆连接两个9针D型连接器，其中3脚与3脚连接，8脚与8脚连接，屏蔽线焊接外壳，如图5—3所示。

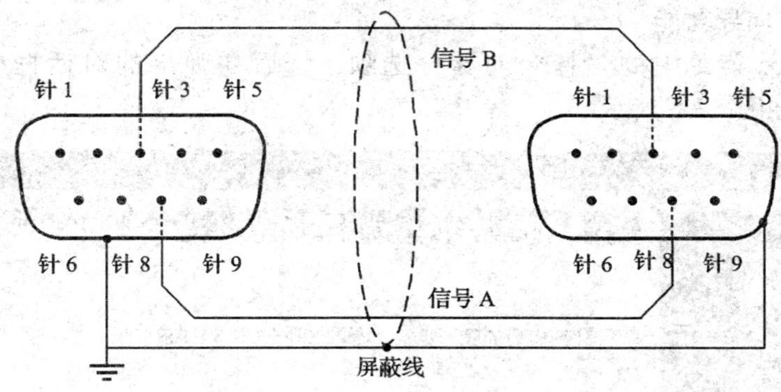

图5—3 自制RS－485网络通信电缆

三、设置主从站PPI通信参数

1．设置主站PLC通信参数

运行编程软件，选择指令树中“系统块”→“通信端口”命令，在图5—4所示的对话框中设置端口0的地址为“1”，波特率为“9.6 kbps”，其他参数默认。在下载用户程序时，必须选中“系统块”选项，否则设置的参数不能生效。

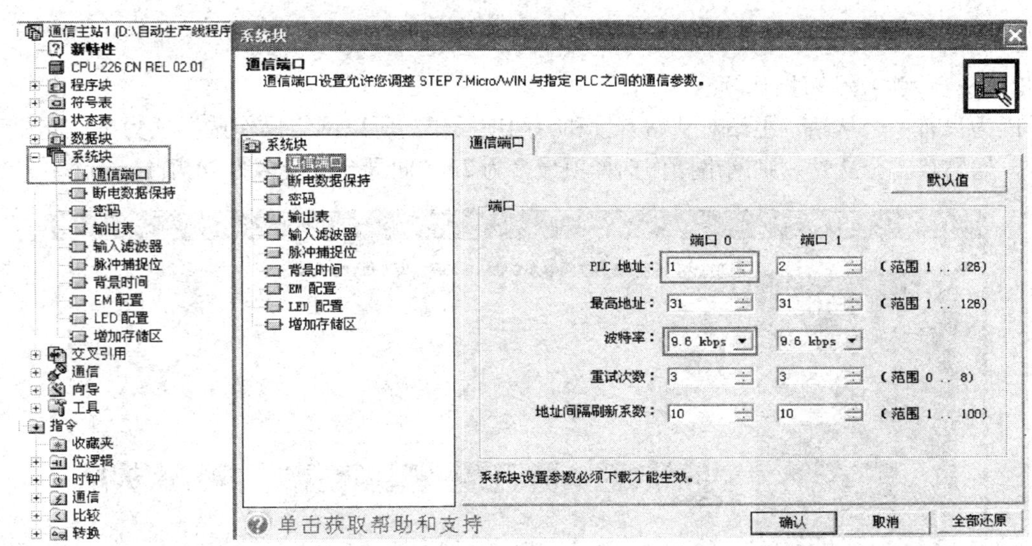

图5—4 设置主站PLC地址和波特率

注意：数据通过网络传输的速度是波特率，波特率用于量度在单位时间内传输数据的多少。例如，波特率为9.6 kbps即表示传输速率为每秒9 600 bit。在同一个网络中通信的器件必须被配置成相同的波特率。

2．设置从站PLC通信参数

PLC的默认地址为2。也可按设置主站端口的方法将从站端口0的地址设置为“2”，波特率为“9.6 kbps”，并下载到从站 PLC。

四、建立网络子程序

在主站 PLC 程序中，使用网络读写命令向导建立网络子程序，而从站 PLC 则不需要。

1. 使用网络向导功能

选择“工具”菜单中的“指令向导”选项，然后在弹出的对话框中选择“NETR/NETW”选项，如图 5—5 所示。

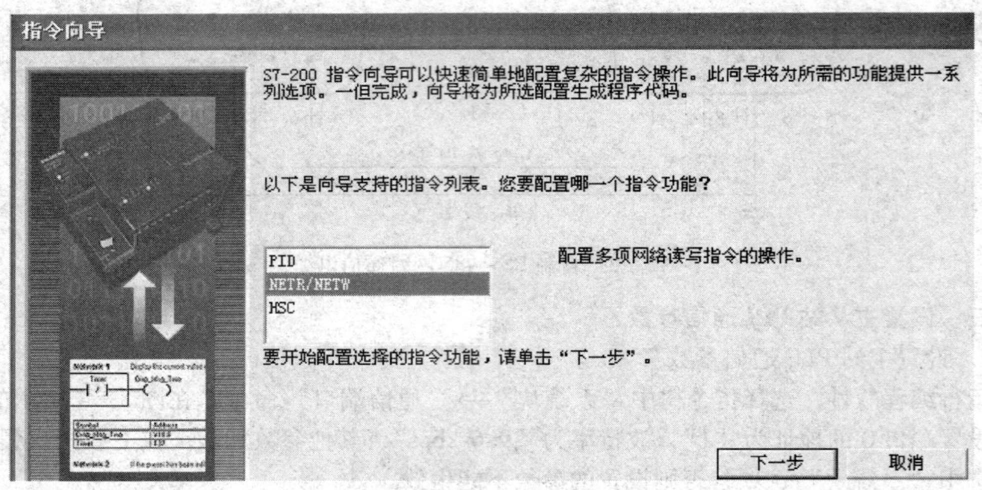

图 5—5　“指令向导”对话框

2. 选择网络读/写操作项

因为只有一个从站，主站对从站有读和写两项操作，所以网络操作选择项为 2，如图 5—6 所示。如果有 n 个从站，则网络操作选择项最多为 $2n$（向导允许最多为 24 项）。

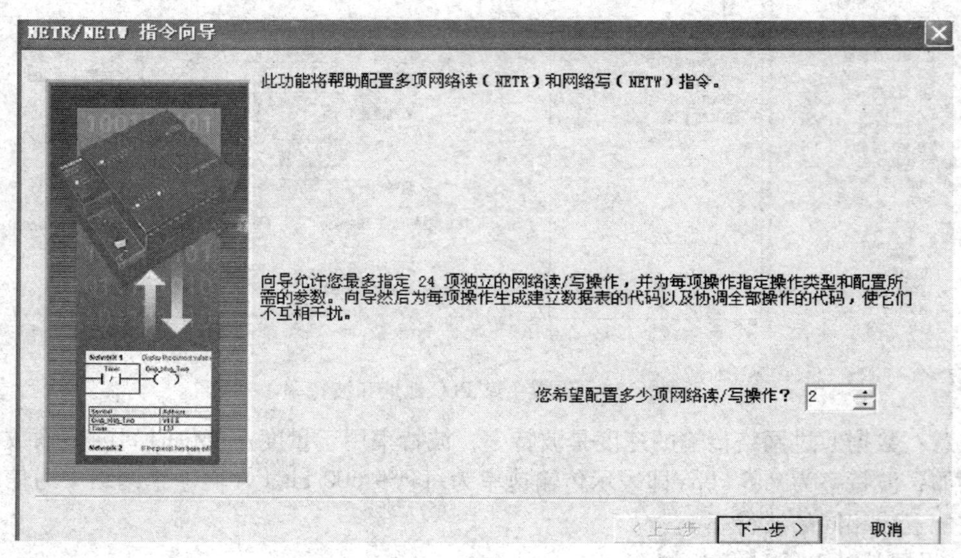

图 5—6　“NETR/NETW 指令向导”对话框 1

3. 选择通信端口

根据网络连接器的实际端口连接情况选择通信端口“0”或“1”，此处选择“0”；并默认子程序名为“NET_EXE”，如图 5—7 所示。

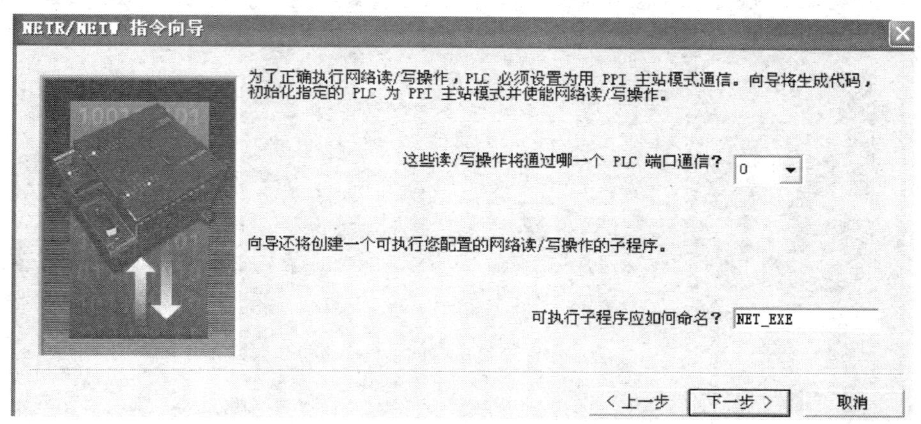

图 5—7 “NETR/NETW 指令向导”对话框 2

4. 配置网络写指令 NETW

选择“NETW”写操作，1 个字节写入远程 PLC，数据位于本地 PLC“VB1000”处；远程 PLC 地址为“2”，数据位于远程 PLC“VB1000”处，如图 5—8 所示，即将主站 1PLC 变量存储器字节 VB1000 的状态写入从站 2PLC 的 VB1000 字节。在“NETW”写操作中，最多可以写入 16 个字节的数据。

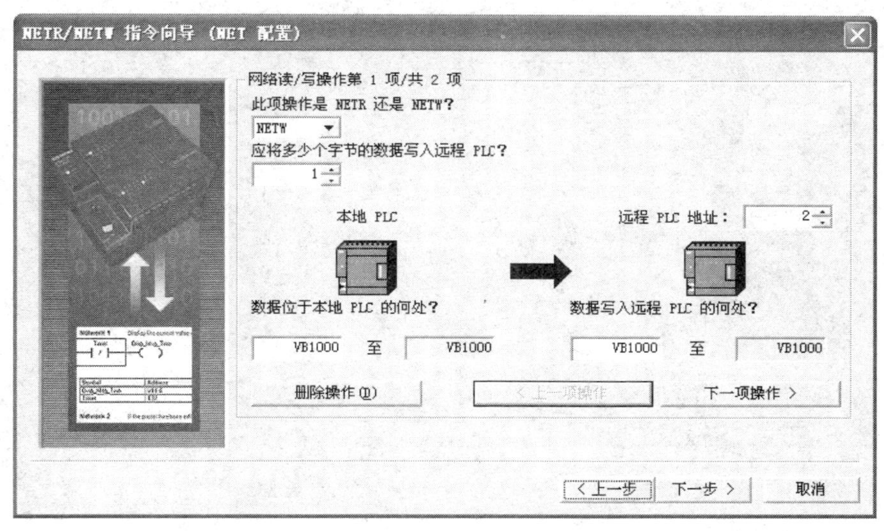

图 5—8 “NETR/NETW 指令向导（NET 配置）”对话框 1

5. 配置网络读指令 NETR

单击“下一步”按钮，选择“NETR”读操作，如图 5—9 所示，即将从站 2PLC 的变量存储器字节 VB1001 的状态读入主站 1PLC 的 VB1001 字节。在“NETR”操作中，最多可以读入 16 个字节的数据。

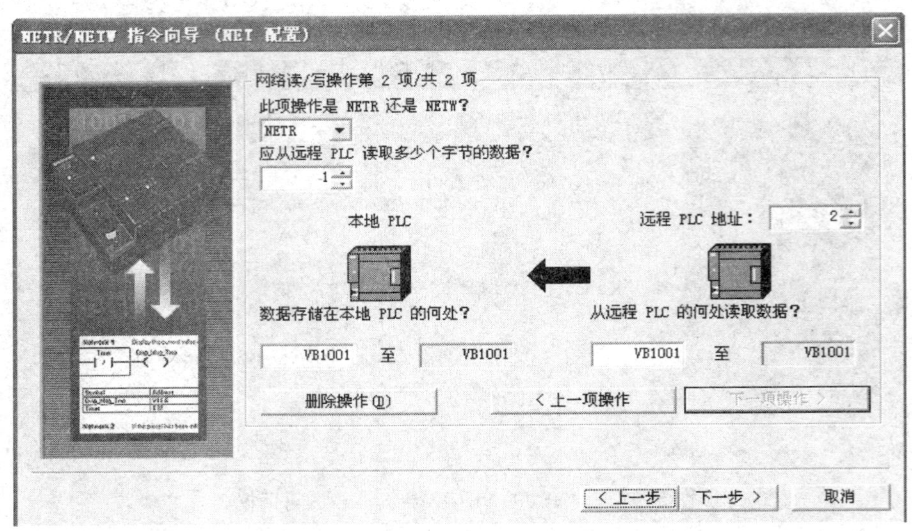

图 5—9　“NETR/NETW 指令向导（NET 配置）”对话框 2

6. 选择存储区

生成的子程序要使用一定数量的、连续的存储区，指令向导提示要使用 19 个字节的存储区，可默认存储区建议地址，如图 5—10 所示。

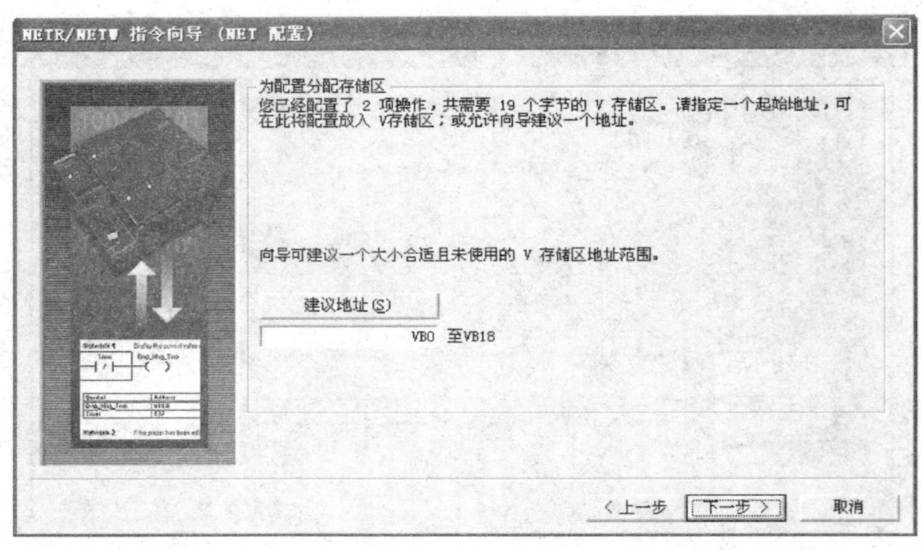

图 5—10　“NETR/NEW 指令向导（NET 配置）”对话框 3

7. 完成网络配置

网络读写操作已设置好，单击“完成”按钮，生成网络子程序 NET_EXE。网络子程序仅供主站 PLC 调用，从站并不调用。

五、调用网络子程序

在主站 PLC 程序中，使用特殊位存储器 SM0.0 常开触点始终调用网络读写操作子程序，如图 5—11 所示。在 NET_EXE 指令盒中，EN 为网络子程序使能端；Timeout 是建立网络通信连接需要的时间，以秒为单位，该时间应足够长；Cycle 是通信周期脉冲信号，网络读/写操作每完成一次便切换状态。当通信正常时 Q1.0 指示灯闪烁；当通信错误时，Error 状态为 ON，Q1.1 指示灯常亮。

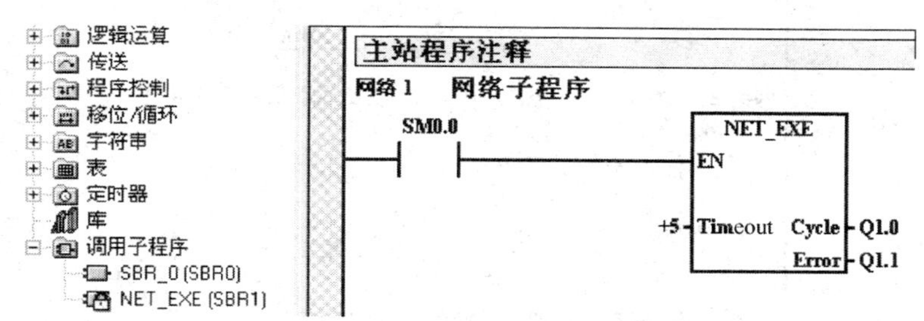

图 5—11　在主站 PLC 程序中调用网络读写子程序

任务实施

一、任务准备

实施本任务所需要的实训设备见表 5—1。

表 5—1　　实训设备

序号	名称	型号规格	数量	单位
1	计算机	安装 STEP 7 - Micro/WIN V 4.0 软件	1	台
2	PLC	S7 - 200　AC/DC/RLY	2	台
3	编程电缆	PC/PPI 或 USB/PPI 多主站电缆	1	根
4	通信电缆	网络连接器或自制 RS - 485 电缆	1	根
5	按钮	LA10 - 3H	1	个

二、编写主站程序

主站 PLC 程序如图 5—12 所示。

（1）程序网络 1。始终调用网络读写子程序 NET_EXE。

（2）程序网络 2。按下启动按钮 I0.0，Q0.0 通电自锁，同时主站发出从站启动信号 V1000.0，该信号写入从站。

（3）程序网络 3。当从站启动信号 V1001.0 闭合时，通过读操作，主站 V1001.0 也闭合，定时器 T38 延时 10 s。

（4）程序网络 4。定时器 T38 延时控制 Q0.1 通电。

当按下停止按钮 I0.1 时，Q0.0 断电解除自锁，主站信号 V1000.0 分断；从站停止，从站信号 V1001.0 分断，T38 和 Q0.1 断电。

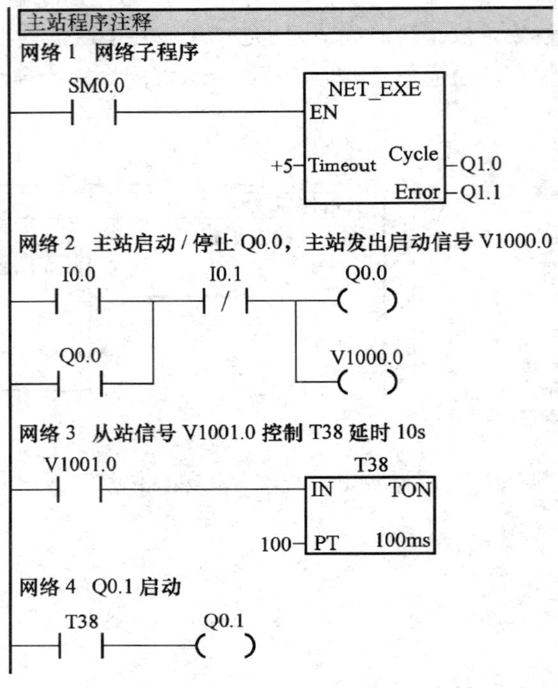

图 5—12 主站 PLC 程序

三、编写从站程序

从站 PLC 程序如图 5—13 所示。

（1）程序网络 1。当主站启动信号 V1000.0 闭合时，从站 V1000.0 也闭合，定时器 T37

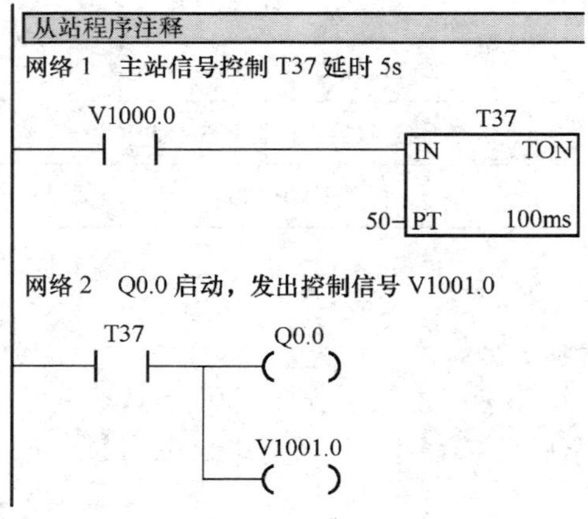

图 5—13 从站 PLC 程序

延时 5 s。

（2）程序网络 2。定时器 T37 延时控制 Q0.0 通电，并使 V1001.0 通电，该信号状态被主站读取。

四、接线、调试并运行

（1）将启动按钮连接到主站输入端 I0.0，将停止按钮连接到主站输入端 I0.1。

（2）按图 5—2 用网络连接器连接主站 PLC 和从站 PLC 的通信端口 0。

（3）按图 5—2 用 PC/PPI（或 USB/PPI）多主站电缆连接计算机与主站 PLC 的网络连接器编程口，各站网络连接器终端电阻均处于“OFF”状态，主站 PLC 处于“STOP”状态。

（4）利用 STEP 7 - Micro/WIN V 4.0 软件中的通信端口命令搜索网络中的两个站，如果能全部搜索到，则表明网络连接正常。如图 5—14 所示，搜索到两台 CPU 226，地址分别为 1、2。

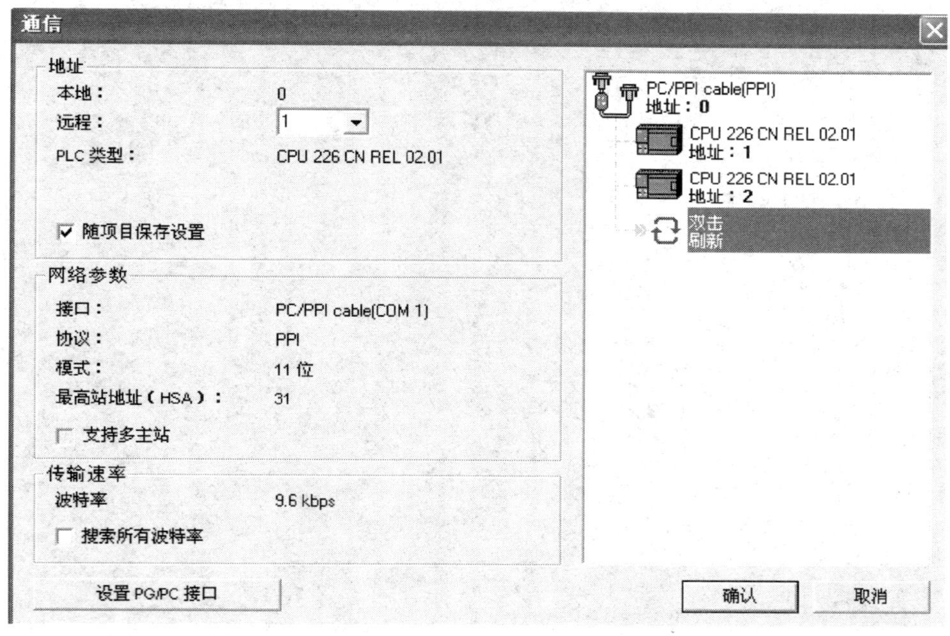

图 5—14　搜索网络中各站

（5）在主站程序“系统块”→“通信端口”选项中设置端口 0 的网络地址 1 和 9.6 kbps 波特率，使远程地址为“1”，并将主站程序、设置的地址及波特率一起下载到主站 PLC 中。

（6）在从站程序“系统块”→“通信端口”选项中设置端口 0 的网络地址 2 和 9.6 kbps 波特率，使远程地址为“2”，并将从站程序、设置的地址及波特率一起下载到从站 PLC 中。

（7）使两站 PLC 处于“RUN”状态。

（8）在通信正常的情况下，主站输出端 Q1.0 指示灯闪烁，Q1.1 指示灯灭。如果 Q1.1 指示灯亮，表示通信异常，则应检查程序和网络连接情况。

（9）在通信正常的情况下，按下主站启动按钮 I0.0，按主站 Q0.0→从站 Q0.0→主站 Q0.1 顺序延时通电。按下主站停止按钮 I0.1，主站 Q0.0、Q0.1 和从站 Q0.0 同时断电。

思考与练习

1．什么是 PPI 网络通信？

2．若 PPI 网络中有 1 个主站、4 个从站，则主、从站的地址各是多少？其网络读写操作最多可配置多少项？

3．如何判断 PPI 网络通信正常或异常？

4．在分别下载主站、从站 PLC 程序时，为什么必须选中“系统块”选项？

*课题六　步进电动机的 PLC 控制

任务 1　认识步进电动机及驱动器

学习目标

¤ 了解步进电动机的结构及其工作原理。
¤ 能正确设置步进驱动器的工作参数。
¤ 了解步进电动机的包络曲线。

任务引入

步进电动机的主要任务是对机械装置（例如机械手）的运动实施控制，以实现准确定位。步进电动机控制系统框图如图 6—1—1 所示。在系统中，PLC 起控制作用，输出为脉冲信号，信号电流为 10 mA 左右；步进驱动器在控制信号作用下输出较大脉冲电流（1.5 ~ 6 A，不同型号有区别）驱动步进电动机运行；步进电动机对机械装置进行位置或速度控制。对步进电动机控制系统的要求是动作灵敏、控制精确和运行可靠。本任务学习步进电动机的结构、工作原理和设置步进驱动器的工作参数。

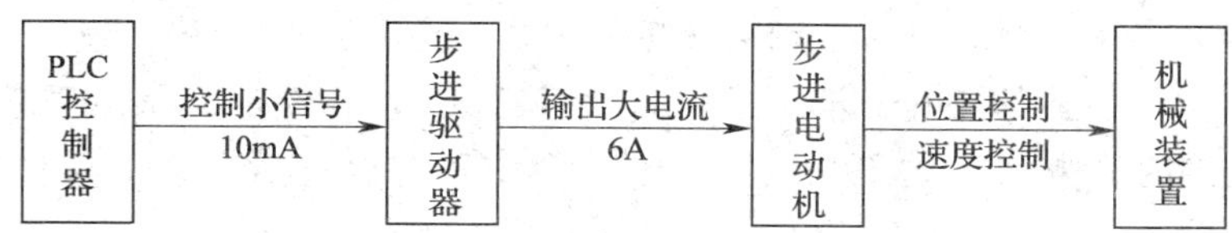

图 6—1—1　步进电动机控制系统框图

相关知识

一、步进电动机

1．步进电动机的结构

步进电动机主要由转子和定子两部分构成，其实物分解图如图 6—1—2 所示。一般定子相数为两相 ~ 六相，每相两个绕组套在一对磁极上。例如，三相绕组在定子上有 3 对磁极，每相空间间隔为 120°。转子外圆周均匀分布多个齿。

2．步进电动机的工作原理

图 6—1—3 所示是三相步进电动机原理示意图，在转子外圆周上均匀分布着 4 个齿。当

A 相绕组通电时，由于磁感线力图通过磁阻最小的路径，故转子受到磁场转矩的作用，必然转到其磁极轴线与定子磁极轴线对齐，即转子 1、3 磁极与定子 A 相磁极对齐，此时磁场转矩为零，转子停止转动，位置如图 6—1—3a 所示。

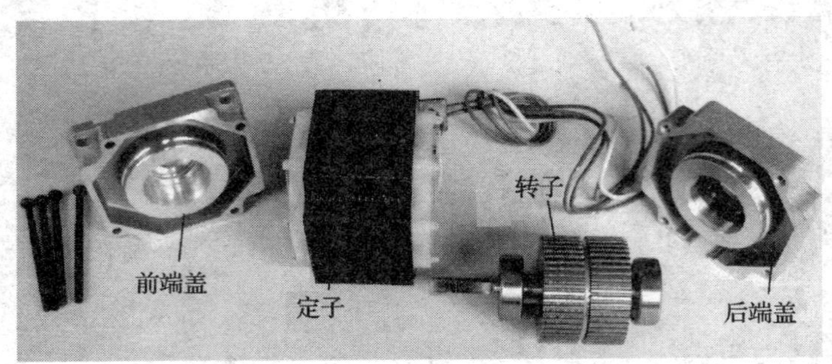

图 6—1—2　步进电动机实物分解图

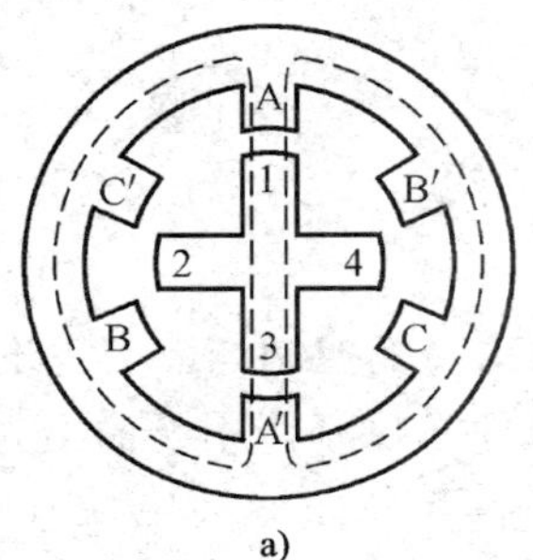

a)

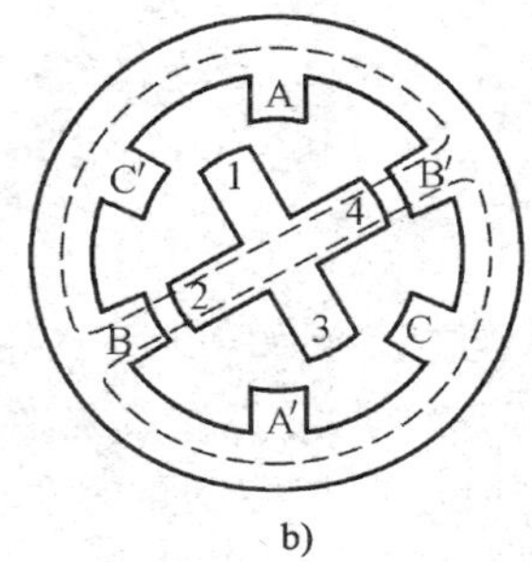

b)

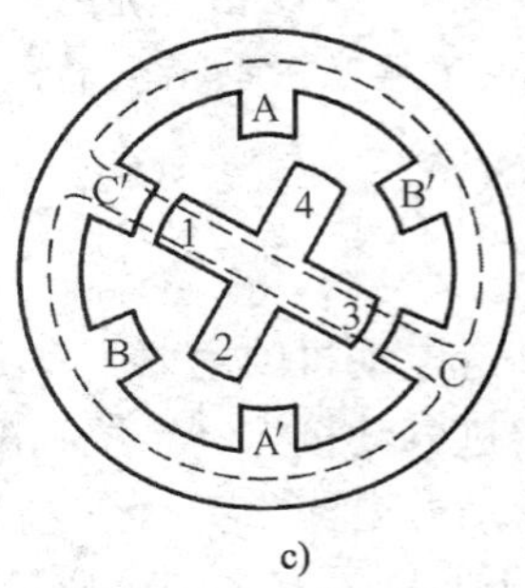

c)

图 6—1—3　三相步进电动机原理示意图

a）A 相绕组通电　b）B 相绕组通电　c）C 相绕组通电

当 A 相断电，B 相绕组通电时，磁场转矩吸引转子逆时针方向转动 30°，即转子 2、4 磁极与 B 相磁极对齐，位置如图 6—1—3b 所示。同样，当 B 相断电，C 相绕组通电时，磁场转矩吸引转子再逆时针方向转动 30°，使转子 1、3 磁极与 C 相磁极对齐，位置如图 6—1—3c 所示。

若按 A→B→C 顺序轮流给三相定子绕组通电，则转子以 30°的步距角一步一步地逆时针转动；若按 A→C→B 顺序轮流给三相定子绕组通电，则转子以 30°的步距角一步一步地顺时针转动。由此可知，步进电动机转子的旋转方向取决于定子绕组通电的顺序，而转速取决于定子绕组通断电的频率。

通常，把一种通电状态转换到另一种通电状态被称为一拍，每一拍转子转过的角度被称为步距角。上述的通电过程被称为三相三拍，步距角 30°。其中，三相是指定子为三相绕组，三拍是指经过三次切换绕组的通电状态为一个循环。

3. 实际步进电动机

上述步进电动机的步距角太大，不能满足控制精度的要求。实际步进电动机转子的齿数很多，步距角相应很小，常为 1°～3°。步距角越小，控制精度越高。例如，步距角为 3°的三相步进电动机的结构图如图 6—1—4 所示，在转子外圆周上均匀分布着 40 个小齿，齿距角为 9°。每个定子磁极上各有 5 个小齿，为使转子、定子的齿对齐，定子磁极上小齿的齿距角与转子相同。

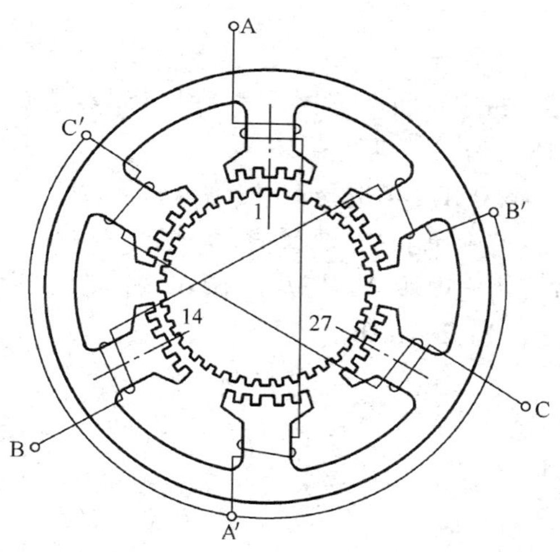

图 6—1—4　步距角为 3°的三相步进电动机的结构图

（1）当 A 相通电时，A 相定子小齿与转子对齐。此时，B 相和 A 相的空间角差 120°，包含$\frac{120°}{9°}=13\frac{1}{3}$个齿。C 相和 A 相的空间角差 240°，包含$\frac{240°}{9°}=26\frac{2}{3}$个齿。

（2）当 A 相断电、B 相通电时，转子只需转过 1/3 个齿（3°），便使 B 相定子小齿与转子对齐。

（3）同理，当 C 相通电时再转 3°，依此类推。

4．步进电动机的铭牌

型号为 57BYG350CL 的步进电动机的铭牌见表 6—1—1。

表 6—1—1　　57BYG350CL 步进电动机的铭牌

型号	57BYG350CL	相电流	6 A
相数	3	相电压	24 ~ 70VDC
步距角	1. 2°	相电阻	0. 36 Ω
保持转矩	0. 9 N · m	使用环境温度	－25 ~ ＋40℃

保持转矩是指当步进电动机通电但没有转动时，定子锁住转子的力矩，通常步进电动机在低速时的转矩接近保持转矩。由于步进电动机的输出转矩随速度的增大而不断衰减，所以保持转矩就成为衡量步进电动机的重要参数之一。

5．步进电动机的特点

步进电动机除了能把脉冲电流变成机械角位移之外，还具有下列特点。

（1）每步位移值不受电压、电流波动或温度的影响，电动机转速只与脉冲频率有关。

（2）误差不积累。每一步虽然有误差，但当转过一周时，累积误差为零。

（3）控制性能好。其精度高、快速性好，灵敏、准确、可靠。

二、步进驱动器

1. 步进驱动器的工作参数

型号为 3MD560 的三相步进电动机驱动器，其主要工作参数如下。

（1）供电电压：直流 18 ~ 50 V，典型值 36 V。

（2）输出相电流：1.5 ~ 6.0 A（可选择 16 挡输出）。

（3）控制信号输入电流：7 ~ 16 mA，典型值 10 mA。

（4）信号输入/输出方式：光电耦合器隔离（图 6—1—5）。

（5）步进脉冲响应频率：0 ~ 200 kHz。

（6）8 挡细分设置。

（7）静止时自动半流功能。

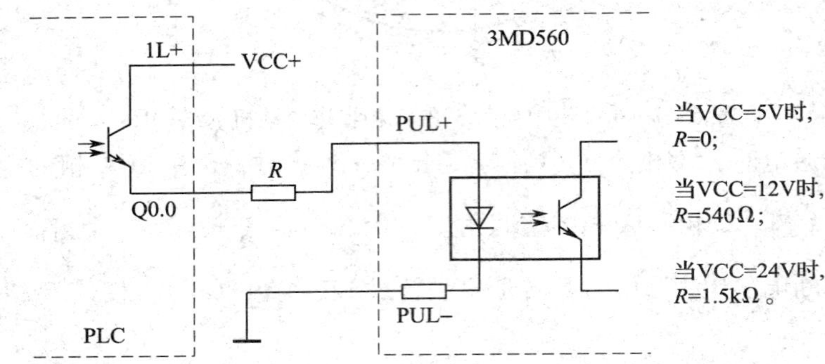

图 6—1—5　步进驱动器信号光电耦合输入方式

2. 步进驱动器的外部接线端

步进驱动器 3MD560 的工作方式设置开关与外部接线端如图 6—1—6 所示，将开关 SW1 ~ SW8 向左拨为状态 ON，向右拨为状态 OFF。其外部接线端的功能说明见表 6—1—2。

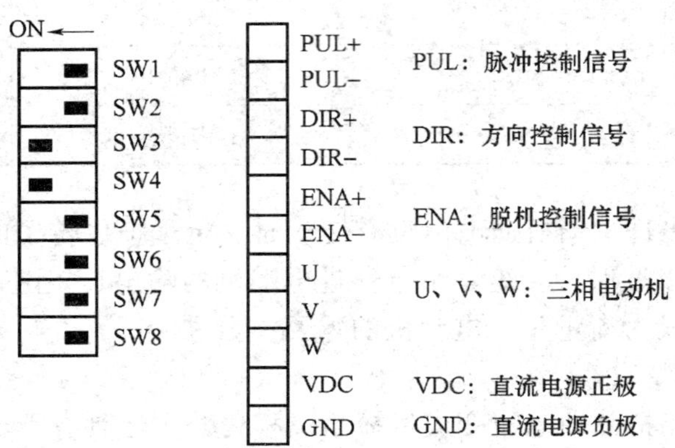

图 6—1—6　3MD560 的工作方式设置开关与外部接线端

表 6—1—2　　步进驱动器外部接线端功能说明

接线端	功能说明
PUL +	脉冲信号电流流入/流出端（图 6—1—5），脉冲的数量、频率与步进电动机的角位移、转速成比例
PUL –	
DIR +	方向电平信号电流流入/流出端，电平的高低决定电动机的旋转方向
DIR –	
ENA +	脱机信号电流流入/流出端，当这一信号为状态 ON 时，步进电动机的转子不被锁定
ENA –	
U、V、W	步进电动机三相电源输出端
VDC	驱动器直流电源输入端正极
GND	驱动器直流电源输入端负极

3．步进驱动器的细分设置

步进驱动器除了给步进电动机提供较大驱动电流外，更重要的作用是“细分”。若不使用步进驱动器，则由于步进电动机的步距角为 1.2°，角位移较大，故不能进行精细控制。如果使用步进驱动器，则只需在驱动器上设置细分步数，就可以改变步距角的大小。例如，若设置细分步数为 10 000 步/圈，则步距角只有 0.036°，可以实现高精度控制。

步进电动机驱动器 3MD560 的细分设置表见表 6—1—3，开关 SW6 ~ SW8 的状态决定了细分步数。例如，若要求细分步数为 10 000 步/圈，则开关 SW6 ~ SW8 的状态全部设置为 OFF。

表 6—1—3　　步进电动机驱动器 3MD560 的细分设置表

序号	细分（步/圈）	SW6	SW7	SW8
1	200	ON	ON	ON
2	400	OFF	ON	ON
3	500	ON	OFF	ON
4	1 000	OFF	OFF	ON
5	2 000	ON	ON	OFF
6	4 000	OFF	ON	OFF
7	5 000	ON	OFF	OFF
8	10 000	OFF	OFF	OFF

4．步进驱动器输出电流的设置

步进驱动器 3MD560 输出相电流设置见表 6—1—4，开关 SW1 ~ SW4 的状态决定了输出相电流的大小。例如，若要求步进驱动器输出相电流为 4.9 A，则开关 SW1 ~ SW4 的状态设置为 OFF、OFF、ON、ON。

表 6—1—4　　步进驱动器 3MD560 输出相电流设置

序号	相电流（A）	SW1	SW2	SW3	SW4
1	1.5	OFF	OFF	OFF	OFF
2	1.8	ON	OFF	OFF	OFF
3	2.1	OFF	ON	OFF	OFF
4	2.3	ON	ON	OFF	OFF
5	2.6	OFF	OFF	ON	OFF
6	2.9	ON	OFF	ON	OFF
7	3.2	OFF	ON	ON	OFF
8	3.5	ON	ON	ON	OFF
9	3.8	OFF	OFF	OFF	ON
10	4.1	ON	OFF	OFF	ON
11	4.4	OFF	ON	OFF	ON
12	4.6	ON	ON	OFF	ON
13	4.9	OFF	OFF	ON	ON
14	5.2	ON	OFF	ON	ON
15	5.5	OFF	ON	ON	ON
16	6.0	ON	ON	ON	ON

5. 步进驱动器静态电流的设置

通常，开关 SW5 设置为 OFF 状态（静态电流半流），当步进电动机上电后，即使静止时也保持自动半流的锁紧状态，可锁定机械装置处于停止位置。半流可显著减少步进电动机的发热量。

6. 脱机

如果在步进电动机静止时需要移动机械装置，则可使脱机信号处于状态 ON，此时步进电动机断电处于非锁定状态。

三、步进电动机的运动参数和包络曲线

1. 最大速度和启动/停止速度

如图 6—1—7 所示，最大速度是步进电动机运行速度的最大值，它应在电动机转矩能力的范围内。启动/停止速度应满足电动机的低速控制能力，如果启动/停止速度过低，则电动机和负载在运行的开始和结束时可能会摇摆或抖动；如果启动/停止速度过高，则电动机会在启动/停止时丢失脉冲，并且在停止时可能超程。通常，启动/停止速度值是最大速度值的 5% ~15%。

2. 加速和减速时间

如图 6—1—7 所示，加速时间是电动机从启动速度加速到最大速度所需的时间，减速时间是电动机从最大速度减速到停止速度所需的时间。

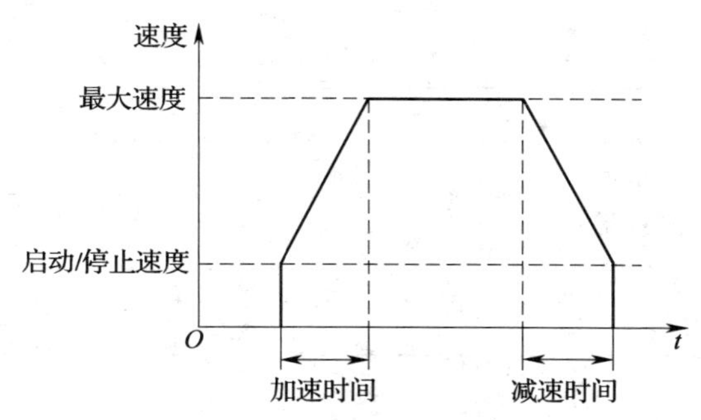

图 6—1—7　速度－时间示意图

3．包络的模式

包络是关于步进电动机运动曲线的描述，步进电动机系统的控制程序正是依据包络参数编写的。一个包络由多段组成，每段包含加速、减速和匀速过程。包络有相对位置模式和单一速度的连续转动模式，如图 6—1—8 所示。相对位置模式指的是运动的终点位置是从起点开始计算的脉冲数量。单速连续转动则不需要提供终点位置，持续输出脉冲，直至有其他命令发出。例如，到达原点位置时要求停发脉冲。

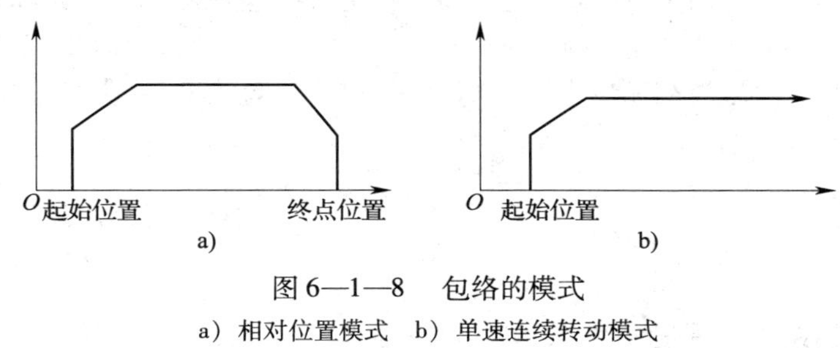

图 6—1—8　包络的模式

a）相对位置模式　b）单速连续转动模式

4．包络中的步

一个步是工件运动的一个固定距离，包括加速和减速时间内的距离。在 PLC 控制程序中，每一包络最多允许有 29 个步。图 6—1—9 所示为一步、两步和三步包络。其中，一步包络只有一个匀速段，两步包络有两个匀速段，依此类推。

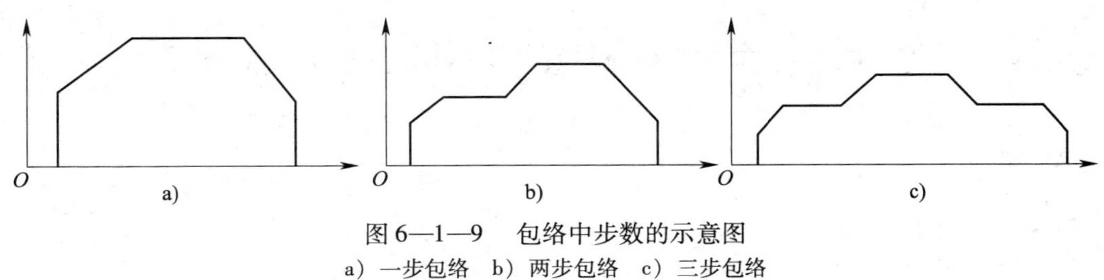

图 6—1—9　包络中步数的示意图

a）一步包络　b）两步包络　c）三步包络

任务实施

一、任务准备

实施本任务所需要的实训设备见表 6—1—5。

表 6—1—5　　实训设备

序号	名称	型号规格	数量	单位
1	步进电动机	57BYG350CL	1	台
2	步进驱动器	3MD560	1	台
3	直流电源	24 V/6 A	1	台
4	万用表	通用型	1	块

二、步进电动机绕组测试

用万用表测量步进电动机三相绕组的直流电阻，各相阻值应对称。由于测量时绕组两两串联，所以测量阻值约为 1 Ω。若阻值有较大差异，则可能是由于绕组断线或短路所致，应进一步检查。步进电动机转轴应灵活转动无杂音。

三、设置步进驱动器参数

（1）设置步进驱动器细分步数。参照表 6—1—3 设置步进驱动器工作方式开关，使得开关 SW6、SW7、SW8 全为 OFF 状态，即细分步数为 10 000 步/圈。

（2）设置步进驱动器输出相电流。参照表 6—1—4 设置步进驱动器工作方式开关，使得开关 SW1、SW2、SW3、SW4 分别为 OFF、OFF、ON、ON 状态，即输出相电流为 4.9 A。

（3）设置步进驱动器静态输出电流。将开关 SW5 设置为 OFF 状态，即步进电动机的静态电流为半流。

思考与练习

1. 步进电动机的特点是什么？
2. 什么是步进驱动器的细分？细分的作用是什么？
3. 步进电动机的最大速度和启动/停止速度的含义是什么？
4. 什么是包络？包络有哪几种模式？
5. 图 6—1—9 所示的一步包络、两步包络、三步包络各由多少段构成？

任务 2　应用脉冲指令实现步进电动机位置控制

学习目标

¤ 熟悉 PTO 控制寄存器。
¤ 掌握脉冲输出指令 PLS 的应用。
¤ 掌握步进电动机运动包络的编程方法。

任务引入

本任务应用脉冲输出指令 PLS 编程，模拟控制步进电动机驱动机械手作定向、定位运动。其控制要求如下：按下复位按钮 I0.1，机械手可从任意位置退回原点位置 I0.0 处停止；按下启动按钮 I0.2，机械手从原点位置 I0.0 前进 500 mm 后自动停止；按下停止按钮 I0.3，机械手立即停止。步进电动机控制系统线路图如图 6—2—1 所示，其中 PLC 使用西门子S7-200（DC/DC/DC），其输入/输出端口分配表见表 6—2—1。

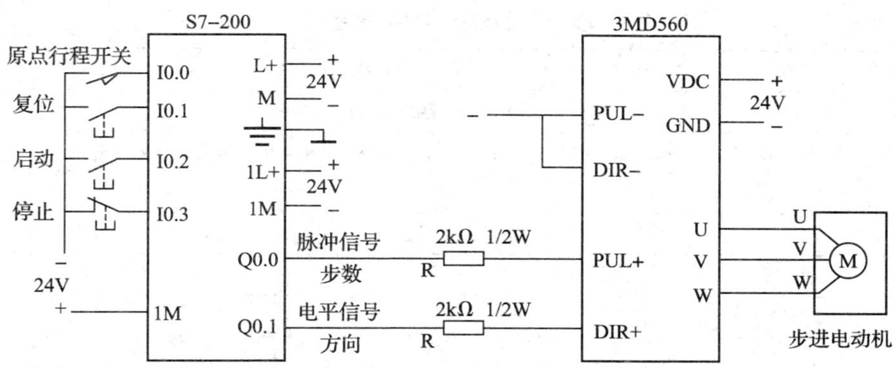

图 6—2—1　步进电动机控制系统线路

表 6—2—1　步进电动机控制系统线路输入/输出端口分配表

输入端口			输出端口	
输入端	输入元件	作用	输出端	作用
I0.0	行程开关	原点位置	Q0.0	输出脉冲信号到 PUL+，控制步进电动机旋转角位移
I0.1	按钮	复位	Q0.1	输出电平信号到 DIR+，控制步进电动机旋转方向
I0.2	按钮	启动		
I0.3	按钮	停止		

相关知识

一、PLC 脉冲串输出功能（PTO）

S7-200 晶体管输出型 CPU（DC/DC/DC）内置两个 PTO 发生器，用以输出高速脉冲串，两个发生器分别指定输出端口为 Q0.0 和 Q0.1。脉冲串的频率和数量可由用户编程控制。当执行 PTO 操作时，生成一个占空比为 50% 的脉冲串，如图 6—2—2 所示。

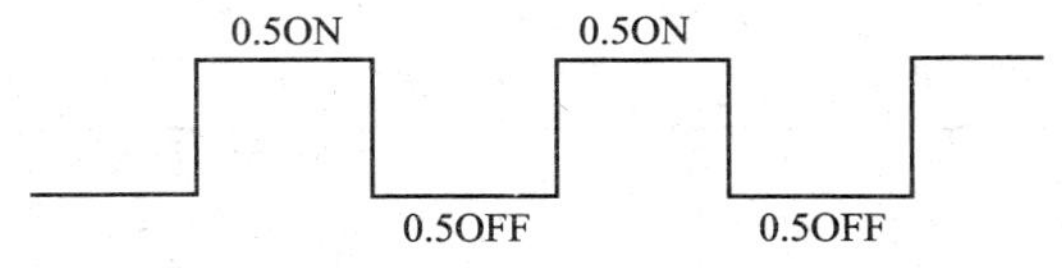

图 6—2—2　50% 占空比的脉冲串

二、PTO 控制寄存器

PTO 功能配置使用特殊存储器 SM，具体参数见表 6—2—2。此时，须利用程序先将 PTO

参数存在 SM 中，然后 PLS 指令会从 SM 中读取数据，并按照存储值控制 PTO 发生器。例如，当控制字节（SMB67 或 SMB77）数据为 0A0H = 1010 0000B 时，表示允许 PTO、多段操作、1 μs 时基；也可以在任意时刻禁止 PTO，方法是将控制字节的使能位（SM67.7 或 SM77.7）清零，然后执行 PLS 指令。

表 6—2—2　　PTO 控制寄存器的功能参数

Q0.0	Q0.1	特殊控制位或特殊控制字
SM66.7	SM76.7	PTO 空闲位，0 = PTO 执行中；1 = PTO 空闲
SMW168	SMW178	包络表参数存储的起始地址，用从 VB × × × 开始的字节偏移表示
Q0.0	Q0.1	控制字节 SMB67 或 SMB77
SM67.0	SM77.0	—
SM67.1	SM77.1	—
SM67.2	SM77.2	—
SM67.3	SM77.3	PTO 时间基准选择，0 = 1 μs/时基；1 = 1 ms/时基
SM67.4	SM77.4	—
SM67.5	SM77.5	PTO 操作，0 = 单段操作；1 = 多段操作
SM67.6	SM77.6	PTO/PWM 模式选择，0 = 选择 PTO；1 = 选择 PWM
SM67.7	SM77.7	PTO 允许，0 = 禁止；1 = 允许

三、脉冲输出指令 PLS

脉冲输出指令（PLS）配合特殊存储器 SM 用于配置高速脉冲输出功能，PLS 指令的形式及操作数见表 6—2—3。

表 6—2—3　　PLS 指令的形式及操作数

梯形图	指令表	操作数	逻辑功能
PLS EN　ENO Q0.X	PLS　Q0.X	常数 0（= Q0.0） 常数 1（= Q0.1）	脉冲输出 （Q0.0 或 Q0.1）

任务实施

一、任务准备

实施本任务所需要的实训设备见表 6—2—4。

表 6—2—4　　实训设备

序号	名称	型号规格	数量	单位
1	计算机	安装 STEP 7 - Micro/WIN V 4.0 软件	1	台
2	PLC	S7 - 200　DC/DC/DC	1	台
3	编程电缆	PC/PPI 或 USB/PPI	1	根
4	按钮	LA10 - 3H	1	个
5	行程开关	JLXK - 111	1	个
6	步进电动机	57BYG350CL	1	台
7	步进驱动器	3MD560	1	台
8	直流电源	24 V/6 A	1	台
9	电阻	2 kΩ/0.5 W	2	只
10	控制板	根据实习设备自定	1	块

二、设计步进电动机运动包络

1. 计算脉冲个数

步进电动机驱动机械手作线位移时通常采用同步带传动方式，同步带与机械手固定。与步进电动机机轴嵌套的同步轮的外圆周表面有多个等间距齿，同步带是由一根内周表面有与同步轮相同间距齿槽的封闭环形橡胶带，运动时轮齿与带槽相啮合传递运动和动力，因而具有齿轮传动和平带传动的优点。同步带传动具有准确的传动比、无滑差，允许线速度可达 50 m/s。

设本任务中使用的同步轮齿距为 3 mm，共 24 个齿。步进电动机每转一圈，同步带驱动机械手移动 $3\times24=72$ mm，步进驱动器细分步数设置为 10 000 步/圈，即每步机械手位移 0.007 2 mm。要让机械手移动 500 mm，需要的脉冲个数为 500/0.007 2 = 69 444。

2. 设计机械手前进包络

机械手前进时使用相对位置模式，PLC 控制器给步进驱动器 69 444 个脉冲，一步包络曲线如图 6—2—3 所示。加速段的初始周期是 1 500 μs（频率 667 Hz），每步周期增量为 -2 μs，经过 700 个脉冲后，周期下降到 100 μs（频率 10 kHz）。匀速段的周期是 100 μs，脉冲数为 68 464。减速段的初始周期是 100 μs，每步周期增量为 +5 μs，经过 280 个脉冲后，周期上升到 1 500 μs。机械手前进时方向信号 DIR 为 OFF 状态。

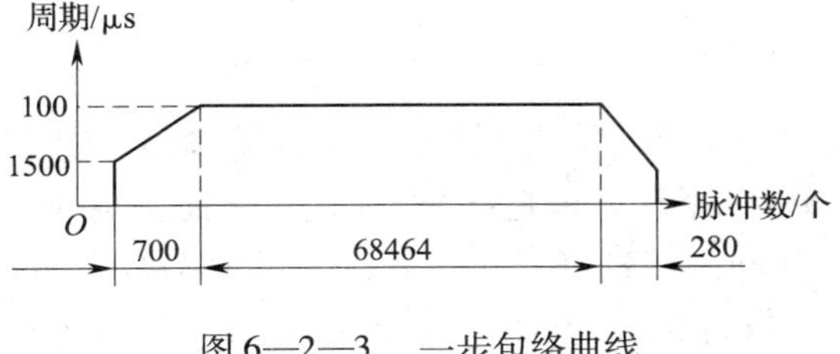

图 6—2—3　一步包络曲线

3．设计机械手后退包络

当机械手后退返回原点位置时，使用相对位置控制和单一速度的连续转动混合模式，两步包络曲线如图 6—2—4 所示。为了保证机械手触碰到原点位置行程开关，所需的脉冲个数要大于 69 444。在相对位置控制模式中，脉冲个数为 700 + 67 000 + 280 = 67 980；在单一速度的连续转动模式中，脉冲个数为 4 000。机械手后退时的方向信号 DIR 为 ON 状态。

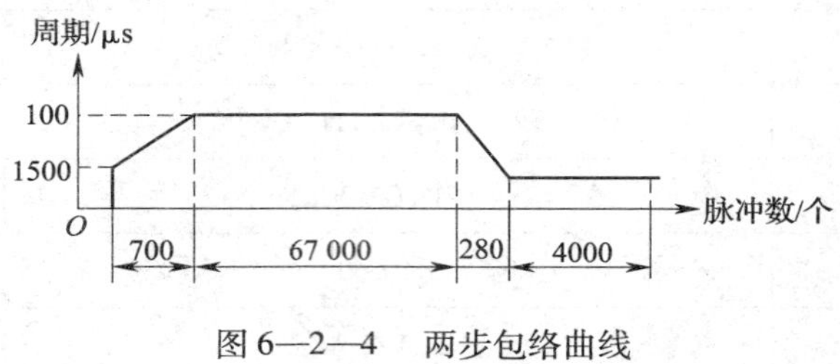

图 6—2—4　两步包络曲线

三、编写 PLC 控制程序

1．建立符号表

程序符号表见表 6—2—5。

表 6—2—5　　程序符号表

	符号	地址	注释
1	原点位置	I0.0	
2	复位按钮	I0.1	
3	启动按钮	I0.2	
4	停止按钮	I0.3	

根据机械手前进包络参数和后退包络参数编写步进电动机控制程序。程序由主程序和 3 个子程序构成，其中前进包络对应子程序 0，停止包络对应子程序 1，后退包络对应子程序 2。

2．PLC 主程序

PLC 主程序如图 6—2—5 所示。当按下启动按钮时，调用子程序 0，机械手前进 500 mm 后自动停止；当按下复位按钮时，调用子程序 2，并且方向控制继电器 Q0.1 导通，步进电动机换向，机械手后退；当机械手返回至原点行程开关或按下停止按钮时，调用子程序 1，步进电动机停止。

3．PLC 子程序 0

PLC 子程序 0 如图 6—2—6 所示，逻辑功能为控制机械手前进。

在网络 1 中，预装 PTO 包络表，该包络表由加速、匀速和减速 3 段构成。在加速段，起始周期为 1 500 μs，每个脉冲的周期增量为 −2 μs，脉冲个数为 700；在匀速段，起始周期为 100 μs，周期增量为 0，脉冲个数为 68 464；在减速段，起始周期为 100 μs，每个脉冲的

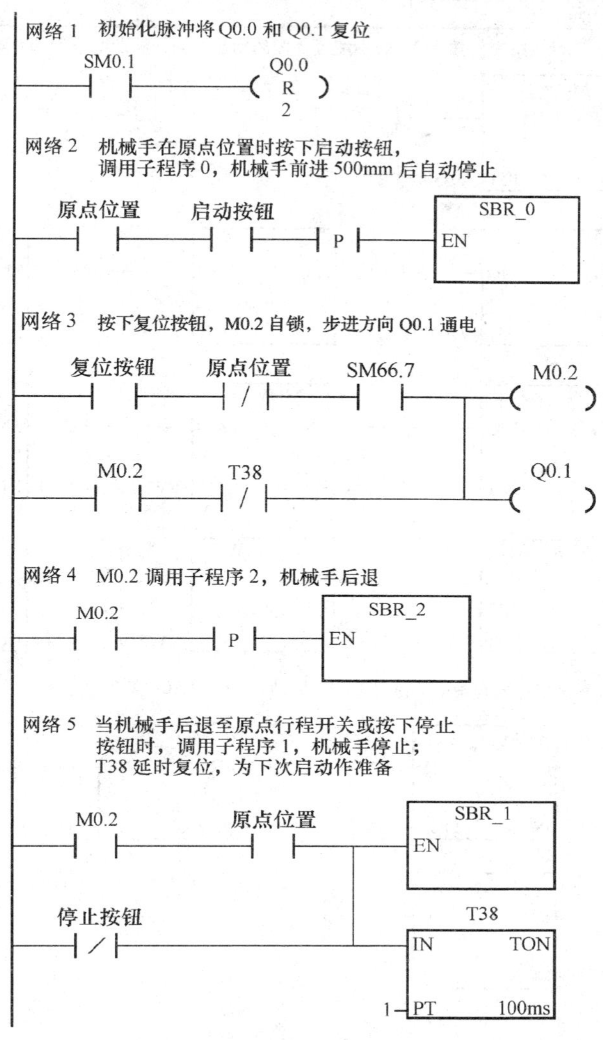

图 6—2—5　PLC 主程序

周期增量为 +5 μs，脉冲个数为 280。

在网络 2 中，设置 PTO 控制字节 SMB67 = 0A0H，即允许 PTO 多段操作，以 1 μs 为时基。定义包络表参数存储的起始地址为变量寄存器 VB500 字节，启动 PTO 操作，输出脉冲端为 Q0. 0。

4．PLC 子程序 1

PLC 子程序 1 如图 6—2—7 所示，设置 PTO 控制字节 SMB67 = 0，即禁止 PTO，逻辑功能为控制机械手停止。

5．PLC 子程序 2

PLC 子程序 2 如图 6—2—8 所示，逻辑功能为控制机械手后退。

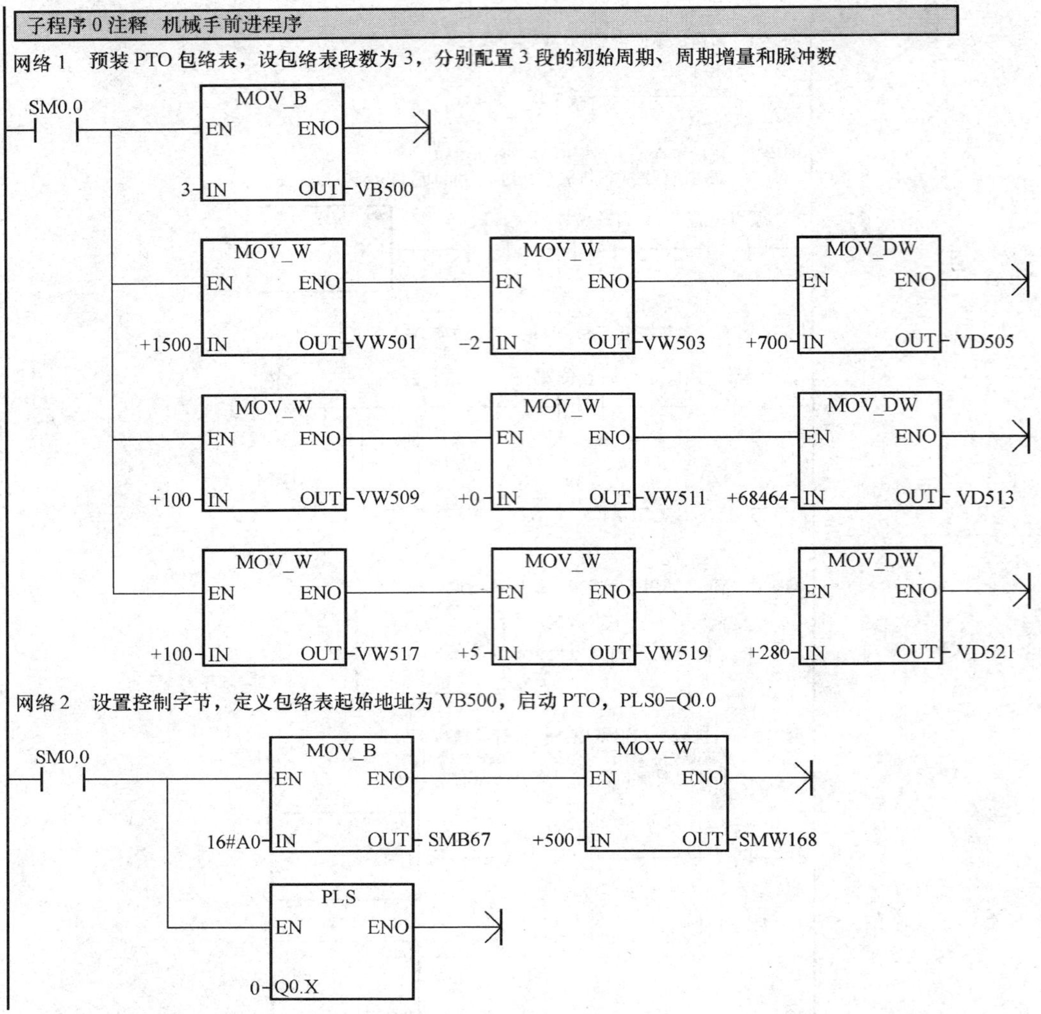

子程序 0 注释 机械手前进程序
网络 1 预装 PTO 包络表，设包络表段数为 3，分别配置 3 段的初始周期、周期增量和脉冲数
SM0.0
MOV_B
EN ENO
3-IN OUT-VB500
MOV_W
EN ENO
+1500-IN OUT-VW501
MOV_W
EN ENO
−2-IN OUT-VW503
MOV_DW
EN ENO
+700-IN OUT-VD505
MOV_W
EN ENO
+100-IN OUT-VW509
MOV_W
EN ENO
+0-IN OUT-VW511
MOV_DW
EN ENO
+68464-IN OUT-VD513
MOV_W
EN ENO
+100-IN OUT-VW517
MOV_W
EN ENO
+5-IN OUT-VW519
MOV_DW
EN ENO
+280-IN OUT-VD521
网络 2 设置控制字节，定义包络表起始地址为 VB500，启动 PTO，PLS0=Q0.0
SM0.0
MOV_B
EN ENO
16#A0-IN OUT-SMB67
MOV_W
EN ENO
+500-IN OUT-SMW168
PLS
EN ENO
0-Q0.X

图 6—2—6　PLC 子程序 0

子程序 1 注释 机械手停止程序
网络 1
SM0.0
MOV_B
EN ENO
0-IN OUT-SMB67
PLS
EN ENO
0-Q0.X

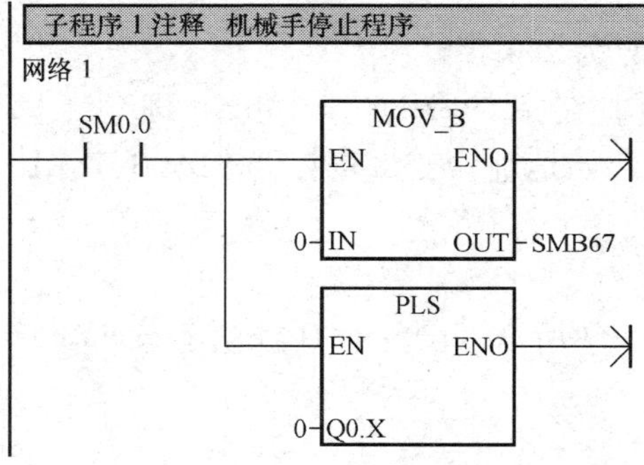

图 6—2—7　PLC 子程序 1

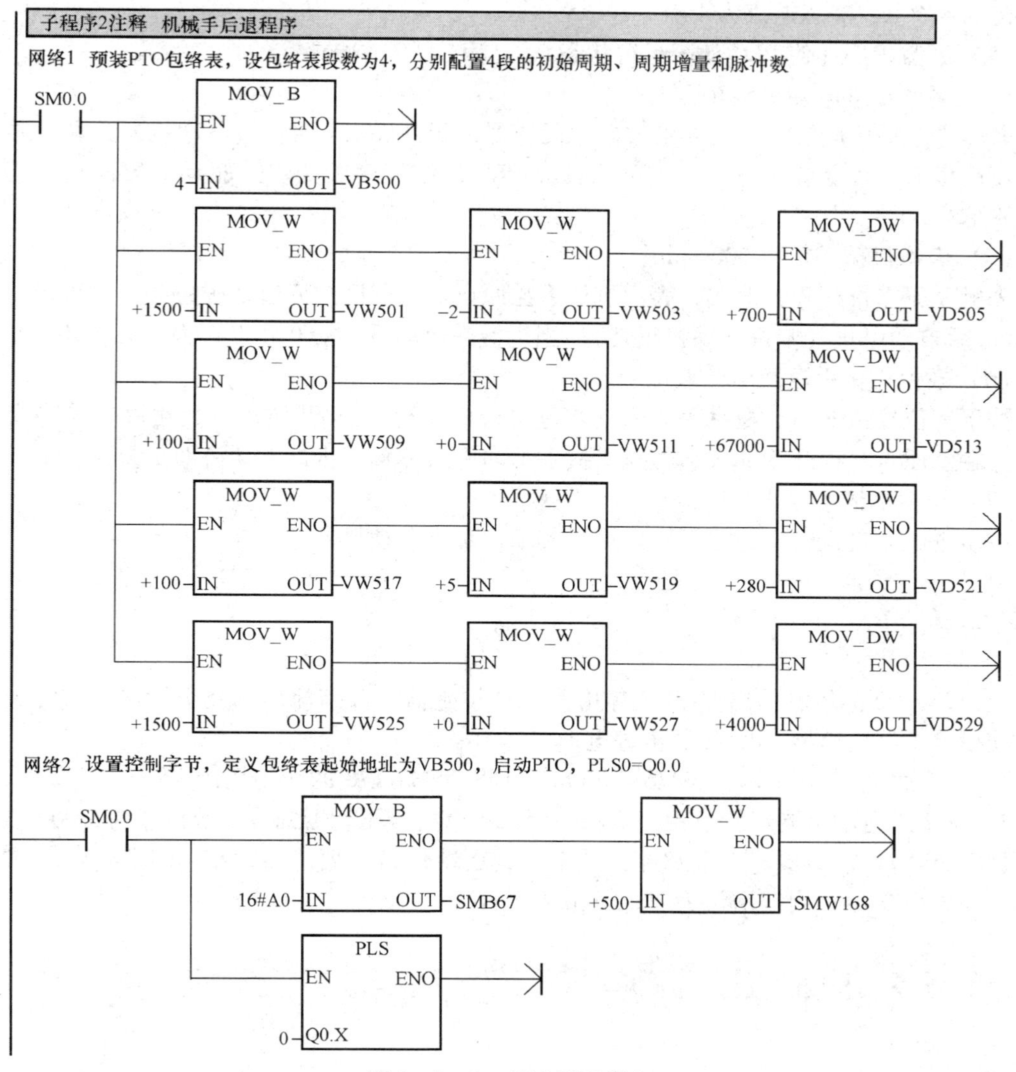

图 6—2—8　PLC 子程序 2

在网络 1 中，预装 PTO 包络表，该包络表由加速、匀速 1、减速和匀速 2 共 4 段构成。在加速段，起始周期为 1 500 μs，每个脉冲的周期增量为 −2 μs，脉冲个数为 700；在匀速 1 段，起始周期为 100 μs，周期增量为 0，脉冲个数为 67 000；在减速段，起始周期为 100 μs，每个脉冲的周期增量为 +5 μs，脉冲个数为 280；在匀速 2 段，起始周期为 1 500 μs，周期增量为 0，脉冲个数为 4 000。

在网络 2 中，设置 SMB67 控制字节为 0A0H，即允许 PTO 多段操作，以 1 μs 为时基。定义包络表参数存储起始地址为变量寄存器 VB500 字节，启动 PTO 操作，输出脉冲端为 Q0. 0。

四、接线、调试并模拟运行

（1）按图 6—2—1 所示电路连接 PLC、步进驱动器和步进电动机。

（2）设置步进驱动器 3MD560 工作方式开关，使得开关 SW1 ~ SW8 分别为 OFF、OFF、ON、ON、OFF、OFF、OFF、OFF 状态，即设置步进驱动器细分步数为 10 000 步/圈，输出相电流为 4.9 A，静态电流为半流。

（3）下载程序并使 PLC 处于运行状态。

（4）调整步进电动机旋转方向。

若步进电动机旋转方向与要求方向相反，则在断电状态下将步进电动机的 3 根电源线任意对调两根即可改变旋转方向；也可以修改 PLC 控制程序改变步进驱动器方向控制端 DIR 的电平信号。

（5）模拟机械手前进 500 mm。

先触及原点行程开关 I0.0，表示机械手在原点位置；再按下启动按钮 I0.2，机械手前进 500 mm 后自动停止（步进电动机正转）。当机械手运动后，松开原点行程开关 I0.0。

（6）模拟机械手返回至原点位置。

按下复位按钮 I0.1，机械手后退（步进电动机反转）；当步进电动机由高转速降为低转速时，触及原点行程开关 I0.0，模拟机械手返回原点位置，步进电动机停止。

（7）模拟机械手停止。

在步进电动机运行中，按下停止按钮 I0.3，步进电动机停止。

思考与练习

1. S7－200 晶体管输出型 CPU 有几个 PTO 发生器？分别使用哪几个输出端口？为什么不能使用继电器输出型 CPU 控制步进电动机？

2. 特殊存储器 SM66.7、SM76.7 和 SMW168、SMW178 的作用是什么？

3. 设步进电动机同步轮齿距为 3 mm，共 24 个齿，驱动器细分步数设置为 5 000 步/圈。要想移动 200 mm，需要多少个脉冲？试设计其运动包络（要求启动/停止周期为 1 500 μs，运行周期为 100 μs，周期增量为 －2 μs 或 ＋4 μs）。

任务 3　应用位置控制向导实现步进电动机位置控制

学习目标

¤ 掌握位置控制向导的应用。

¤ 掌握由位置控制向导生成包络子程序的方法。

任务引入

为了方便用户编程，西门子 STEP 7－Micro/WIN V 4.0 编程软件配置了位置控制向导。位置控制向导可以根据用户要求自动生成包络控制子程序，用户只需要在主程序中调用即可，大大降低了编程难度，有效地提高了工作效率。本任务应用位置控制向导编程，模拟控制步进电动机驱动机械手做定向、定位运动。控制要求和电路连接与本课题任务 2 相同，具体要求如下：按下复位按钮 I0.1，机械手可从任意位置退回原点位置 I0.0 处停止；按下启动按钮 I0.2，机械手从原点位置 I0.0 前进 500 mm 后自动停止；按下停止按钮 I0.3，机械手立即停止。步进电动机控制系统与图 6—2—1 所示相同，PLC 使用西门子 S7－200（DC/DC/DC），其输入/输出端口分配表与表 6—2—1 相同。

相关知识

由位置控制向导自动生成的包络控制子程序 PTO0_CTRL 和 PTO0_RUN 及注释如图 6—3—1 所示。

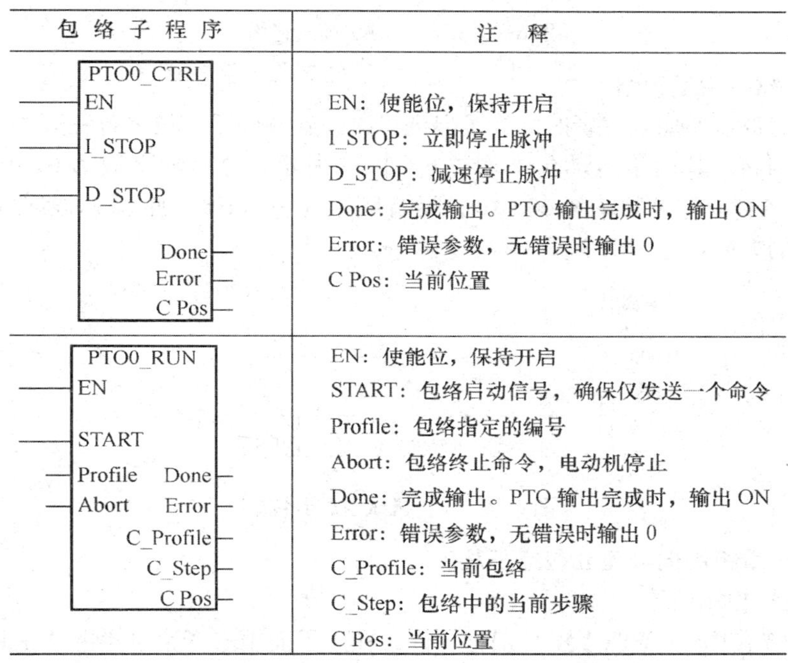

图 6—3—1　由位置控制向导自动生成的包络控制子程序

（1）PTO0_CTRL：控制使能 PTO 的输出，立即停止或减速停止 PTO。

（2）PTO0_RUN：控制向导中配置好的一个包络。

任务实施

一、任务准备

实施本任务所需要的实训设备与表 6—2—4 相同。

二、设计步进电动机运动包络

设本任务中使用的同步轮齿距为 3 mm，共 24 个齿，步进电动机每转一圈，同步带驱动机械手移动 3×24＝72 mm，将步进驱动器细分步数设置为 10 000 步/圈，即每步机械手位移 0.007 2 mm。

1．设计机械手前进包络

机械手前进 500 mm，需要的脉冲个数为 500/0.007 2＝69 444，其运动包络如图 6—3—2

所示。其中，启动/停止频率为 600 Hz，运行频率为 10 kHz，加/减速段时间均为 20 ms，机械手前进时的方向信号 DIR 为 OFF 状态。

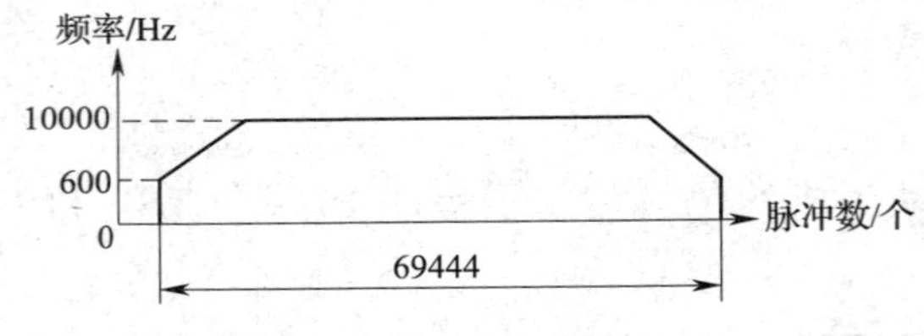

图 6—3—2　机械手前进包络

2. 设计机械手后退包络

当机械手后退返回原点位置时，为了保证机械手触碰到原点位置行程开关，所需的脉冲个数要大于 69 444，其两步运动包络如图 6—3—3 所示，总脉冲个数为 67 980 + 10 000 = 77 980。其中，启动/停止频率为 600 Hz，运行频率为 10 kHz，加/减速段时间均为 20 ms，机械手后退时的方向信号 DIR 为 ON 状态。

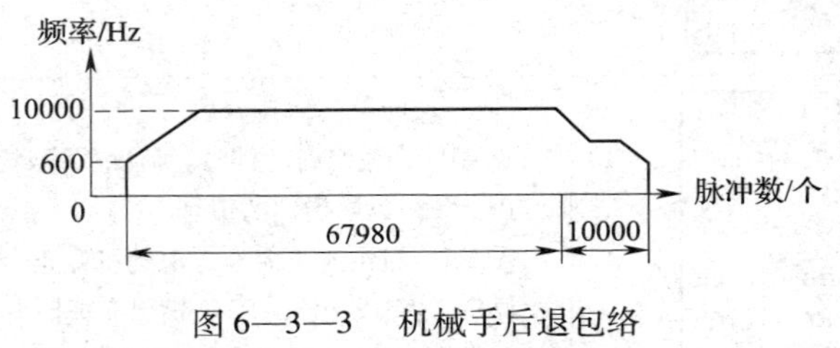

图 6—3—3　机械手后退包络

三、应用位置控制向导建立包络子程序

1. 应用位置控制向导

运行 STEP 7 - Micro/WIN V 4.0 编程软件，在主界面中选择菜单栏中“工具”→“位置控制向导”选项，如图 6—3—4 所示。

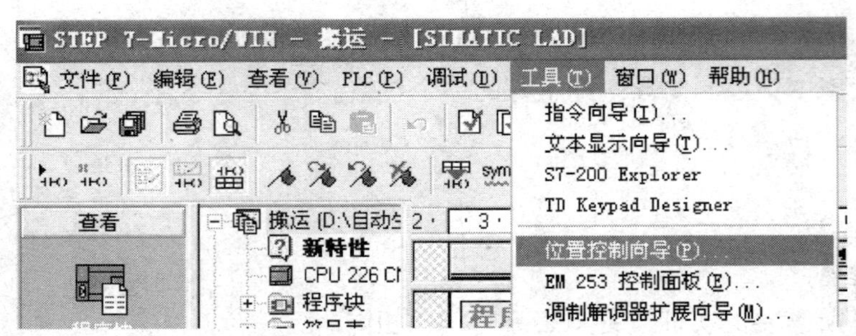

图 6—3—4　应用位置控制向导建立包络子程序（一）

2. 选择配置 PTO 操作

选择“配置 S7 - 200 PLC 内置 PTO/PWM 操作”选项，如图 6—3—5 所示。

3. 选择脉冲输出端

选择脉冲输出端“Q0.0”选项，如图 6—3—6 所示。

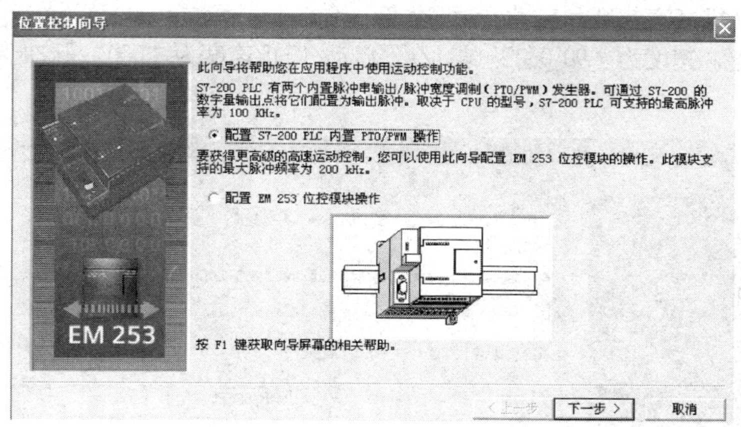

图 6—3—5　应用位置控制向导建立包络子程序（二）

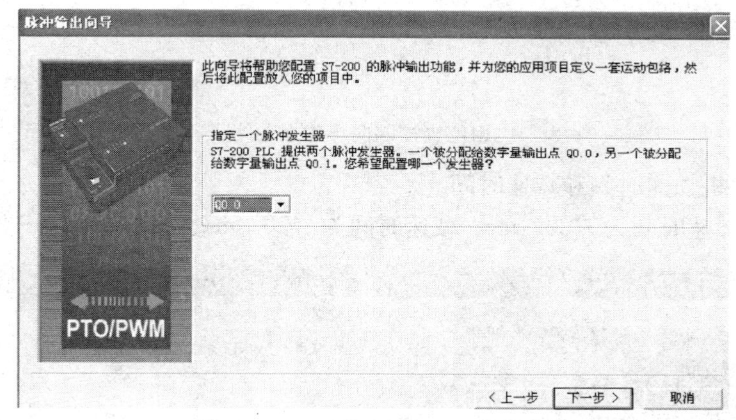

图 6—3—6　应用位置控制向导建立包络子程序（三）

4. 选择 PTO

选择“线性脉冲串输出（PTO）”选项，如图 6—3—7 所示。

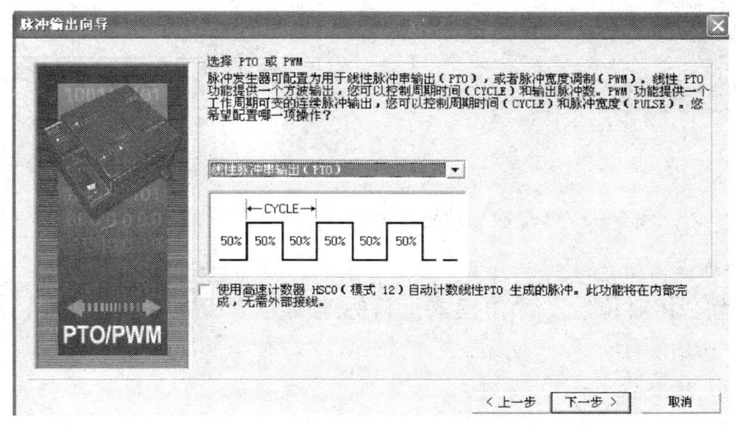

图 6—3—7　应用位置控制向导建立包络子程序（四）

5．设定电动机最高速度和启动/停止速度

设定电动机最高速度为“90 000”脉冲/s，启动/停止速度为“600”脉冲/s，如图 6—3—8 所示。

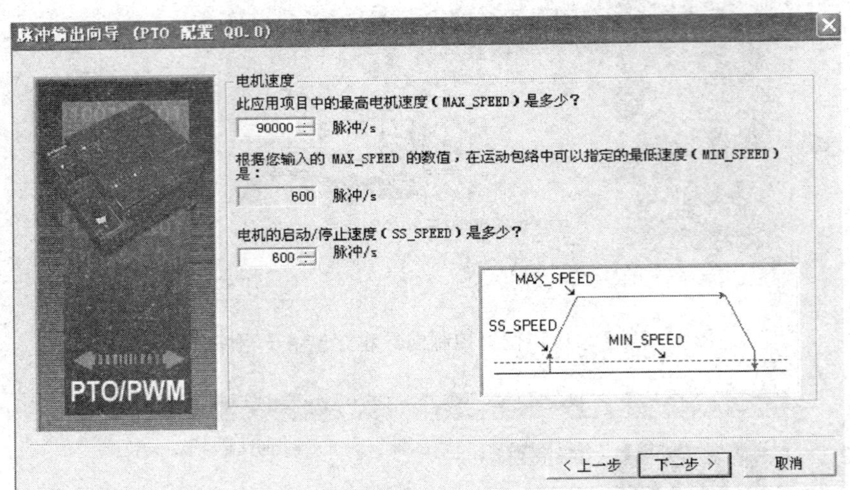

图 6—3—8　应用位置控制向导建立包络子程序（五）

6．设定电动机加速时间和减速时间

设定电动机加速时间为“20”ms、减速时间为“20”ms，如图 6—3—9 所示。

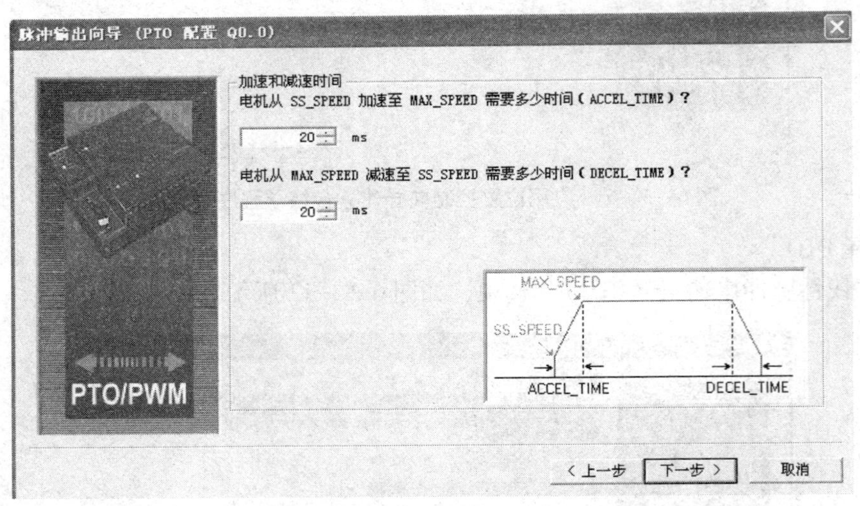

图 6—3—9　应用位置控制向导建立包络子程序（六）

7．设定包络 0

设定包络 0 为“相对位置”操作模式，目标速度为“10 000”脉冲/s，总步数“69 444”脉冲，如图 6—3—10 所示。

8．设定包络 1 步 0

设定包络 1 为“相对位置”操作模式，包络 1 包含 2 个步。步 0 的目标速度为“10 000”脉冲/s，步 0 的结束位置为“67 980”脉冲，如图 6—3—11 所示。

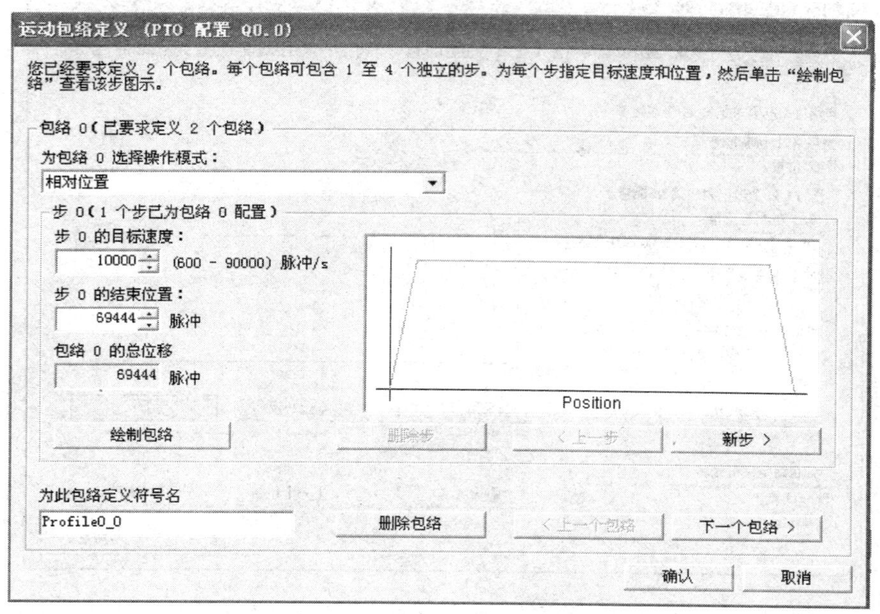

图 6—3—10　应用位置控制向导建立包络子程序（七）

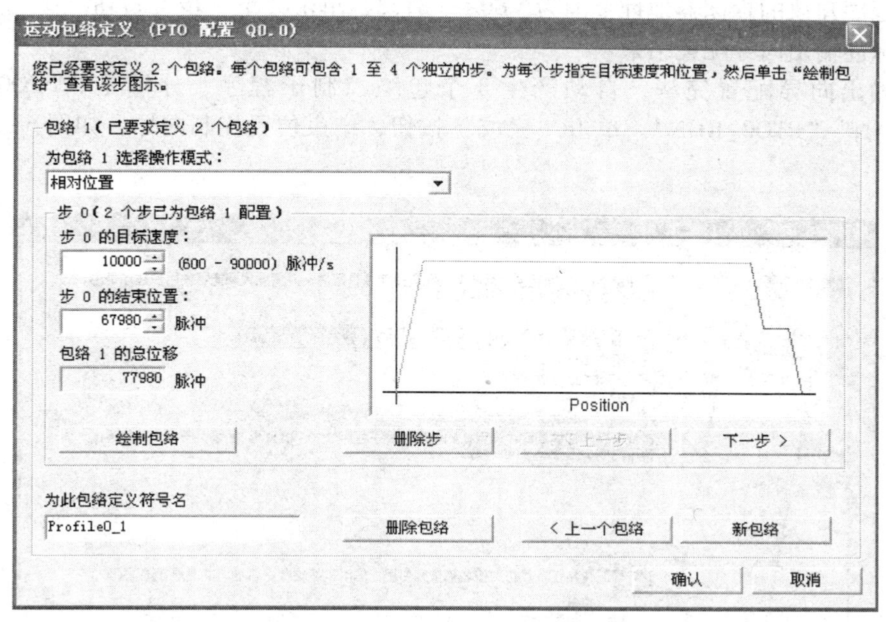

图 6—3—11　应用位置控制向导建立包络子程序（八）

9. 设定包络 1 步 1

设定包络 1 步 1 为“相对位置”操作模式，目标速度为“5 000”脉冲/s，步 1 的结束位置为“10 000”脉冲，如图 6—3—12 所示。

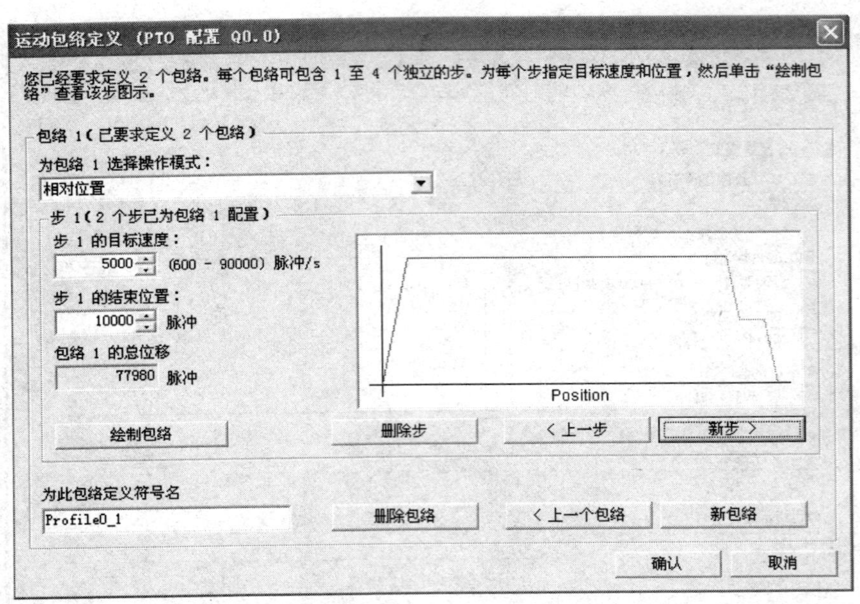

图 6—3—12　应用位置控制向导建立包络子程序（九）

10. 为包络配置分配存储器

默认程序建议的存储器地址范围为 VB0 ~ VB133，单击“下一步”按钮。

11. 脉冲输出向导配置结束

脉冲输出向导配置完毕，自动产生 3 个包络控制子程序，分别是“PTO0_CTRL”“PTO0_MAN”“PTO0_RUN”。单击“完成”按钮，结束位置控制向导，如图 6—3—13 所示。

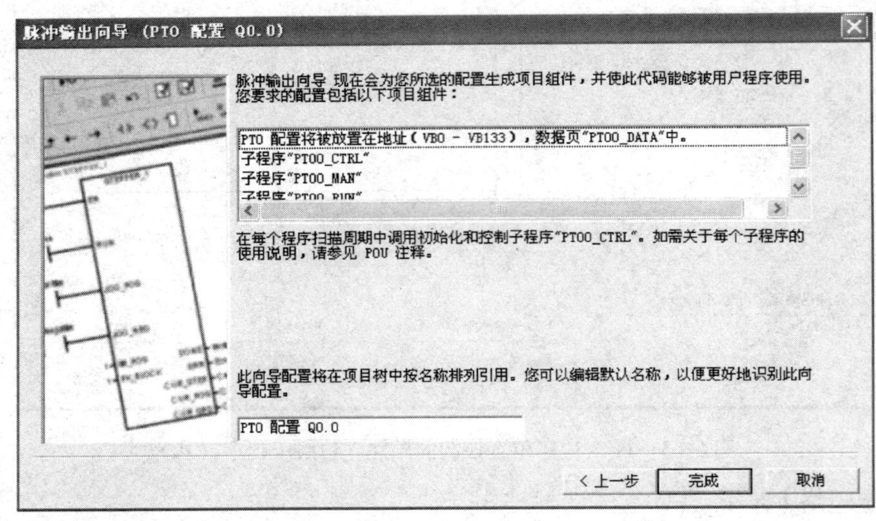

图 6—3—13　应用位置控制向导建立包络子程序（十）

四、编写 PLC 控制程序

1．建立符号表

程序符号表见表 6—3—1。

表 6—3—1 **程序符号表**

	符号	地址	注释
1	原点位置	I0. 0	
2	复位按钮	I0. 1	
3	启动按钮	I0. 2	
4	停止按钮	I0. 3	

2．PLC 程序

PLC 程序由主程序（图 6—3—14）和包络控制子程序两部分构成，在主程序中，根据需要调用相应的包络控制子程序。

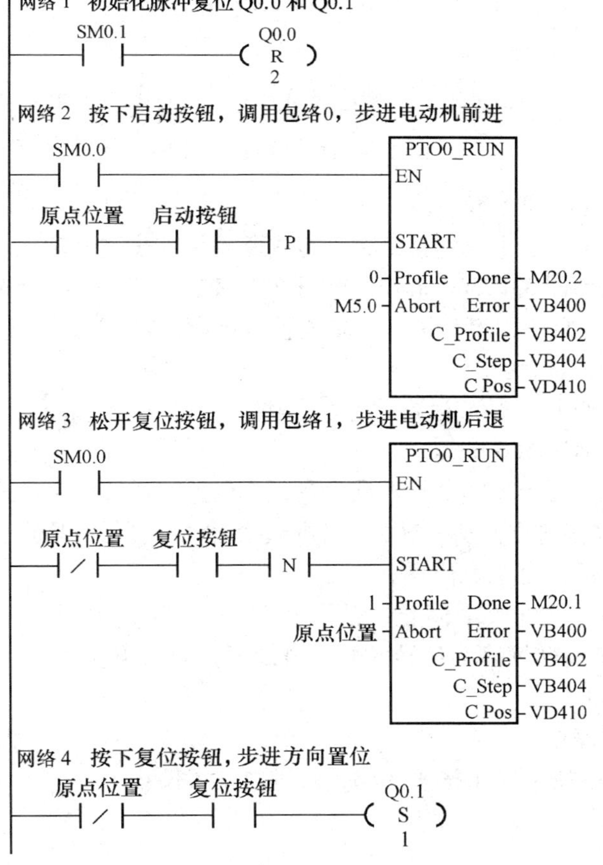

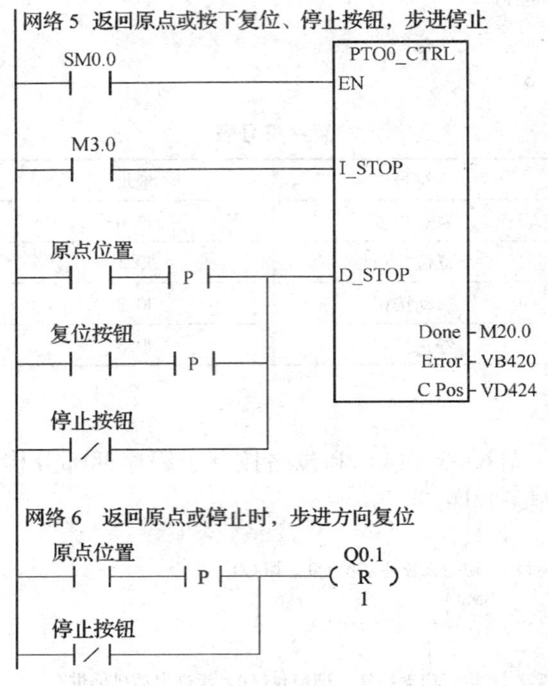

图 6—3—14　PLC 主程序

五、接线、调试并模拟运行

（1）按图 6—2—1 所示电路连接 PLC、步进驱动器和步进电动机。

（2）设置步进驱动器 3MD560 工作方式开关，使得开关 SW1 ~ SW8 分别为 OFF、OFF、ON、ON、OFF、OFF、OFF、OFF 状态，即设置步进驱动器细分步数为 10 000 步/圈，输出相电流为 4. 9 A，静态电流为半流。

（3）下载程序并使 PLC 处于运行状态。

（4）模拟机械手前进 500 mm。

先触及原点行程开关 I0. 0，表示机械手在原点位置；再按下启动按钮 I0. 2，机械手前进 500 mm 后自动停止（步进电动机正转）。当机械手运动后，松开原点行程开关 I0. 0。

（5）模拟机械手返回至原点位置。

按下复位按钮 I0. 1，机械手停止；松开复位按钮 I0. 1，机械手后退（步进电动机反转）。当步进电动机由高转速降为低转速时，触及原点行程开关 I0. 0，模拟机械手返回原点位置，步进电动机停止。

（6）模拟机械手停止。

步进电动机运行中按下停止按钮 I0. 3，步进电动机停止。

思考与练习

1. 在包络控制子程序 PTO0_CTRL 中，I_STOP 和 D_STOP 的控制功能有什么区别？
2. 在包络控制子程序 PTO0_RUN 中，START、Profile 和 Abort 的控制功能分别是什么？
3. 为什么在位置控制中机械手后退包络的脉冲个数要大于前进包络的脉冲个数？

*课题七　PLC 与触摸屏的综合应用

触摸屏是人机相互交流信息的窗口，使用者只要用手指轻轻地单击屏幕上的图形符号，就能实现与设备的“对话”，具有操作直观、交互信息量大、控制功能强等优点。触摸屏常用来控制设备运行和显示设备运行中的信息。

任务 1　使用触摸屏控制电动机运转

学习目标

¤ 能绘制和下载控制画面。
¤ 掌握 PLC 与触摸屏的数据关联。
¤ 能装调触摸屏控制电路。

任务引入

本任务使用触摸屏来控制电动机的运转，其控制线路如图 7—1—1 所示，CPU226 的通

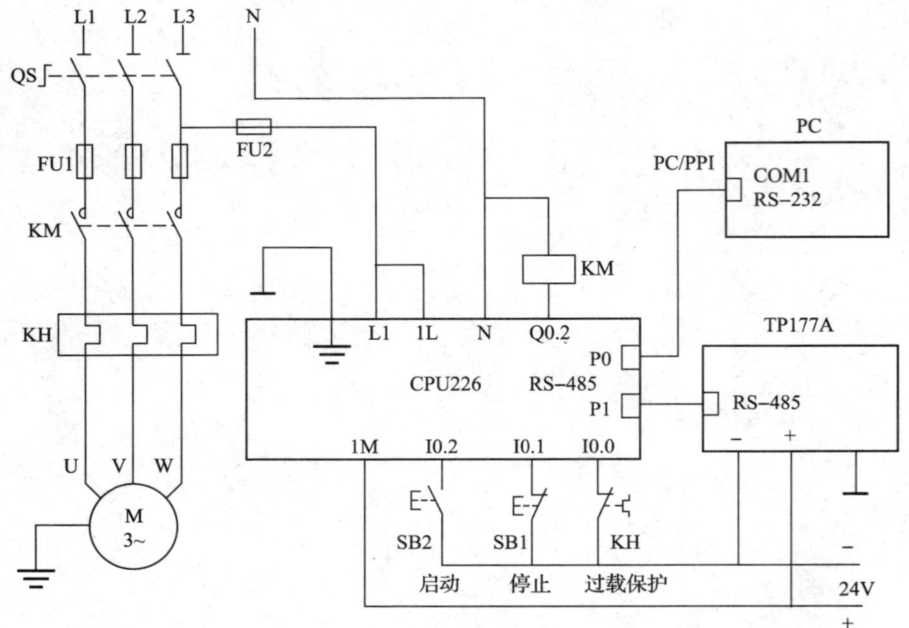

图 7—1—1　触摸屏控制电动机运转的控制线路

信端口0连接计算机，通信端口1连接触摸屏（使用网络连接器或自制RS－485通信电缆）。除使用按钮对电动机实现启动/停止控制外，还可以通过触摸屏对电动机实现启动/停止控制，并在屏幕上显示电动机的运转状态。PLC输入/输出端口分配表见表7—1—1，组态画面如图7—1—2所示。

表7—1—1　　PLC输入/输出端口分配表

输入端口			输出端口		
输入继电器	输入元件	作用	输出继电器	输出元件	控制对象
I0.0	KH（常闭触点）	过载保护	Q0.2	KM	电动机M
I0.1	SB1（常闭触点）	停止			
I0.2	SB2（常开触点）	启动			

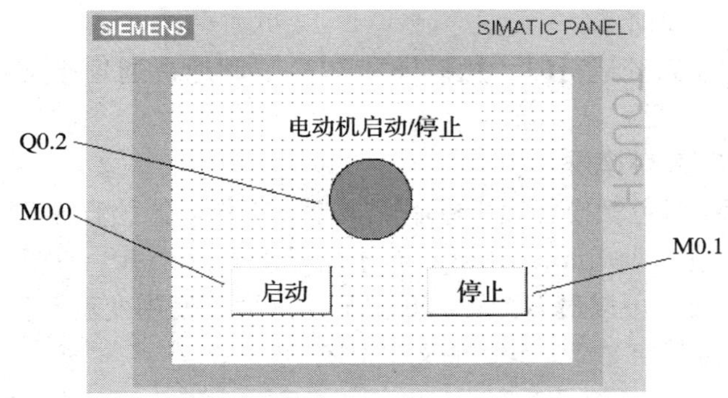

图7—1—2　组态画面

相关知识

一、触摸屏工作原理与分类

使用触摸屏可以代替鼠标或键盘来输入各种信息。当工作时，必须首先用手指或其他物体触摸安装在显示器前端的触摸屏，然后系统根据手指触摸的图标或菜单位置来定位选择信息输入。触摸屏由触摸检测部件和触摸屏控制器组成，触摸检测部件安装在显示器屏幕前面，用于检测用户触摸位置，接受后送触摸屏控制器；而触摸屏控制器的主要作用是从触摸点检测装置上接收触摸信息，并将它转换成触点坐标，再送给CPU，它同时能接收CPU发来的命令并加以执行。

按照触摸屏的工作原理和传输信息的介质，可把触摸屏分为电阻式、电容感应式、红外线式以及表面声波式4种类型。

二、触摸屏的组态与运行

触摸屏的组态与运行示意图如图7—1—3所示。

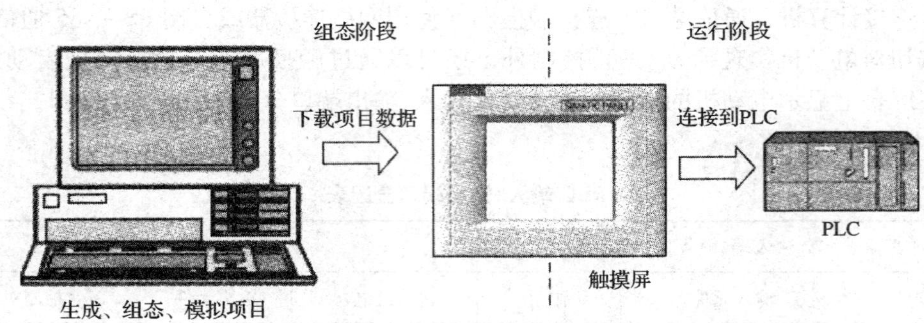

图 7—1—3　触摸屏的组态与运行示意图

（1）组态。使用西门子组态软件 WinCC flexible 可以生成满足用户要求的画面，将画面中的图形符号与 PLC 存储器的地址相关联，就可以通过 PLC 实现对设备的控制。

（2）下载项目文件。软件可将生成的画面自动编译成触摸屏可以执行的文件，并将可执行文件下载到触摸屏的存储器。

（3）运行。在控制系统运行时，触摸屏和 PLC 之间通过通信来交换信息，从而实现触摸屏的各种功能。

三、西门子 TP177A 触摸屏

西门子 TP177A 6″ 单色触摸屏属于电阻式类型。工作电源为直流 24 V，典型工作电流为 240 mA，最大工作电流为 300 mA，内部有电子熔丝。有一个 RS－485 通信端口，可以方便地与 PLC 进行通信连接。可以最多配置 250 个显示画面，使用变量数目 250 个；离散量报警最多 500 个，报警变量数目 8 个；500 个文本对象。

任务实施

一、任务准备

实施本任务所需要的实训设备见表 7—1—2。

表 7—1—2　　实训设备

序号	名称	型号规格	数量	单位
1	计算机	安装 STEP 7－Micro/WIN V 4.0 软件 安装 WinCC flexible 软件	1	台
2	PLC	CPU226　AC/DC/RLY	1	台
3	编程电缆	PC/PPI 或 USB/PPI	1	根
4	通信电缆	网络连接器或自制 RS－485 电缆	1	根
5	触摸屏	TP177A 6″ 单色	1	块
6	直流电源	24 V/2 A	1	台
7	电源开关	HZ10－10/3	1	只
8	熔断器	RT 系列	1	组
9	接触器	CJX1/N 系列（线圈电压 220 V）	1	个

续表

序号	名称	型号规格	数量	单位
10	热继电器	JRS 系列，根据电动机自定	1	个
11	按钮	LA10－3H	1	个
12	电动机	根据实习设备自定，小功率	1	台
13	控制板	根据实习设备自定	1	块

二、编写和下载 PLC 控制程序

1. 编写 PLC 控制程序

PLC 控制程序如图 7—1—4 所示。在程序中，启动按钮 I0.2 与触摸屏的“启动”按钮 M0.0 并联，停止按钮 I0.1 与触摸屏的“停止”按钮 M0.1 串联，实现两地均可启动或停止电动机（Q0.2）。

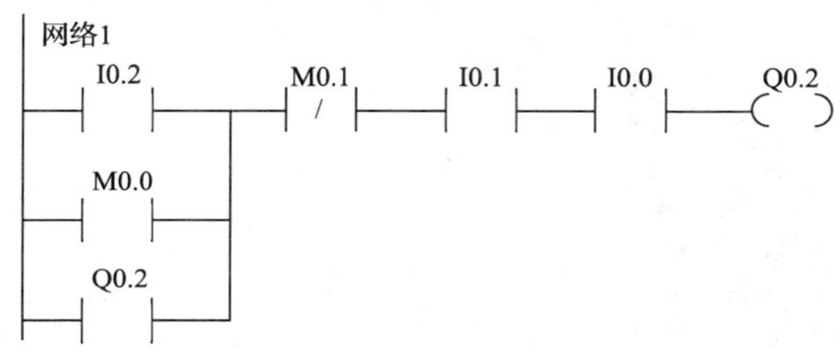

图 7—1—4 PLC 控制程序

2. 设置通信参数

计算机使用 COM1 串口，波特率设为 9.6 kbps，使用 PC/PPI 电缆与 CPU226 的端口 0 连接，计算机默认地址为 0。触摸屏使用 RS－485 端口，波特率设为 19.2 kbps，使用网络连接器或 RS－485 电缆与 CPU226 的端口 1 连接，触摸屏默认地址为 1。当程序编写完后，单击 PLC 程序左侧的“系统块”选项，将“通信端口”选项中端口 0 的地址设为 1，波特率设为 9.6 kbps；将“通信端口”选项中端口 1 的地址设为 2，波特率设为 19.2 kbps，如图 7—1—5 所示。

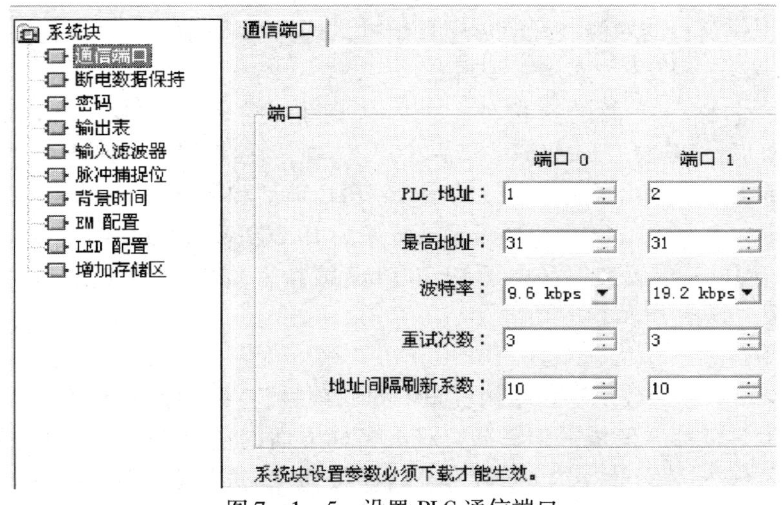

图 7—1—5 设置 PLC 通信端口

3．下载 PLC 程序

将图 7—1—4 所示的 PLC 程序下载到 CPU226 中，注意应选中“系统块”选项，因为系统块设置参数必须下载后才能生效。

三、组态画面

1．创建新项目

双击 Windows 桌面上的“WinCC flexible”图标，选择“创建一个空项目”选项，在出现的“设备选择”对话框中选择所使用的触摸屏型号（TP 177A 6″），如图 7—1—6 所示。

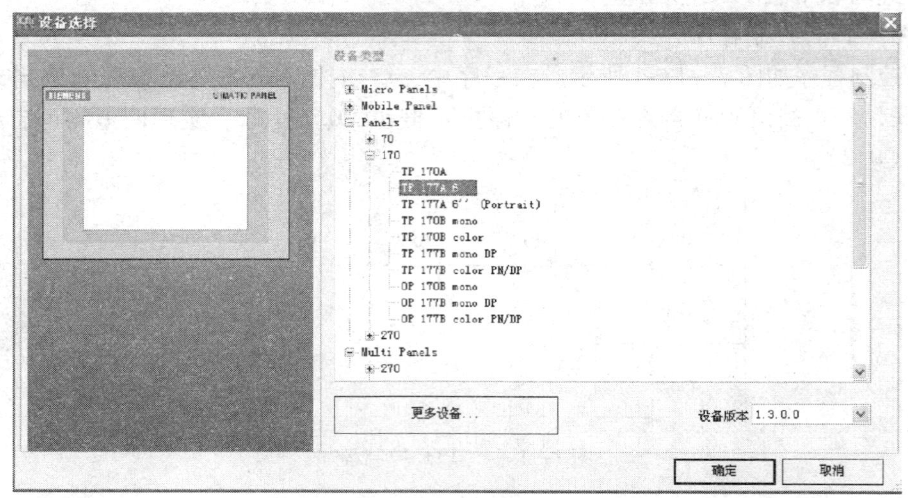

图 7—1—6 “设备选择”对话框

单击“确定”按钮，即可生成项目，其界面如图 7—1—7 所示，可以修改画面名称（例如，将默认画面_1 修改为控制画面）。选择菜单中“项目”→“保存”选项，然后选择合适的路径和文件名，将项目保存。

2．配置通信连接

只有在为 TP177A 配置通信连接后，才能与 S7－200 正常通信。

（1）在主工作窗口的左侧展开树形项目结构，选择“项目”→“设备_1”→“通讯”→“连接”选项，双击，打开“连接”编辑器。

（2）双击“名称”下面的空白处，表内自动生成了一个连接，其默认名称为“连接_1”，通信驱动程序选择“SIMATIC S7－200”选项，在“在线”列选中“开”选项。连接表下面的参数视图中给出了通信连接的参数、PLC 地址和网络配置。要注意选择最小的波特率 19 200 bps，S7－200 PLC中也要设置波特率为 19 200 bps，以使两者以相同的波特率进行通信。选择“MPI”配置文件（用于 19 200 bps 波特率），TP 177 地址为“1”，PLC 地址为“2”，如图 7—1—8 所示。

3．建立变量

选择主工作窗口左侧树形项目结构视图中的“项目”→“设备_1”→“通讯”→“变量”选项，双击，打开“变量”编辑器，双击名称下面的空白表格，表内自动生成了一个变量，其默认名称为“变量_1”，更名为“启动按钮”，选择数据类型为“Bool”，地址为“M0.0”。其他变量按照图 7—1—9 建立。

项目
项目
设备_1 (TP 177micro)
画面
添加 画面
模板
画面_1
通讯
变量
连接
周期
报警管理
模拟量报警
离散量报警
设置
文本和图形列表
运行系统用户管理
设备设置
语言设置
项目语言
图形
项目文本
字典
结构
画面_1
SIEMENS
SIMATIC PANEL
TOUCH
画面_1 (画面)
常规
属性
动画
事件
设置
名称
画面_1
编号
1
使用模板
背景色

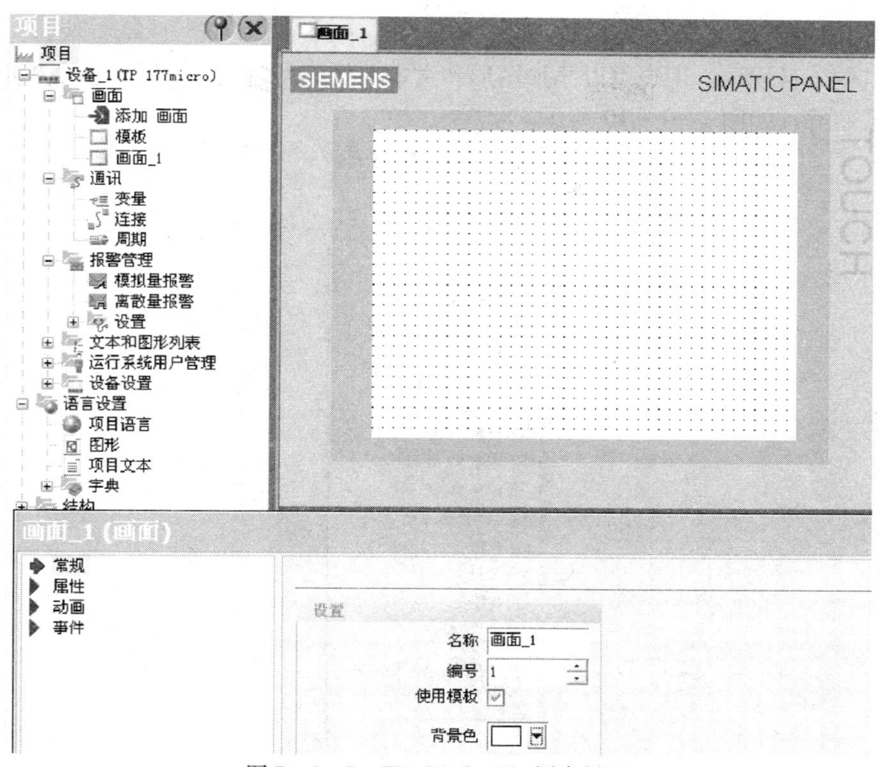

图 7—1—7　WinCC flexible 用户界面

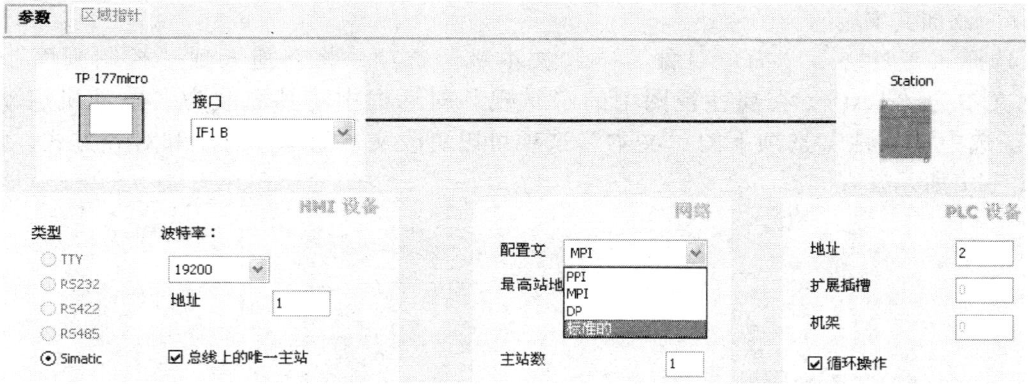

参数
区域指针
TP 177micro
接口
IF1 B
Station
HMI 设备
网络
PLC 设备
类型
TTY
RS232
RS422
RS485
Simatic
波特率：
19200
地址
1
总线上的唯一主站
配置文
MPI
最高站地
PPI
MPI
DP
标准的
主站数
1
地址
2
扩展插槽
0
机架
0
循环操作

图 7—1—8　“连接”编辑器的参数视图

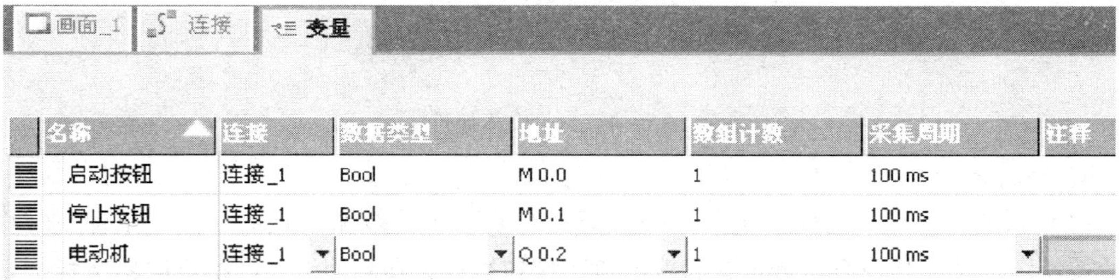

画面_1
连接
变量
名称
连接
数据类型
地址
数组计数
采集周期
注释
启动按钮
连接_1
Bool
M 0.0
1
100 ms
停止按钮
连接_1
Bool
M 0.1
1
100 ms
电动机
连接_1
Bool
Q 0.2
1
100 ms

图 7—1—9　“变量”编辑器

4. 添加简单对象

选择右侧工具视图，用户可以添加图形和文本。例如，“简单对象”选项中包含线、圆、文本域、按钮等，如图 7—1—10 所示。

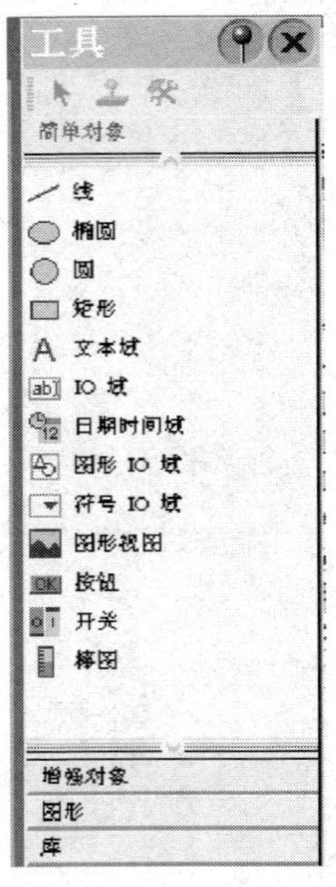

图 7—1—10 添加简单工具

5. 添加文本域

选择“工具”→“简单对象”→“文本域”选项，将其拖入到“控制画面”中，默认文本为“Text”，在属性视图中的“常规”对话框中将其更改为“电动机启动/停止”。选中“属性”选项下的“文本”选项可以更改文本的字体大小和对齐方式，如图 7—1—11 所示。

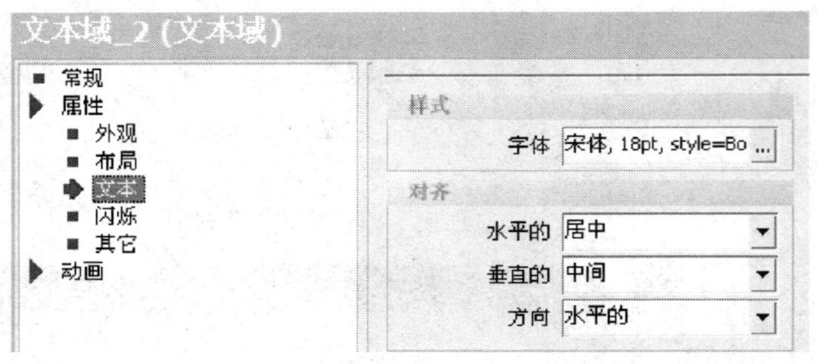

图 7—1—11 文本属性

6. 添加按钮

（1）按钮的生成。选择“工具”→“简单对象”→“按钮”选项，按住鼠标左键将其中的按钮图标 OK 拖放到画面上，松开左键，按钮被放置在画面上，同时可以用鼠标来调整按钮的位置和大小。

（2）设置按钮的属性。选中生成的按钮，在属性视图的“常规”对话框中，使“按钮模式”框和“文本”框均选中“文本”，键入“启动”字符，如图 7—1—12 所示。

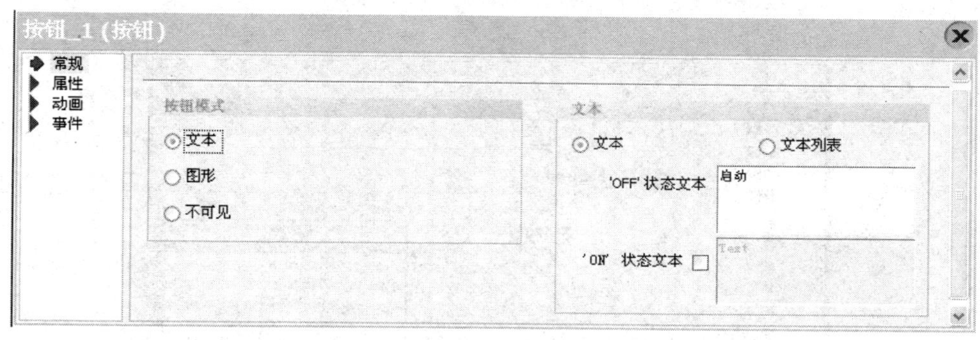

图 7—1—12　组态按钮文本

在属性视图的“文本”对话框中，可以定义按钮上文本的字体大小和对齐方式，如图 7—1—13 所示。

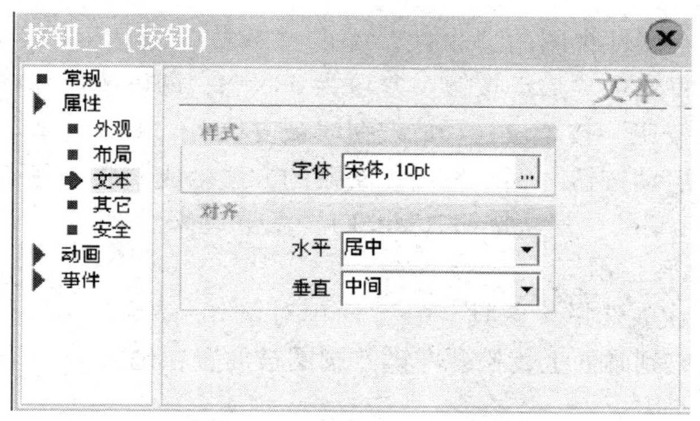

图 7—1—13　组态按钮文本属性

（3）设置按钮的功能。在属性视图的“事件”类的“按下”对话框中，单击视图右侧最上面一行，再单击它右侧出现的▼按钮（在单击之前它是隐藏的），选择出现的系统函数列表的“编辑位”文件夹中的函数“SetBit”（置位），如图 7—1—14 所示。

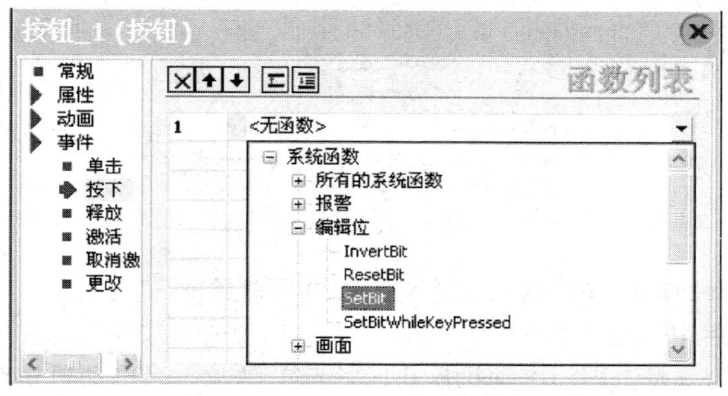

图 7—1—14　组态按钮按下时执行的函数

直接单击表中第 2 行右侧隐藏的▼按钮，弹出相应对话框，选中其中的变量“启动按钮（M0.0）”选项，如图 7—1—15 所示。在运行时按下该按钮，将变量“启动按钮”置位为 1 状态。

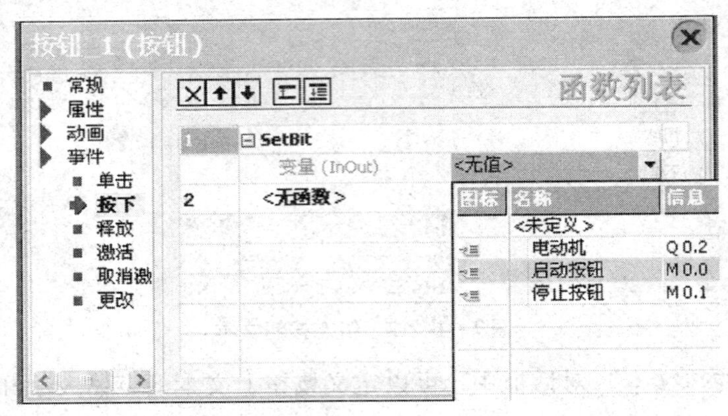

图 7—1—15　组态按钮按下时对应的函数及变量

用同样的方法，在属性视图的“事件”类的“释放”对话框中，设置释放按钮时系统函数为“ResetBit”，将变量“启动按钮”复位为 0 状态，即该按钮具有点动按钮的功能，按下按钮时变量“启动按钮”被置位，释放按钮时被复位。

可从组态好的“启动按钮”通过复制、粘贴的方法生成“停止按钮”，并将按钮上的文本更改为“停止”，与变量“停止按钮（M0.1）”关联起来。

7. 添加电动机运转指示灯

（1）指示灯的生成。选择“工具”→“简单对象”→“圆”选项，按住鼠标左键将其中的空心圆图标○拖放到画面上，松开左键，圆圈被放置在画面上，同时可以用鼠标来调整圆圈的位置和大小。

（2）设置圆圈的属性。选中生成的圆，在属性视图的“外观”对话框中，选择填充颜色和填充样式为实心，如图 7—1—16 所示。

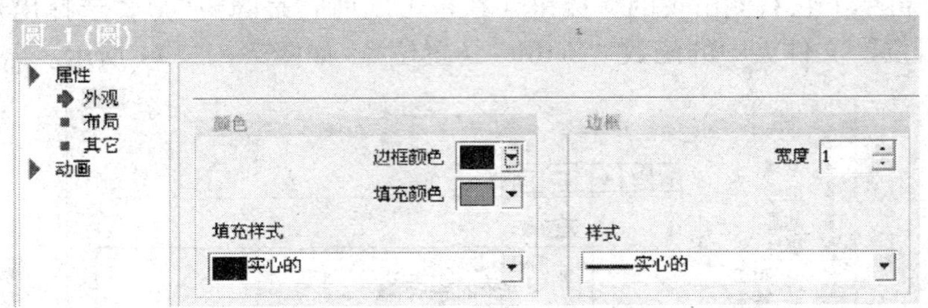

图 7—1—16　组态指示灯

（3）设置圆圈的功能并与电动机连接。在动画视图的“可见性”类的“变量”对话框中，选择“启用”选项，单击“变量”右侧出现的▼按钮，选择“电动机”选项，并选择对象状态为隐藏，即当电动机停止时该圆圈隐藏，当电动机运转时该圆圈显示，如图 7—1—17 所示。

图 7—1—17　指示灯与电动机关联

四、将组态画面下载到触摸屏

计算机与触摸屏通过 PC/PPI 电缆连接起来，如图 7—1—18 所示，同时要为触摸屏提供 24 V 直流电源。

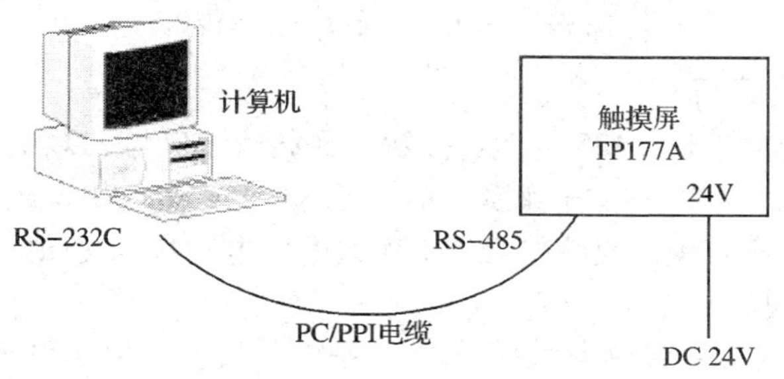

图 7—1—18　计算机与触摸屏连接

如果触摸屏是第一次通电，则必须设置触摸屏的通信参数。触摸屏开机后进入的画面如图 7—1—19 所示（这个画面大约持续 3 s）；单击“Control Panel”按钮，进入控制面板页面；单击“Transfer”按钮，进入传送设置页面，如图 7—1—20 所示，选中通道 1（Channel1）中串行（Serial）后的复选框，单击“OK”按钮退出。断电后重新启动触摸屏，单击传送“Transfer”按钮，进入传送等待页面，等待计算机传送组态程序。

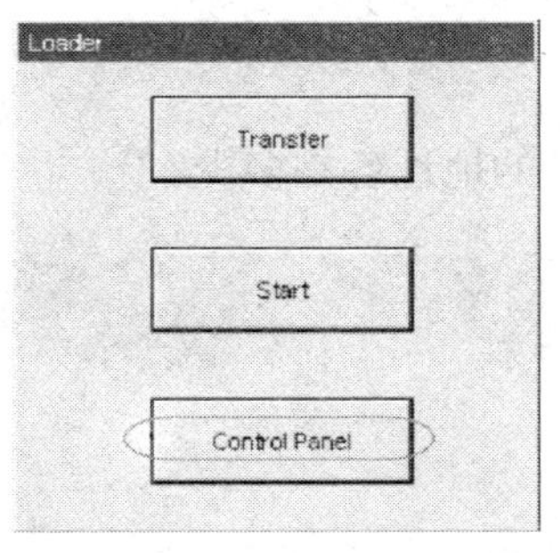

图 7—1—19　装载选项

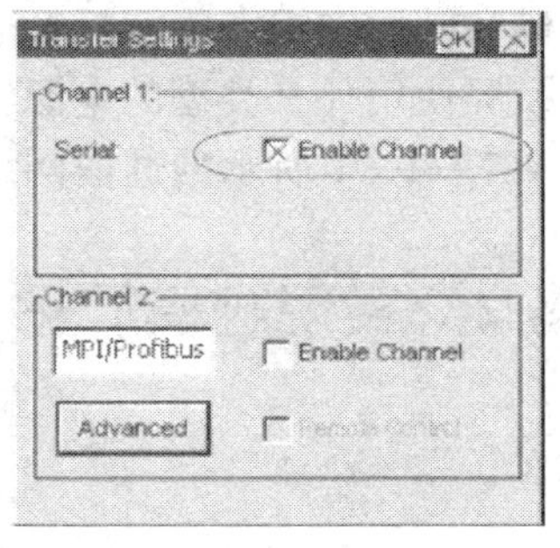

图 7—1—20　传送设置页面

当组态好画面后，单击工具栏中的传送按钮，进入选择设备传送页面，如图 7—1—21 所示。选中触摸屏设备为“设备 - 1（TP 177A 6″）”，模式为“RS232/PPI 多主站电缆”，端口选择 COM1，波特率选择最小（115 200 bps），单击“传送”按钮，即可将组态好的画面编译成可执行文件下载到触摸屏中。

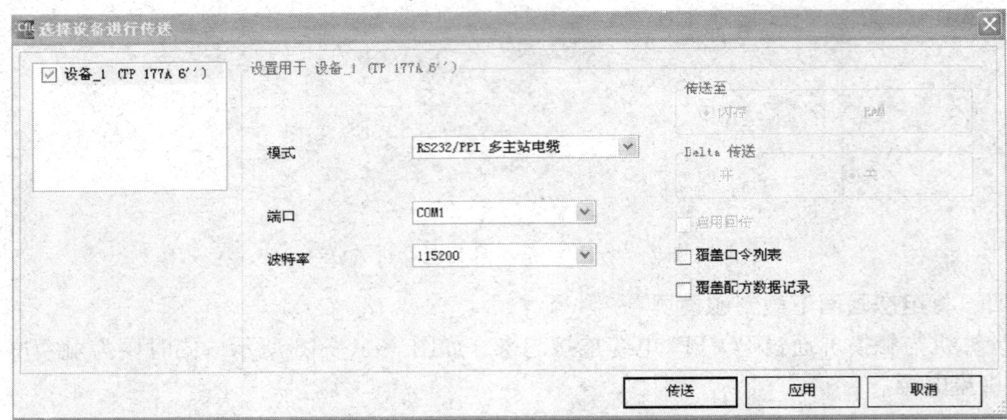

图 7—1—21　选择设备进行传送

五、接线、调试并运行

（1）用网络连接器或 RS－485 电缆连接触摸屏通信端口与 PLC 的 P1 口。

（2）按下启动按钮 SB2 或单击触摸屏的“启动”按钮，I0.2 或 M0.0 常开触点闭合，使输出继电器 Q0.2 通电自锁，交流接触器 KM 通电，电动机 M 通电运行。触摸屏上显示电动机运转的实心圆出现。

（3）按下停止按钮 SB1 或单击触摸屏的“停止”按钮，I0.1 常开触点或 M0.1 常闭触点断开，使输出继电器 Q0.2 解除自锁，交流接触器 KM 失电，电动机 M 断电停止。触摸屏上显示电动机运转的实心圆消失。

思考与练习

1. 在工业生产中，触摸屏的作用是什么？
2. 怎样在画面中组态按钮？
3. 怎样在画面中组态指示灯？
4. 触摸屏使用什么类型的电源？
5. 在图 7—1—1 所示的通信网络中，触摸屏和 PLC 的地址各是多少？

任务 2　实现触摸屏多画面切换

学习目标

¤ 掌握组态画面切换按钮的用法。

¤ 掌握传送函数 SetDeviceMode 的应用。

任务引入

根据控制任务的需要可以在触摸屏上组态多个画面。例如，组态两个用户画面，其中，画面_1 为控制画面，用来启动或停止电动机，如图 7—2—1 所示；画面_2 为系统画面，当单击画面中的“传送”按钮时，可以从计算机向触摸屏下载组态程序，而不必重新上电，如图 7—2—2 所示。两个用户画面可以通过画面切换按钮交替呈现。

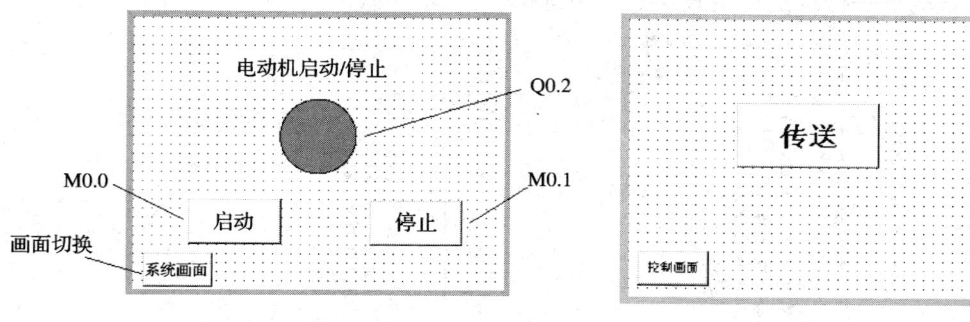

图 7—2—1　控制画面　　　图 7—2—2　系统画面

任务实施

一、任务准备

同本课题任务 1。

二、编写和下载 PLC 控制程序

同本课题任务 1。

三、组态画面

控制画面同本课题任务 1。

1. 创建系统画面

选择主工作窗口左侧树形项目结构视图中的“项目”→“设备_1”→“画面”→“添加画面”选项，双击，建立一个新画面“画面_2”，并将“画面_2”改名为“系统画面”，如图 7—2—3 所示。

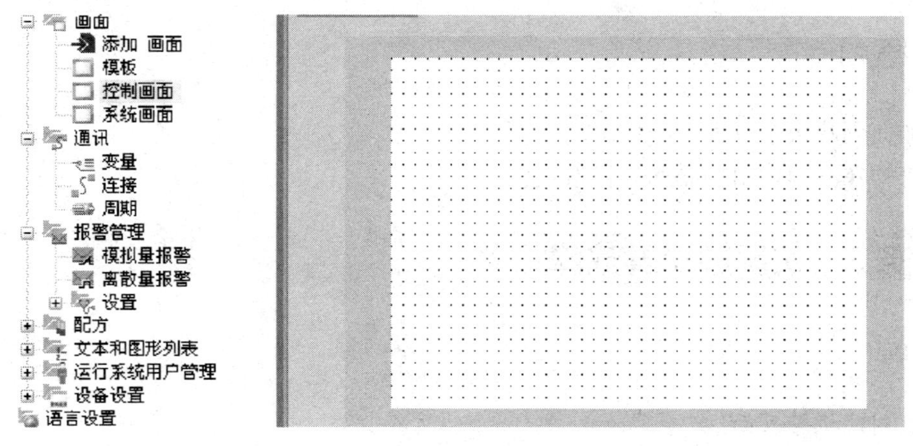

图 7—2—3　将“画面_2”改名为“系统画面”

2. 添加按钮并设置功能

添加一个按钮，在“常规”和“属性”选项中加入字符“传送”并设置字体。在事件中选择“单击”选项，并选择“设置”选项中的函数“SetDeviceMode”，如图 7—2—4 所示。在函数的下一行“运行模式”选项中选择“下载”选项。

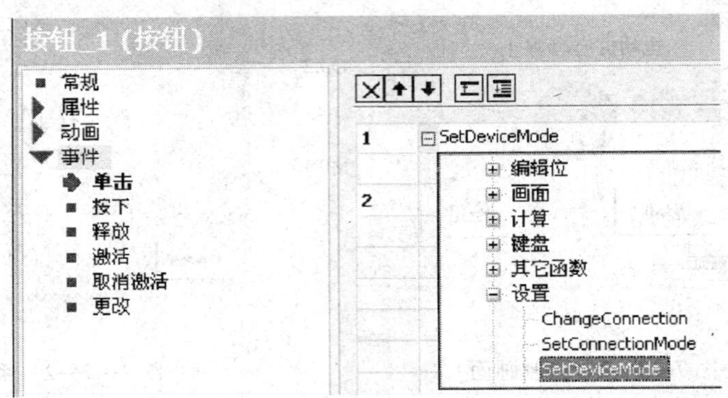

图 7—2—4　组态传送按钮

3. 生成画面切换按钮

在系统画面中，选择左侧“项目”→“设备_1”→“控制画面”选项，并按住鼠标左键将其拖动到工作区左下角，则自动生成画面切换按钮，该按钮具有向“控制画面”切换的功能。利用同样的方法，在控制画面中生成一个具有向“系统画面”切换功能的按钮。

4. 下载操作

将用户程序下载到触摸屏，在触摸屏上单击“画面切换”按钮，“控制画面”和“系统画面”可以相互切换。单击“系统画面”中的“传送”按钮，可以直接从计算机向触摸屏下载组态程序，而不再需要触摸屏断电重启，对修改组态程序很方便。

四、接线、调试并运行

同本课题任务 1。

思考与练习

1. 如何创建多个画面?
2. 怎样在画面中组态画面切换按钮?

任务 3　实现触摸屏故障报警

学习目标

¤ 能创建报警画面。

¤ 能设置报警控制字和离散量报警变量。

¤ 能装调触摸屏控制及报警电路。

任务引入

使用触摸屏控制电动机运转并能故障报警的控制线路如图 7—3—1 所示。除启动/停止控制外，它还有过载故障自停保护和前、后车门打开故障自停保护。当出现故障时，触摸屏自动报警并显示故障现象和排除故障的措施，有利于生产人员及时发现和处理现场故障。其输入/输出端口分配表见表 7—3—1。

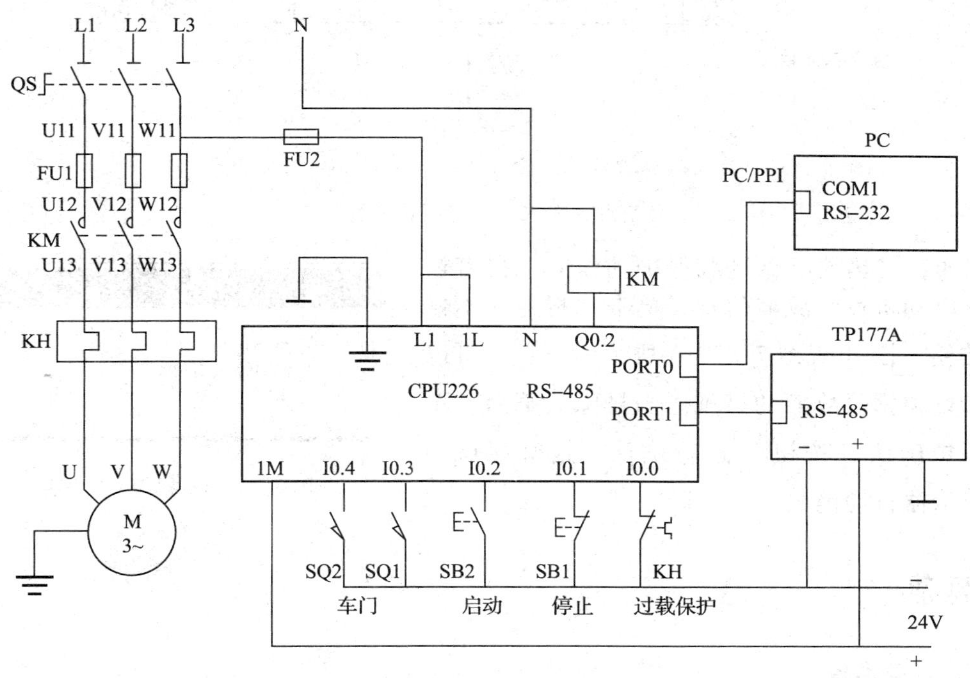

图 7—3—1 使用触摸屏控制电动机运转并能故障报警的控制线路

表 7—3—1 **输入/输出端口分配表**

输入端口			输出端口		
输入继电器	输入元件	作用	输出继电器	输出元件	控制对象
I0.0	KH	过载保护	Q0.2	KM	电动机 M
I0.1	SB1	停止按钮			
I0.2	SB2	启动按钮			
I0.3	SQ1	前车门行程开关			
I0.4	SQ2	后车门行程开关			

本任务中用户画面有 3 个，其中画面_1 是控制画面，用来控制电动机运行；画面_2 是系统画面，用来传送用户程序（画面_1 和画面_2 与本课题任务 2 相同）；画面_3 是故障报

警画面，能分别或同时显示电动机过载、前车门打开和后车门打开 3 个故障，如图 7—3—2 所示。可以通过触摸屏监控电动机的运转状态，当出现故障时，电动机停止；同时，触摸屏弹出故障报警窗口，报警指示器闪烁。当排除故障后，可重新启动电动机运转。

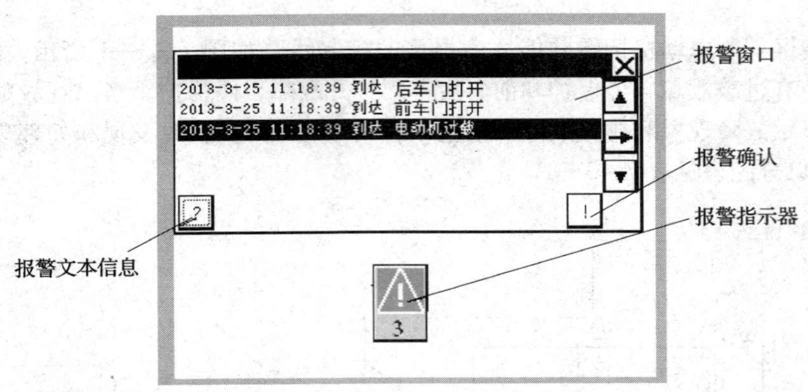

图 7—3—2　故障报警画面

例如，当热继电器过载保护动作时，报警窗口弹出电动机过载故障信息，单击“报警文本信息”按钮?，出现图 7—3—3 所示的信息，可以了解检查和排除故障的措施。当排除故障后，单击“报警确认”按钮!进行确认，报警窗口和报警指示器自动消失。

图 7—3—3　报警文本信息

任务实施

一、任务准备

实施本任务所需要的实训设备见表 7—3—2。

表 7—3—2　　实训设备

序号	名称	型号规格	数量	单位
1	计算机	安装 STEP 7 - Micro/WIN V 4.0 软件 安装 WinCC flexible 软件	1	台
2	PLC	CPU226　AC/DC/RLY	1	台
3	编程电缆	PC/PPI 或 USB/PPI	1	根
4	通信电缆	网络连接器或自制 RS - 485 电缆	1	根
5	触摸屏	TP177A 6″ 单色	1	块
6	直流电源	24 V/2 A	1	台
7	电源开关	HZ10 - 10/3	1	只

续表

序号	名称	型号规格	数量	单位
8	熔断器	RT 系列	1	组
9	接触器	CJX1/N 系列（线圈电压 220 V）	1	个
10	热继电器	JRS 系列，根据电动机自定	1	个
11	按钮	LA10－3H	1	个
12	行程开关	JLXK1－111	2	个
13	电动机	根据实习设备自定，小功率	1	台
14	控制板	根据实习设备自定	1	块

二、组态画面

控制画面、系统画面同本课题任务 2。

1．创建报警画面

报警窗口和报警指示器只能在画面模板中进行组态。双击“项目”→“设备_1”→“画面”→“模板”图标，打开模板画面。将工具箱的“增强对象”组中的“报警窗口”与“报警指示器”图标拖放到画面模板中，如图 7—3—4 所示。

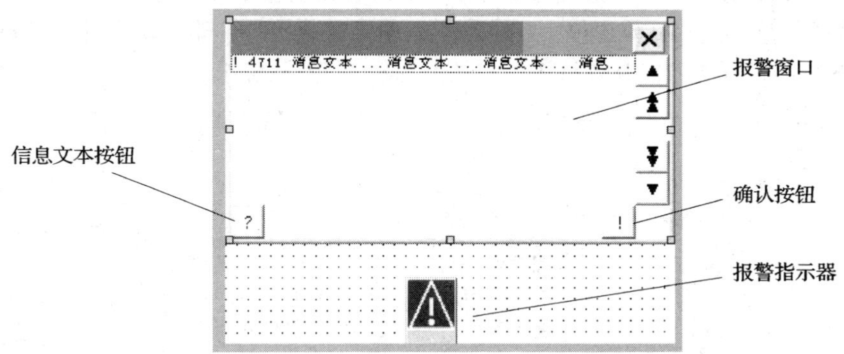

图 7—3—4　画面模板中的报警窗口与报警指示器

在报警窗口“属性”→“显示”框中，选中“信息文本”按钮复选框和“确认”按钮复选框，如图 7—3—5 所示，否则这两个按钮不会出现在报警窗口中。

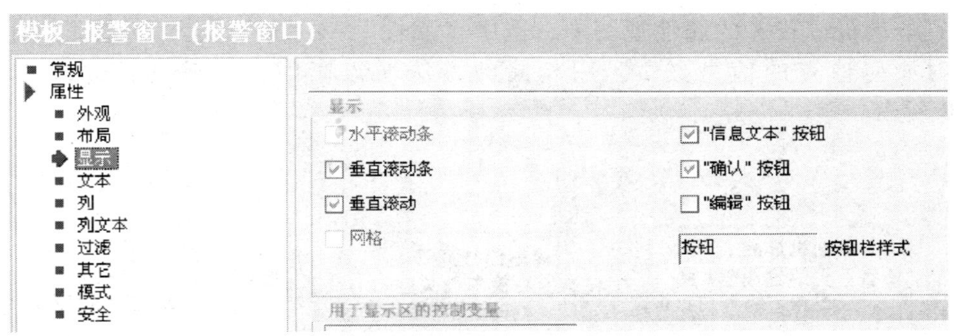

图 7—3—5　在报警窗口“显示”框中选中“信息文本”和“确认”按钮复选框

2. 添加故障信息控制字

如果离散量报警置位了 PLC 中特定的位，触摸屏就触发报警。报警变量的长度必须为字。在变量表中，创建字型（Word）变量“故障信息”，地址为“MW10”，如图 7—3—6 所示。因为一个字型（Word）变量有 16 位，所以可以表示 16 个离散量报警。

控制画面 | 模板 | 系统画面 | 变量

名称	数据类型	地址	数组计数	采集周期
电动机	Bool	Q 0.2	1	100 ms
启动控制	Bool	M 0.0	1	100 ms
停止按钮	Bool	M 0.1	1	100 ms
故障信息	Word	MW 10	1	100 ms

图 7—3—6　添加故障信息控制字

3. 添加离散量报警变量

双击“项目”→“设备_1”→“报警管理”→“离散量报警”图标，在离散量报警编辑器中单击表格第 1 行，输入报警文本（对报警的描述）“电动机过载”，如图 7—3—7 所示。报警的编号用于识别报警，是自动生成的。离散量报警用指定的字变量的某一位来触发，单击“触发变量”右侧的▼按钮，在程序的变量列表中选择已定义的变量“故障信息”。选择“触发器位”为“0”，若“故障信息”的第 0 位置位，则触发了电动机过载报警，即电动机过载报警与 M11. 0 关联。同理，前车门打开故障报警与 M11. 1 关联；后车门打开故障报警与 M11. 2 关联。

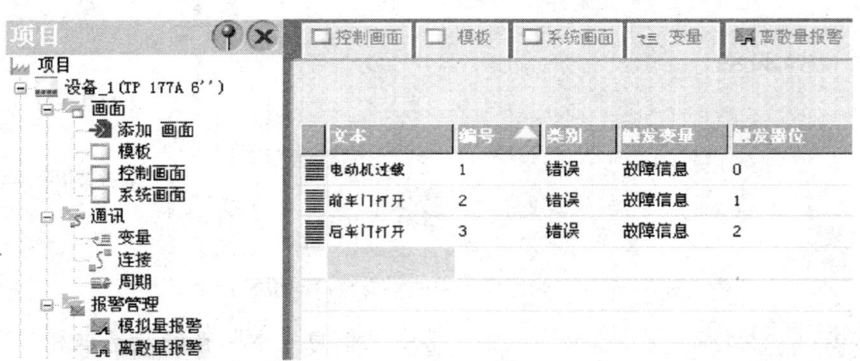

图 7—3—7　离散量报警编辑器

在“电动机过载”的属性视图中，选中“属性”→“信息文本”选项，输入电动机过载时如何检查的信息文本。用相同的方法输入车门打开时的信息文本，如图 7—3—8 所示。

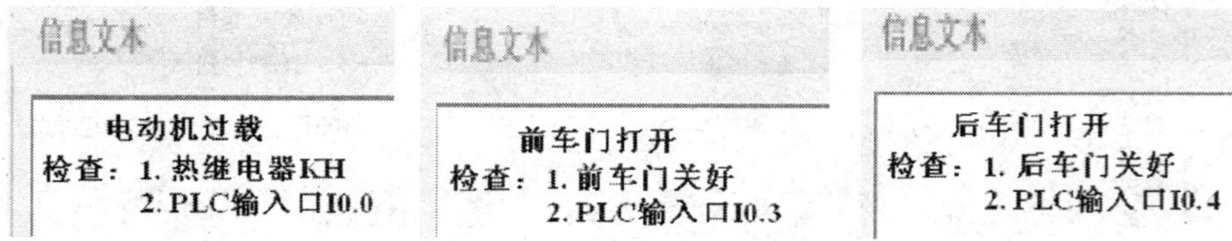

图 7—3—8　报警信息文本

三、编写 PLC 控制程序

PLC 控制程序如图 7—3—9 所示。当没有出现故障时，输入继电器 I0. 0、I0. 1、I0. 3 和 I0. 4 均处于接通状态，Q0. 2 可以通电。当出现故障时，输入继电器 I0. 0、I0. 3 和 I0. 4 处于断开状态，Q0. 2 断电；同时，故障控制位 M11. 0、M11. 1 或 M11. 2 置 1，触发故障显示控制字 MW10，触摸屏显示故障报警画面。

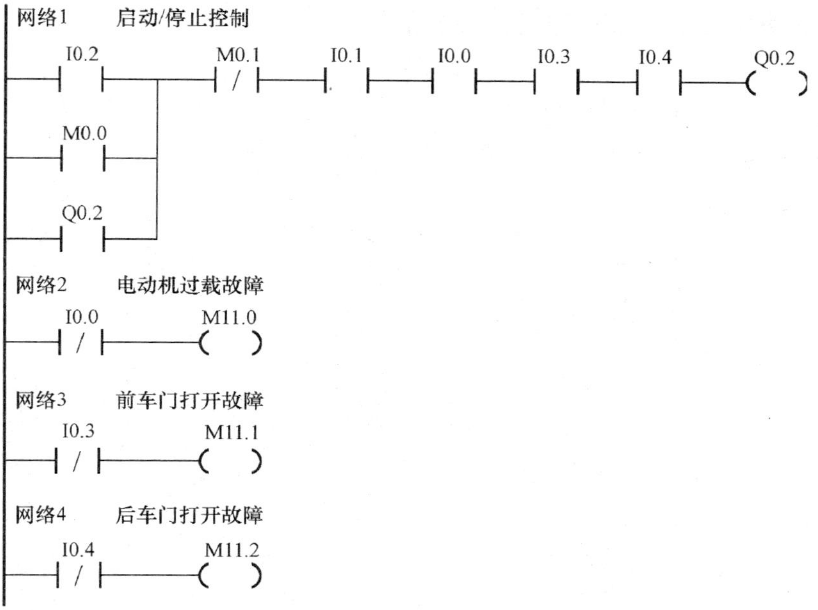

网络1 启动/停止控制

I0.2 M0.1 I0.1 I0.0 I0.3 I0.4 Q0.2

M0.0

Q0.2

网络2 电动机过载故障

I0.0 M11.0

网络3 前车门打开故障

I0.3 M11.1

网络4 后车门打开故障

I0.4 M11.2

图 7—3—9 PLC 控制程序

四、显示故障信息文本

在电动机正常运行中，如果出现故障，则电动机自动停止并显示报警窗口，在报警窗口中可以同时显示多个故障信息。选中报警窗口中发生的故障信息，单击左侧的按钮 ? ，显示当前故障的信息文本，可以了解检查与排除故障的措施。当排除故障后，单击右侧的“报警确认”按钮 ! ，则报警窗口和报警指示器一起消失，并返回控制画面。

五、接线、调试并运行

（1）用网络连接器或 RS－485 电缆连接触摸屏通信端口与 PLC 的端口 0。

（2）按下启动按钮 SB2 或单击触摸屏的“启动”按钮，10. 2 或 M0. 0 常开触点闭合，使输出继电器 Q0. 2 通电自锁，交流接触器 KM 通电，电动机 M 通电运行。触摸屏上显示电动机运转的实心圆出现。

（3）按下停止按钮 SB1 或单击触摸屏的“停止”按钮，10. 1 常开触点或 M0. 1 常闭触点断开，使输出继电器 Q0. 2 解除自锁，交流接触器 KM 失电，电动机 M 断电停止，触摸屏上显示电动机运转的实心圆消失。

（4）断开 I0.0、I0.3 和 I0.4 接线，模拟故障发生现象，电动机自动停止，触摸屏显示故障信息。当排除故障后，方可重新启动电动机运转。

思考与练习

1．如何组态离散量报警？

2．一个字型变量可以组态多少个离散量报警？

附 录

附录 1　S7 - 200 系列 PLC CPU 规范表

	CPU 221	CPU 222	CPU 224	CPU 226
电源				
输入电压	20.4 ~ 28.8 VDC /85 ~ 264 VAC（47 ~ 63 Hz）			
24 VDC 传感器电源容量	180 mA		280 mA	400 mA
存储器				
用户程序空间	2 048 字		4 096 字	8 192 字
用户数据（EEPROM）	1 024 字（永久存储）		2 560 字（永久存储）	5 120 字（永久存储）
装备（超级电容） （可选电池）	50 h/典型值（40℃最少 8 h） 200 天/典型值		190 h/典型值（40℃最少 120 h） 200 天/典型值	
I/O 接口				
本机数字输入/输出	6 输入/4 输出	8 输入/6 输出	14 输入/10 输出	24 输入/16 输出
数字 I/O 映像区	256（128 入/128 出）			
模拟 I/O 映像区	无	32（16 入/16 出）	64（32 入/32 出）	
允许最大的扩展模块	无	2 模块	7 模块	
允许最大的智能模块	无	2 模块	7 模块	
脉冲捕捉输入	6	8	14	24
高速计数 单相 两相	4 个计数器 4 个 30 kHz 2 个 20 kHz		6 个计数器 6 个 30 kHz 4 个 20 kHz	
脉冲输出	2 个 20 kHz（仅限于 DC 输出）			
常规				
定时器	256 个定时器：4 个定时器（1 ms）；16 个定时器（10 ms）；236 个定时器（100 ms）			
计数器	256（由超级电容器或电池备份）			
内部存储器位 掉电保护	256（由超级电容器或电池备份） 112（存储在 E^2PROM）			
时间中断	2 个 1 ms 的分辨率			
边沿中断	4 个上升沿和/或 4 个下降沿			
模拟电位器	1 个 8 位分辨率		2 个 8 位分辨率	

续表

	CPU 221	CPU 222	CPU 224	CPU 226
布尔量运算执行速度	0.22 μs 每条指令			
时钟	可选卡件		内置	
卡件选项	存储卡、电池卡和时钟卡		存储卡和电池卡	
集成的通信功能				
端口	1 个 RS-485 接口			2 个 RS-485 接口
PPI，DP/T 波特率	9.6、19.2、187.5 kbps			
自由口波特率	1.2~115.2 kbps			
每段最大电缆长度	使用隔离的中继器：187.5 kbps 可达 1 000 m，38.4 kbps 可达 1 200 m 未使用中继器：50 m			
最大站点数	每段 32 个站，每个网络 126 个站			
最大主站数	32			
点到点（PPI 主站模式）	是（NETR/NETW）			
MPI 连接	共 4 个，2 个保留（1 个给 PG，1 个给 OP）			

附录 2　S7－200 系列 PLC 部分扩展模块

类型	数字量扩展模块			模拟量扩展模块		
型号	EM221	EM222	EM223	EM231	EM232	EM235
输入点	8		4/8/16	4		4
输出点		8	4/8/16		2	1
隔离组点数	8	2	4			
输入电压	24 VDC		24 VDC			
输出电压		24 VDC 或 24～230 VAC	24 VDC 或 24～230 VAC			
A/D 转换器				<250 μs		<250 μs
分辨率				12 bit A/D 转换	电压：12 bit 电流：11 bit	12 bit A/D 转换

附录3　S7－200系列PLC CPU存储范围和特性总汇

描述	范围				存取格式			
	CPU 221	CPU 222	CPU 224	CPU 226	位	字节	字	双字
用户程序区	4 096 个字节	4 096 个字节	8 192 个字节	16 384 个字节				
用户数据区	2 048 个字节	2 048 个字节	8 192 个字节	10 240 个字节				
输入映像寄存器	I0.0～I15.7	I0.0～I15.7	I0.0～I15.7	I0.0～I 15.7	Ix.y	IBx	IWx	IDx
输出映像寄存器	Q0.0～Q15.7	Q0.0～Q15.7	Q0.0～Q15.7	Q0.0～Q15.7	Qx.y	QBx	QWx	QDx
模拟输入（只读）	—	AIW0～AIW30	AIW0～AIW62	AIW0～AIW62			AIWx	
模拟输出（只写）	—	AQW0～AQW30	AQW0～AQW62	AQW0～AQW62			AQWx	
变量存储器	VB0～VB2047	VB0～VB2047	VB0～VB8191	VB0～VB10239	Vx.y	VBx	VWx	VDx
局部存储器	LB0.0～LB63.7	LB0.0～LB63.7	LB0.0～LB63.7	LB0.0～LB63.7	Lx.y	LBx	LWX	LDx
位存储器	M0.0～M31.7	M0.0～M31.7	M0.0～M31.7	M0.0～M31.7	Mx.y	MBx	MWx	MDx
特殊存储器只读	SM0.0～SM179.7 SM0.0～SM29.7	SM0.0～SM299.7 SM0.0～SM29.7	SM0.0～SM549.7 SM0.0～SM29.7	SM0.0～SM549.7 SM0.0～SM29.7	SMx.y	SMBx	SMWx	SMDx
定时器 数量	256（T0～T255）	256（T0～T255）	256（T0～T255）	256（T0～T255）				
定时器 保持接通延时1ms	T0、T64	T0、T64	T0、T64	T0、T64				
定时器 保持接通延时10 ms	T1～T4、T65～T68	T1～T4、T65～T68	T1～T4、T65～T68	T1～T4、T65～T68				
定时器 保持接通延时100 ms	T5～T31、T69～T95	T5～T31、T69～T95	T5～T31、T69～T95	T5～T31、T69～T95	Tx		Tx	
定时器 接通/断开延时1 ms	T32、T96	T32、T96	T32、T96	T32、T96				
定时器 接通/断开延时10 ms	T33～T36、T97～T100	T33～T36、T97～T100	T33～T36、T97～T100	T33～T36、T97～T100				
定时器 接通/断开延时100 ms	T37～T63、T101～T255	T37～T63、T101～T255	T37～T63、T101～T255	T37～T63、T101～T255				

续表

描述	范围				存取格式			
	CPU 221	CPU 222	CPU 224	CPU 226	位	字节	字	双字
计数器	C0 ~ C255	C0 ~ C255	C0 ~ C255	C0 ~ C255	Cx		Cx	
高速计数器	HC0、HC3 ~ HC5	HC0、HC3 ~ HC5	HC0 ~ HC5	HC0 ~ HC5				HCx
顺控继电器	S0. 0 ~ S31. 7	S0. 0 ~ S31. 7	S0. 0 ~ S31. 7	S0. 0 ~ S31. 7	Sx. y	SBx	SWx	SDx
累加器	AC0 ~ AC3	AC0 ~ AC3	AC0 ~ AC3	AC0 ~ AC3		ACx	ACx	ACx
跳转/标号	0 ~ 255	0 ~ 255	0 ~ 255	0 ~ 255				
调用/子程序	0 ~ 63	0 ~ 63	0 ~ 63	0 ~ 127				
中断程序	0 ~ 127	0 ~ 127	0 ~ 127	0 ~ 127				
PID 回路	0 ~ 7	0 ~ 7	0 ~ 7	0 ~ 7				
通信口	0	0	0	0、1				

附录4　S7-200 指令系统速查表

布尔指令	
LD　Bit LDI　Bit LDN　Bit LDNI　Bit	装载 立即装载 取反后装载 取反后立即装载
A　Bit A I　Bit A N　Bit ANI　Bit	与 立即与 取反后与 取反后立即与
O　Bit OI　Bit O N　Bit ONI　Bit	或 立即或 取反后或 取反后立即或
LDBx IN1，IN2	装载字节比较的结果 IN1（x：<、<=、=、>=、>、<>=IN2
ABx　IN1，IN2	与字节比较的结果 IN1（x：<、<=、=、>=、>、<>=IN2
Obx　IN1，IN2	或字节比较的结果 IN1（x：<、<=、=、>=、>、<>=IN2
LDWx　IN1，IN2	装载字比较的结果 IN1（x：<、<=、=、>=、>、<>=IN2
Awx　IN1，IN2	与字比较的结果 IN1（x：<、<=、=、>=、>、<>=IN2
Owx　IN1，IN2	或字比较的结果 IN1（x：<、<=、=、>=、>、<>=IN2

续表

LDDx　IN1，IN2	装载双字比较的结果 IN1（x：<、<=、=、>=、>、<>=IN2
ADx　IN1，IN2	与字双字比较的结果 IN1（x：<、<=、=、>=、>、<>）IN2
ODx　IN1，IN2	或双字比较的结果 IN1（x：<、<=、=、>=、>、<>）IN2
LDRx　IN1，IN2	装载实数比较的结果 IN1（x：<、<=、=、>=、>、<>）IN2
ARx　IN1，IN2	与实数比较的结果 IN1（x：<、<=、=、>=、>、<>）IN2
ORx　IN1，IN2	或实数比较的结果 IN1（x：<、<=、=、>=、>、<>）IN2
LDSx　IN1，IN2	装载字符串比较的结果 IN1（x：<，<>）IN2
ASx　IN1，IN2	与字符串比较的结果 IN1（x：<，<>）IN2
OSx　IN1，IN2	或字符串比较的结果 IN1（x：<，<>）IN2
NOT	堆栈取反
EU ED	上升沿脉冲 下降沿脉冲
=　Bit =I　Bit	输出 立即输出

续表

S S_ BIT, N R S_ BIT, N SI S_ BIT, N RI S_ BIT, N	置位一个区域 复位一个区域 立即置位一个区域 立即复位一个区域
ALD OLD	与装载 或装载
LPS LRD LPP LDS N	逻辑压栈（堆栈控制） 逻辑读（堆栈控制） 逻辑弹出（堆栈控制） 装载堆栈（堆栈控制）
AENO	与 ENO
实时时钟指令	
TODR T TODW T	读实时时钟 写实时时钟
数学、增减指令	
+I IN1, OUT +D IN1, OUT +R IN1, OUT	整数加法：IN1 + OUT = OUT 双整数加法：IN1 + OUT = OUT 实数加法：IN1 + OUT = OUT
-I IN1, OUT -D IN1, OUT -R IN1, OUT	整数减法：IN1 - OUT = OUT 双整数减法：IN1 - OUT = OUT 实数减法：IN1 - OUT = OUT
MUL IN1, OUT *I IN1, OUT *D IN1, OUT *R IN1, OUT	完全整数乘法：IN1 × OUT = OUT 整数乘法：IN1 × OUT = OUT 双整数乘法：IN1 × OUT = OUT 实数乘法：IN1 × OUT = OUT
DIV IN1, OUT /I IN1, OUT /D IN1, OUT /R IN1, OUT	完全整数除法：IN1/OUT = OUT 整数乘法：IN1/OUT = OUT 双整数乘法：IN1/OUT = OUT 实数乘法：IN1/OUT = OUT
SQRT IN, OUT LN IN, OUT EXP IN, OUT SIN IN, OUT COS IN, OUT TAN IN, OUT	平方根 自然对数 自然指数 正弦 余弦 正切

续表

INCB OUT INCW OUT INCD OUT	字节增 1 字增 1 双字增 1
DECB OUT DECW OUT DECD OUT	字节减 1 字减 1 双字减 1
PID TBL, LOOP	PID 回路
定时器和计数器指令	
TON Txxx, PT TOF Txxx, PT TONR Txxx, PT	接通延时定时器 关断延时定时器 带记忆的接通延时定时器
CTU Cxxx, PV CTD Cxxx, PV CTUD Cxxx, PV	增计数 减计数 增/减计数
程序控制指令	
END	程序的条件结束
STOP	切换到 STOP 模式
WDR	看门狗复位（300 ms）
JMP N LBL N	跳到定义的标号 定义一个跳转的标号
CALL N (N1, …) CRET	调用子程序 [N1, …] 从子程序条件返回
FOR INDX, INIT, FINAL NEXT	For/Next 循环
LSCR S_bit LSRT S_bit CSCRE SCRE	顺控继电器段的启动 状态转移 顺控继电器段条件结束 顺控继电器段结束
传送、移位、循环和填充指令	

MOVB IN, OUT
MOVW IN, OUT
MOVD IN, OUT
MOVR IN, OUT
BIR IN, OUT
BIW IN, OUT
	字节传送
	字传送
	双字传送
	实数传送
	字节立即读
	字节立即写

BMB IN, OUT, N BMW IN, OUT, N BMD IN, OUT, N	字节块传送 字块传送 双字块传送

续表

SWAP IN	交换字节
SHRB DATA，S_BIT，N	寄存器移位
SRB OUT，N SRW OUT，N SRD OUT，N	字节右移 字右移 双字右移
SLB OUT，N SLW OUT，N SLD OUT，N	字节左移 字左移 双字左移
RRB OUT，N RRW OUT，N RRD OUT，N	字节循环右移 字循环右移 双字循环右移
RLB OUT，N RLW OUT，N RLD OUT，N	字节循环左移 字循环左移 双字循环左移
FILL IN，OUT，N	用指定的元素填充存储空间
逻辑操作	
ALD OLD	与一个组合 或一个组合
LPS LRD LPP LDS	逻辑入栈 逻辑读栈 逻辑出栈 装入堆栈
AENO	对 ENO 进行与操作
ANDB IN1，OUT ANDW IN1，OUT ANDD IN1，OUT	字节逻辑与 字逻辑与 双字逻辑与
ORB IN1，OUT ORW IN1，OUT ORD IN1，OUT	字节逻辑或 字逻辑或 双字逻辑或
XORB IN1，OUT XORW IN1，OUT XORD IN1，OUT	字节逻辑异或 字逻辑异或 字节取反逻辑异或
INVB OUT INVW OUT INVD OUT	字节取反 字取反 双字取反

续表

字符串指令	
SLEN IN，OUT SCAT IN，OUT SCPY IN，INDX SSCPYIN，OUT，N，OUT	字符串长度 连接字符串 复制字符串 复制子字符串
CFND IN1，IN2，OUT SFNT IN1，IN2，OUT	在字符串中查找第一个字符 在字符串中查找字符串
表指令	
ATT DATA，TBL	把数据加入到表中
LIFO TBL，DATA	从表中取数据（后进先出）
FIFO TBL，DATA	从表中取数据（先进先出）
FND = TBL，PATRN，INDX FND < > TBL，PATRN，INDX FND < TBL，PATRN，INDX FND > TBL，PATRN，INDX	根据比较条件在表中查找数据
转换指令	
BCDI OUT IBCD OUT	BCD 码转换整数 整数转换成 BCD 码
BTI IN，OUT IT B IN，OUT	字节转换整数 整数转换成字节
IT D IN，OUT DTI IN，OUT DTR IN，OUT TRUNC IN，OUT	整数转换成双整数 双整数转换成整数 双字转换成实数 实数换成双字（舍去小数）
ROUND IN，OUT	实数转换成双整数
ATH IN，OUT，LEN HTA IN，OUT，LEN ITA IN，OUT，FMT	ASCII 码转换成 16 进制格式 16 进制格式转换 ASCII 码 整数转换成 ASCII 码

续表

DTA IN，OUT，FMT RTS IN，OUT，FMT ITS IN，FMT，OUT DTI IN，FMT，OUT RTS IN，FMT，OUT STI IN，INDX，OUT STD IN，INDX，OUT STR IN，INDX，OUT	双整数转换 ASCII 码 实数转换成 ASCII 码 整数转换为字符串 双整数转换为字符串 实数转换为字符串 字符串转换为整数 字符串转换为整双数 字符串转换为实数
DECO IN，OUT ENCO IN，OUT	译码 编码
SEG IN，OUT	7 段译码
中断	
CRETI	从中断条件返回
ENI DISI	允许中断 禁止中断

续表

ATCH INT，EVNT DTCH EVNT	给事件分配中断程序解除中断事件
高速指令	
HDEF HSC，MODE	定义高速计数器模式
HSC N	激活高速计数器
PLS Q	脉冲输出（Q 为 0 或 1）
通信	
XMT TBL，PORT RCV TBL，PORT	自由口传送 自由口接受信息
TODR TBL，PORT TODW TBL，PORT GPA ADDR，PORT SPA ADDR，PORT	网络读 网络写 获取口地址 设置口地址

附录5　S7－200系列PLC特殊存储器（SM）标志位

特殊存储器标志位提供大量的状态和控制功能，用来在PLC和用户程序之间交换信息。

（1）SMB0：状态位。

如附表5—1所示，SMB0有8个状态位，在每个扫描周期结束时，由CPU更新这些位。

附表5—1　　特殊存储器字节SMB0

SM位	描　述
SM0.0	该位始终为1
SM0.1	该位在首次扫描时为1，其用途之一是调用初始化子程序
SM0.2	若保持数据丢失，则该位在一个扫描周期中为1；该位可用作错误存储器位，或用来调用特殊启动顺序功能
SM0.3	开机后进入RUN方式，该位将ON一个扫描周期，该位可用作在启动操作之前给设备提供一个预热时间
SM0.4	该位提供了一个时钟脉冲，30 s为1，30 s为0，周期为1 min，它提供了一个简单易用的延时或1 min的时钟脉冲
SM0.5	该位提供了一个时钟脉冲，0.5 s为1，0.5 s为0，周期为1 s，它提供了一个简单易用的延时或1 s的时钟脉冲
SM0.6	该位为扫描时钟，本次扫描时置1，下次扫描时置0，可用作扫描计数器的输入
SM0.7	该位指示CPU工作方式开关的位置（0为TERM位置，1为RUN位置）；当开关在RUN位置时，用该位可使自由端口通信方式有效，那么当切换至TERM位置时，同编程设备的正常通信也会有效

（2）SMB1：状态位。

如附表5—2所示，SMB1包含了各种潜在的错误提示，这些位因指令的执行被置位或复位。

附表5—2　　特殊存储器字节SMB1

SM位	描　述
SM1.0	当执行某些指令，其结果为0时，将该位置1
SM1.1	当执行某些指令，其结果溢出或查出非法数值时，将该位置1
SM1.2	当执行数学运算，其结果为负数时，将该位置1
SM1.3	当试图除以零时，将该位置1

续表

SM 位	描　述
SM1.4	当执行 ATT（Add to Table）指令时，若试图超出表范围，则将该位置 1
SM1.5	当执行 LIFO 或 FIFO 指令时，若试图从空表中读数，则将该位置 1
SM1.6	当试图把一个非 BCD 数转换为二进制数时，将该位置 1
SM1.7	当 ASCII 码不能转换为有效的十六进制数时，将该位置 1

（3）SMB2：自由端口接收字符缓冲区。

（4）SMB3：自由端口奇偶校验错误。

（5）SMB4：队列溢出。

SMB4 包含中断队列溢出位、中断允许标志位和发送空闲位等。

（6）SMB5：I/O 错误状态。

（7）SMB6：CPU 标识（ID）寄存器。

（8）SMB8～SMB21：I/O 模块标识与错误寄存器。

（9）SMW22～SMW26：扫描时间。

SMW22～SMW26 中是以 ms 为单位的上一次扫描时间、最短扫描时间和最长扫描时间。

（10）SMB28 和 SMB29：模拟电位器。

SMB28 包含代表模拟电位器 0 位置的数字值，SMB29 包含代表模拟电位器 1 位置的数字值。

（11）SMB30 和 SMB130：自由端口控制寄存器。

（12）SMB31 和 SMB32：E^2PROM 写控制。

（13）SMB34 和 SMB35：定时中断的时间间隔寄存器。

SMB34 和 SMB35 用于设置定时器中断 0 与定时器中断 1 的时间间隔（1～255 ms）。

（14）SMB36～SMB65：HSC0、HSC1、HSC2 寄存器。

如附表 5—3 所示，SMB36～SMB65 用于监视和控制高速计数 HSC0、HSC1 和 HSC2 的操作。

附表 5—3　　特殊存储器字节 SMB36～SMB65

SM 位	描述（只读）
SM36.0～SM36.4	保留
SM36.5	HSC0 当前计数方向位：1＝增计数
SM36.6	HSC0 当前值等于预设值位：1＝等于
SM36.7	HSC0 当前值大于预设值位：1＝大于
SM37.0	HSC0 复位的有效控制位：0＝高电平复位有效，1＝低电平复位有效
SM37.1	保留
SM37.2	HSC0 正交计数器的计数速率选择：0＝4x 计数速率；1＝1x 速率
SM37.3	HSC0 方向控制位：1＝增计数
SM37.4	HSC0 更新方向：1＝更新方向

续表

SM 位	描述（只读）
SM37.5	HSC0 更新预设值：1 = 向 HSC0 写新的预设值
SM37.6	HSC0 更新当前值：1 = 向 HSC0 写新的初始值
SM37.7	HSC0 有效位：1 = 有效
SMD38	HSC0 新的初始值
SMD42	HSC0 新的预置值
SM46.0 ~ SM46.4	保留
SM46.5	HSC1 当前计数方向位：1 = 增计数
SM46.6	HSC1 当前值等于预设值位：1 = 等于
SM46.7	HSC1 当前值大于预设值位：1 = 大于
SM47.0	HSC1 复位的有效控制位：0 = 高电平复位有效，1 = 低电平复位有效
SM47.1	HSC1 启动有效电平控制位：0 = 高电平，1 = 低电平
SM47.2	HSC1 正交计数器的计数速率选择：0 = 4x 计数速率；1 = 1x 速率
SM47.3	HSC1 方向控制位：1 = 增计数
SM47.4	HSC1 更新方向：1 = 更新方向
SM47.5	HSC1 更新预设值：1 = 向 HSC1 写新的预设值
SM47.6	HSC1 更新当前值：1 = 向 HSC1 写新的初始值
SM47.7	HSC1 有效位：1 = 有效
SMD48	HSC1 新的初始值
SMD52	HSC1 新的预置值
SM56.0 ~ SM56.4	保留
SM56.5	HSC2 当前计数方向位：1 = 增计数
SM56.6	HSC2 当前值等于预设值位：1 = 等于
SM56.7	HSC2 当前值大于预设值位：1 = 大于
SM57.0	HSC2 复位的有效控制位：0 = 高电平复位有效，1 = 低电平复位有效
SM57.1	HSC2 启动有效电平控制位：0 = 高电平，1 = 低电平
SM57.2	HSC2 正交计数器的计数速率选择：0 = 4x 计数速率；1 = 1x 速率
SM57.3	HSC2 方向控制位：1 = 增计数
SM57.4	HSC2 更新方向：1 = 更新方向
SM57.5	HSC2 更新预设值：1 = 向 HSC2 写新的预设值
SM57.6	HSC2 更新当前值：1 = 向 HSC2 写新的初始值
SM57.7	HSC2 有效位：1 = 有效
SMD58	HSC2 新的初始值
SMD62	HSC2 新的预置值

（15）SMB66～SMB85：PTO/PWM 寄存器。

（16）SMB86～SMB94：端口 0 接收信息控制。

（17）SMW98：扩展总线错误计数器。

（18）SMB130：自由端口 1 控制寄存器。

（19）SMB131～SMB165：HSC3、HSC4、HSC5 寄存器。

如附表 5—4 所示，SMB131～SMB165 用于监视和控制高速计数 HSC3、HSC4 和 HSC5 的操作。

附表 5—4 特殊存储器字节 SMB131～SMB165

SM 位	描述（只读）
SMB131～SMB135	保留
SM136.0～SM136.4	保留
SM136.5	HSC3 当前计数方向位：1＝增计数
SM136.6	HSC3 当前值等于预设值位：1＝等于
SM136.7	HSC3 当前值大于预设值位：1＝大于
SM137.0～SM137.2	保留
SM137.3	HSC3 方向控制位：1＝增计数
SM137.4	HSC3 更新方向：1＝更新方向
SM137.5	HSC3 更新预设值：1＝向 HSC3 写新的预设值
SM137.6	HSC3 更新当前值：1＝向 HSC3 写新的初始值
SM137.7	HSC3 有效位：1＝有效
SMD138	HSC3 新的初始值
SMD142	HSC3 新的预置值
SM146.0～SM146.4	保留
SM146.5	HSC4 当前计数方向位：1＝增计数
SM146.6	HSC4 当前值等于预设值位：1＝等于
SM146.7	HSC4 当前值大于预设值位：1＝大于
SM147.0	HSC4 复位的有效控制位：0＝高电平复位有效，1＝低电平复位有效
SM147.1	保留
SM147.2	HSC4 正交计数器的计数速率选择：0＝4x 计数速率；1＝1x 速率
SM147.3	HSC4 方向控制位：1＝增计数
SM147.4	HSC4 更新方向：1＝更新方向
SM147.5	HSC4 更新预设值：1＝向 HSC4 写新的预设值
SM147.6	HSC4 更新当前值：1＝向 HSC4 写新的初始值
SM147.7	HSC4 有效位：1＝有效
SMD148	HSC4 新的初始值

续表

SM 位	描述（只读）
SMD152	HSC4 新的预置值
SM156.0 ~ SM156.4	保留
SM156.5	HSC5 当前计数方向位：1 = 增计数
SM156.6	HSC5 当前值等于预设值位：1 = 等于
SM156.7	HSC5 当前值大于预设值位：1 = 大于
SM157.0 ~ SM157.2	保留
SM157.3	HSC5 方向控制位：1 = 增计数
SM157.4	HSC5 更新方向：1 = 更新方向
SM157.5	HSC5 更新预设值：1 = 向 HSC5 写新的预设值
SM157.6	HSC5 更新当前值：1 = 向 HSC5 写新的初始值
SM157.7	HSC5 有效位：1 = 有效
SMD158	HSC5 新的初始值
SMD162	HSC5 新的预置值

（20）SMB166 ~ SMB185：PTO0 和 PTO1 包络定义表。

（21）SMB186 ~ SMB194：端口 1 接收信息控制。

（22）SMB200 ~ SMB594：智能模块状态。

SMB200 ~ SMB594 预留给智能扩展模块的状态信息。

附录6　本书使用的指令与寄存器速查表

课题－任务	指令	寄存器
课题一　位逻辑指令的应用		
任务1　认识PLC硬件与实现PLC通信		I、Q
任务2　电动机点动控制	LD、LDN、=	
任务3　电动机自锁控制	A、AN、O、ON、S、R	
任务4　电动机点动与自锁混合控制		M
任务5　电动机正反转控制	EU、ED	
任务6　3台电动机顺序启动控制	TON、TOF、TONR ALD、OLD	SM0.0 SM0.1 SM0.4 SM0.5
任务7　电动机单按钮启动/停止控制	CTU、CTD、CTUD	
任务8　电动机星—三角降压启动控制	LPS、LRD、LPP	
课题二　顺序控制继电器指令的应用		
任务1　应用单流程模式实现电动机星—三角启动控制	LSCR、SCRT、SCRE	S
任务2　应用选择流程模式实现3台电动机启动/停止控制		
任务3　应用并行流程模式实现交通信号灯控制		
课题三　功能指令的应用		
任务1　应用数据传送指令实现电动机星—三角启动控制	MOV	bit、B、W、D
任务2　应用跳转指令实现手动/自动选择控制	JMP、LBL	
任务3　应用比较指令实现多台电动机顺序启动	=、<>、<、>、<=、>=	
任务4　认识和应用算术运算指令	ADD、SUB、MUL、DIV	V SM1.0 SM1.2
任务5　应用加1/减1指令实现多挡功率调节控制	INC、DEC	
任务6　认识和应用循环指令及看门狗复位指令	FOR、NEXT WDR	SMW22 SMW24 SMW26
任务7　认识和应用子程序调用指令	CALL、CRET	
任务8　应用七段译码指令实现智力竞赛抢答器	SEG	

续表

课题－任务	指令	寄存器
任务 9　应用 IBCD 码指令实现停车场空车位数码显示	IBCD	
任务 10　模拟电位器与累加器 AC 的应用		SMB28 SMB29 AC
课题四　用 PLC 改造继电控制系统		
任务 1　应用 PLC 改造 CA6140 车床控制系统		
任务 2　设计滑台钻床 PLC 控制系统	SHRB	
课题五　PPI 网络控制		
任务　实现两台 PLC 网络控制	NETW、NETR	指令向导
* 课题六　步进电动机的 PLC 控制		
任务 1　认识步进电动机及驱动器		
任务 2　应用脉冲指令实现步进电动机位置控制	PLS	SM66. 7 SMB67 SMW168
任务 3　应用位置控制向导实现步进电动机位置控制		位置控制向导